试验设计与数据处理

主　编　邱轶兵
副主编　张文利　闵凡飞　公茂利

中国科学技术大学出版社

内 容 简 介

本书介绍了一些常用的试验设计与数据处理方法,主要内容包括试验设计与数据处理基本概念及误差控制,单因素优选法,方差分析法,正交试验设计及其结果的直观分析和方差分析,正交表的灵活应用,回归分析,均匀试验设计,Excel 在数据处理中的应用。

本书信息量大,内容深入浅出、重点突出。可作为材料、矿业、化工、机械、农林、医药、食品等相关专业本科生或研究生用书,也可供工程技术人员、科研人员和教师参考。

图书在版编目(CIP)数据

试验设计与数据处理/邱轶兵主编.—合肥:中国科学技术大学出版社,2008.12(2025.2重印)

ISBN 978-7-312-02400-9

Ⅰ.试… Ⅱ.邱… Ⅲ.①试验设计(数学) ②实验数据—数据处理 Ⅳ.O212.6 N33

中国版本图书馆 CIP 数据核字(2008)第 175828 号

出版	中国科学技术大学出版社
	安徽省合肥市金寨路 96 号,230026
	http：//press.ustc.edu.cn
	https：//zgkxjsdxcbs.tmall.com
印刷	合肥市宏基印刷有限公司
发行	中国科学技术大学出版社
经销	全国新华书店
开本	710 mm×960 mm 1/16
印张	18
字数	340 千
版次	2008 年 12 月第 1 版
印次	2025 年 2 月第 8 次印刷
定价	28.00 元

前　　言

　　在科学研究和生产中,经常需要做许多试验,并通过对试验数据的分析,来寻求问题的解决办法。如此,就存在着如何安排试验和如何分析试验结果的问题,也就是如何进行试验设计和数据处理的问题。

　　全书共分为10章,第1章介绍了试验设计与数据处理的一些基本概念;第2章介绍了单因素优选法,即试验中只考察一个因素时,如何合理地安排试验,减少试验次数,迅速找到最佳点;第3章介绍了试验数据的方差分析法,将试验的多次测量结果间存在的差异分解为试验误差和条件误差,确定出因素水平变化对试验指标的影响程度,及不同因素对试验指标影响的大小;第4章介绍了如何利用正交表进行正交试验设计及正交试验设计的优点,即从全面试验中挑选少部分代表性强的试验,这少部分试验中各水平的搭配均衡地分散在一切水平搭配的组合中,通过对这少数试验结果的统计分析,可以推出较优的方案,能取得全面试验的效果;第5章介绍了对单指标及多指标正交试验设计及其结果的直观分析法,还介绍了交互作用及混合水平的正交试验设计及其结果的直观分析;第6章介绍了正交试验设计结果方差分析法的基本原理,相同水平、不同水平正交试验设计的方差分析及重复试验与重复取样的正交试验设计的方差分析;第7章介绍了正交表的并列法、拟水平法、部分追加法及直积法,当实际科研和生产中的问题无法直接找到合适的正交表时,可对现有正交表进行适当变换来安排试验;第8章介绍了试验数据的回归分析,通过回归分析确定试验指标与因素之间的近似函数关系;第9章介绍了均匀试验设计,它使用均匀表来安排试验,只考虑试验点的均匀散布,对水平数较多的试验使用均匀试验设计可大大减少试验次数;第10章介绍了Excel在试验数据处理中的应用,通过实例介绍了利用Excel进行方差分析与回归分析的几种方法。

　　本书信息量大,内容深入浅出,重点突出。可作为材料、矿业、化工、机械、农林、医药、食品等相关专业本科生或研究生用书,也可供工程技术人员、科研人员和教师参考。

　　由于编者经验及水平的限制,书中必会存在一些问题和不妥之处,敬请读者不吝指正。

编者
2008年5月

目 录

前言 ……………………………………………………………………………… （Ⅰ）
第1章　绪论 …………………………………………………………………… （1）
　1.1　试验设计与数据处理的概念和意义 …………………………………… （1）
　　1.1.1　试验设计 ………………………………………………………… （1）
　　1.1.2　数据处理 ………………………………………………………… （2）
　1.2　试验设计与数据处理的发展和应用 …………………………………… （4）
　1.3　试验设计与数据处理的基本概念 ……………………………………… （6）
　　1.3.1　常用术语 ………………………………………………………… （6）
　　1.3.2　常用统计量 ……………………………………………………… （9）
　1.4　试验设计中的误差控制 ………………………………………………… （11）
　　1.4.1　试验误差 ………………………………………………………… （11）
　　1.4.2　试验数据的精准度 ……………………………………………… （15）
　　1.4.3　坏值及其剔除 …………………………………………………… （17）
　　1.4.4　误差控制——费歇尔三原则 …………………………………… （24）
　1.5　试验设计方法 …………………………………………………………… （28）
　　1.5.1　因素的选取 ……………………………………………………… （28）
　　1.5.2　水平的选取 ……………………………………………………… （28）
　　1.5.3　常用试验设计方法 ……………………………………………… （30）
　　1.5.4　试验设计与数据处理的基本过程 ……………………………… （34）
第2章　单因素优选法 ………………………………………………………… （35）
　2.1　均分法 …………………………………………………………………… （35）
　2.2　平分法 …………………………………………………………………… （36）
　2.3　黄金分割法(0.618法) …………………………………………………… （37）
　2.4　分数法 …………………………………………………………………… （42）
　　2.4.1　所有可能的试验总数正好是某一个 F_n-1 …………………… （42）
　　2.4.2　所有可能的试验总数大于某一个 F_n-1 而小于 $F_{n+1}-1$ ……… （44）
　2.5　抛物线法 ………………………………………………………………… （45）
　2.6　分批试验法 ……………………………………………………………… （46）

2.6.1 预给要求法 ……………………………………………………（46）
2.6.2 均分分批试验法 …………………………………………（48）
2.6.3 比例分割分批试验法 ……………………………………（49）

第3章 方差分析法 ……………………………………………（51）
3.1 单因素方差分析法 ………………………………………（51）
3.2 多因素方差分析法 ………………………………………（63）
  3.2.1 无重复试验时双因素析因试验设计与方差分析 ………（64）
  3.2.2 有重复试验时双因素析因试验设计与方差分析 ………（70）

第4章 正交试验设计 …………………………………………（77）
4.1 正交表的概念与类型 ……………………………………（77）
  4.1.1 完全对 ………………………………………………（77）
  4.1.2 完全有序对 …………………………………………（78）
  4.1.3 正交表的定义 ………………………………………（78）
  4.1.4 正交表的种类 ………………………………………（79）
4.2 正交试验设计原理的直观解释 …………………………（81）
4.3 正交表的构造 ……………………………………………（84）
  4.3.1 正交表的正交性及其变换 …………………………（84）
  4.3.2 有限域的概念 ………………………………………（85）
  4.3.3 $L_{m^N}(m^k)$型正交表的构造 ………………………（87）
4.4 正交试验的基本步骤 ……………………………………（90）

第5章 正交试验设计结果的直观分析 ………………………（101）
5.1 单指标正交试验设计及其结果的直观分析 ……………（101）
5.2 多指标正交试验设计及其结果的直观分析 ……………（109）
  5.2.1 综合平衡法 …………………………………………（109）
  5.2.2 综合评分法 …………………………………………（113）
5.3 有交互作用的正交试验设计及其结果的直观分析 ……（118）
5.4 混合水平的正交试验设计及其结果的直观分析 ………（122）
  5.4.1 直接利用混合水平的正交表 ………………………（122）
  5.4.2 拟水平法 ……………………………………………（125）

第6章 正交试验设计结果的方差分析 ………………………（128）
6.1 正交试验设计方差分析的基本原理 ……………………（128）
  6.1.1 偏差平方和的计算与分解 …………………………（128）
  6.1.2 计算平均偏差平方和与自由度 ……………………（130）

6.1.3　F 值计算及 F 检验 …………………………………………… (131)
6.2　相同水平正交试验设计的方差分析 ……………………………………… (134)
 6.2.1　二水平正交试验设计的方差分析 …………………………………… (134)
 6.2.2　三水平正交试验设计的方差分析 …………………………………… (141)
6.3　不同水平正交试验设计的方差分析 ……………………………………… (150)
 6.3.1　混合水平正交表法正交试验设计的方差分析 ……………………… (150)
 6.3.2　混合水平的拟水平正交试验设计的方差分析 ……………………… (153)
6.4　重复试验与重复取样的正交试验设计的方差分析 ……………………… (157)
 6.4.1　基本概念 ……………………………………………………………… (157)
 6.4.2　误差平方和的分类及其使用方法 …………………………………… (158)
 6.4.3　重复试验的正交试验设计方差分析 ………………………………… (159)
 6.4.4　重复取样的正交试验设计方差分析 ………………………………… (162)

第 7 章　正交表在正交试验设计中的灵活运用 ………………………… (166)
7.1　并列法 ……………………………………………………………………… (166)
7.2　拟水平法 …………………………………………………………………… (171)
7.3　部分追加法 ………………………………………………………………… (171)
7.4　直积法 ……………………………………………………………………… (175)

第 8 章　回归分析 ………………………………………………………………… (184)
8.1　基本概念 …………………………………………………………………… (184)
8.2　一元线性回归 ……………………………………………………………… (185)
 8.2.1　概述 …………………………………………………………………… (185)
 8.2.2　最小二乘原理估计回归直线中的系数 ……………………………… (186)
 8.2.3　回归方程的显著性检验 ……………………………………………… (188)
8.3　多元线性回归 ……………………………………………………………… (193)
 8.3.1　多元线性回归方程 …………………………………………………… (193)
 8.3.2　多元线性回归的显著性检验 ………………………………………… (196)
 8.3.3　因素对试验结果影响的判断 ………………………………………… (197)
8.4　非线性回归 ………………………………………………………………… (202)
 8.4.1　一元非线性回归 ……………………………………………………… (202)
 8.4.2　一元多项式回归 ……………………………………………………… (205)
 8.4.3　多元非线性回归 ……………………………………………………… (209)

第 9 章　均匀试验设计 …………………………………………………………… (213)
9.1　均匀设计表 ………………………………………………………………… (213)

9.1.1 等水平均匀设计表 …………………………………………………… (213)
9.1.2 混合水平均匀设计表 ………………………………………………… (216)
9.2 均匀设计基本步骤 ………………………………………………………… (218)
9.3 均匀设计的应用 …………………………………………………………… (219)
第 10 章 Excel 在数据处理中的应用 ……………………………………… (222)
10.1 概述 ……………………………………………………………………… (222)
  10.1.1 公式输入方法 ……………………………………………………… (222)
  10.1.2 Excel 在方差分析中的常用函数 …………………………………… (224)
10.2 Excel 函数在方差分析中的应用 ……………………………………… (228)
10.3 Excel 分析工具在方差分析中的应用 ………………………………… (238)
10.4 Excel 在回归分析中的应用 …………………………………………… (245)
  10.4.1 图表法 ……………………………………………………………… (245)
  10.4.2 Excel 分析工具在回归分析中的应用 ……………………………… (250)
附录 1 F 分布表 …………………………………………………………… (254)
附录 2 常用正交表 ………………………………………………………… (260)
附录 3 相关系数临界值表 ………………………………………………… (270)
附录 4 均匀设计表 ………………………………………………………… (271)
参考文献 …………………………………………………………………… (278)

第1章 绪 论

　　试验设计与数据处理是以概率论、数理统计及线性代数为理论基础,经济地、科学地安排试验和分析处理试验结果的一项科学技术。其主要内容是讨论如何合理地安排试验和科学地分析处理试验结果,从而达到解决生产中和科学研究中的实际问题。它要求除具备概率论、数理统计及线性代数等基础知识外,还应有较深和较广的专业知识和丰富的实践经验。只有这三者紧密地结合起来,才能取得良好的效果。

1.1 试验设计与数据处理的概念和意义

　　在科学研究和生产中,经常需要做许多试验,并通过对试验数据的分析,来寻求问题的解决办法。如此,就存在着如何安排试验和如何分析试验结果的问题,也就是如何进行试验设计和数据处理的问题。

1.1.1 试验设计

1. 试验为什么要设计

　　在工农业生产、科学研究和管理实践中,为了开发设计研制新产品、更新老产品,降低原材料、能源等资源消耗,提高产品的产量和质量,做到优质、高产、低消耗即提高经济效益,都需要做各种试验。凡是试验就存在着如何安排试验,如何分析试验结果的问题,也就是要解决试验设计的方法问题。若试验方案设计正确,对试验结果分析得法,就能够以较少的试验次数、较短的试验周期、较低的试验费用,迅速地得到正确的结论和较好的试验效果;反之,试验方案设计不正确,试验结果分析不当,就可能增加试验次数,延长试验周期,造成人力、物力和时间的浪费,不仅难以达到预期的效果,甚至造成试验的全盘失败。因此,如何科学地进行试验设计是一个非常重要的问题。

　　一项科学合理的试验安排应能做到以下三点:①试验次数尽可能地少;②便于分析和处理试验数据;③通过分析能得到满意的试验结论。

2. 试验设计的含义

　　试验设计,顾名思义,研究的是有关试验的设计理论与方法。通常所说的试验设计是以概率论、数理统计及线性代数等为理论基础,科学地安排试验方案,正确地分析试验结果,尽快获得优化方案的一种数学方法。

一般认为,试验设计是统计数学的一个重要分支。

必须指出,试验设计的是否科学,是否经济合理,能否取得良好的效果,并非轻而易举就能得到,只有试验参加者具备有关试验设计领域里的理论基础、知识以及方法、技巧,才能胜任这项工作。此外,搞好试验设计工作还必须具有较深、较广的专业技术理论知识和丰富的生产实践经验。因此,只有把试验设计的理论、专业技术知识和实际经验三者紧密结合起来,才能取得良好的效果。

由此看来,试验设计的目的是为了获得试验条件与试验结果之间规律性的认识。对于一个良好的试验设计来说,都要经过三个阶段,即方案设计、试验实施和结果分析。在方案设计阶段,要明确试验的目的,即明确试验达到什么目标,考核的指标和要求是什么,选择影响指标的主要因素有哪些以及因素变动的范围(即水平多少)怎样,制定出合理的试验方案(或称试验计划);试验实施阶段是根据试验方案进行试验,获得可靠的试验数据;结果分析阶段是采用多种方法对试验测得的数据进行科学的分析,找出考察的因素哪些是主要的,哪些是次要的,并选取优化的生产条件或因素水平组合。

最后还需指出,试验设计能从影响试验结果的特征值(指标)的多种因素中,判断出哪些因素显著,哪些因素不显著,并能对优化的生产条件所能达到的指标值及其波动范围给以定量的估计。同时,也能确定最佳因素水平组合或生产条件的预测数学模型(即所谓经验公式)。因此,试验设计适合于解决多因素、多指标的试验优化设计问题,特别是当一些指标之间相互矛盾时,运用试验设计技术可以明了因素与指标间的规律性,找出兼顾各指标的适宜的对系统寻优的方法。

1.1.2 数据处理

试验数据的处理与分析是试验设计与分析的重要组成部分。在生产和科学研究中,会碰到大量的试验数据,试验数据的正确处理关系到能否达到试验目的、得出明确结论,如何从这些杂乱无章的试验数据中取出有用的情报帮助解决问题,用于指导科学研究和生产实践,为此需要选择合理的试验数据分析方法对试验数据进行科学地处理和分析,只有这样才能充分有效地利用试验测试信息。

试验数据分析通常是建立在数理统计的基础上。在数理统计中就是通过随机变量的观察值(试验数据)来推断随机变量的特征,例如分布规律和数字特征。数理统计是广泛应用的一个数学分支,它以概率论为理论基础,根据试验或观察所得的数据,对研究对象的客观规律做出合理的估计和判断。

常用的试验数据分析方法主要有以下几种：

1. 直观分析方法

直观分析法是通过对试验结果的简单计算,直接分析比较确定最佳效果。直观分析主要可以解决以下两个问题：

① 确定因素最佳水平组合。该问题归结为找到各因素分别取何水平时,所得到的试验结果会最好。这一问题可以通过计算出每个因素每一个水平的试验指标值的总和与平均值,通过比较来确定最佳水平。

② 确定影响试验指标的因素的主次地位。该问题可以归结为将所有影响因素按其对试验指标的影响大小进行排队。解决这一问题采用极差法,某个因素的极差定义为该因素在不同水平下的指标平均值的最大值与最小值之间的差值。极差的大小反映了试验中各个因素对试验指标影响的大小,极差大表明该因素对试验结果的影响大,是主要因素;反之,极差小表明该因素对试验结果的影响小,是次要因素或不重要因素。

值得注意的是,根据直观分析得到的主要因素不一定是影响显著的因素,次要因素也不一定是影响不显著的因素,因素影响的显著性需通过方差分析确定。

直观分析方法的优点是简便、工作量小;缺点是判断因素效应的精度差,不能给出试验误差大小的估计,在试验误差较大时,往往可能造成误判。

2. 方差分析方法

简单说来,把试验数据的波动分解为各个因素的波动和误差波动,然后对它们的平均波动进行比较,这种方法称为方差分析。方差分析的中心要点是把试验数据总的波动分解成两部分,一部分反映因素水平变化引起的波动;另一部分反映试验误差引起的波动,亦即把试验数据总的偏差平方和(S_T)分解为反映必然性的各个因素的偏差平方和($S_1, S_2, \cdots, S_N$)与反映偶然性的误差平方和(S_e),并计算比较它们的平均偏差平方和,以找出对试验数据起决定性影响的因素(即显著性或高度显著性因素)作为进行定量分析判断的依据。

方差分析方法的优点主要是能够充分地利用试验所得数据估计试验误差,可以将各因素对试验指标的影响从试验误差中分离出来,是一种定量分析方法,可比性强,分析判断因素效应的精度高。

3. 因素-指标关系趋势图分析方法

即计算各因素各个水平平均试验指标,采用因素的水平作为横坐标,采用各水平的平均试验指标作为纵坐标绘制因素-指标关系趋势图,找出各因素水平与试验指标间的变化规律。

因素-指标关系趋势图分析方法的主要优点是简单,计算量小,试验结果直观明了。

4. 回归分析方法

回归分析方法是用来寻找试验因素与试验指标之间是否存在函数关系的一种方法。一般回归方程的表示方法如下：

$$y = b_0 + b_1 x_1 + b_2 x_2 + b_3 x_3 + \cdots + b_n x_n$$

在试验过程中，试验误差越小，则各因素 x_i 变化时，得出的考察指标 y 越精确。因此，利用最小二乘法原理，列出正规方程组，解这个方程组，求出回归方程的系数，代入并求出回归方程。对于所建立的回归方程是否有意义，要进行统计假设检验。

回归分析的主要优点是应用数学方法对试验数据去粗取精，去伪存真，从而得到反映事物内部规律的特性。

在试验数据处理过程中可以根据需要选用不同的试验数据分析方法，也可以同时采用几种分析方法。

1.2 试验设计与数据处理的发展和应用

数理统计是应用概率论的基本理论，而试验设计与数据处理则是数理统计的重要分支和组成部分，因此试验设计与数据处理是在概率论和数理统计的基础上不断完善和发展起来的。

早在 17 世纪，随机试验是与掷硬币和掷骰子等游戏紧密联系在一起的，硬币和骰子就是最简单的概率模型。数学家赫依琴斯（Huygens）就曾预言过，不要小看这些博弈游戏，它有更重要的应用。

18 世纪，法国科学家巴芬（Buffon）对概率论在博弈游戏中的应用深感兴趣，发现了用随机投币试验计算 π 的方法。

1908 年，统计学家戈塞特（Gosset）在推导 t 分布的同时，通过抽样的试验方法对总体方差和样本方差的分布进行了研究。

20 世纪初，英国生物统计学家费歇尔（R. A. Fisher）在统计学的基础上首创了"试验设计"方法，在农业、生物学和遗传学等方面都取得了丰硕成果，使农业大幅度增产。费歇尔于 1935 年出版了他的"试验设计"专著，从此开创了试验设计这门新的应用技术科学。

20 世纪 30 年代和 40 年代，英国、美国和前苏联把试验设计推广到采矿、冶金、建筑、纺织、机械和医药等行业，都取得了很好的经济效益。

二次世界大战后，日本从英、美引进了这一技术。1949 年，日本的田口玄一博士在试验设计的基础上又创造了"正交试验设计"方法。

1952年,田口玄一在日本东海电报公司运用$L_{27}(3^{13})$正交表进行正交试验取得成功,之后在日本工业生产中得到了迅速推广,仅在1952年至1962年的10年中,试验达到了100万项,其中三分之一的项目都取得了十分明显的效果,并获得了极大的经济效益。其中之一,如他们运用正交试验设计对电讯研究所研制的"线形弹簧继电器"的数十个特性值两千多个变量进行了试验研究,经过7年的努力,制造出了比美国先进的产品。这一产品本身价格只有几美元,而试验研制花费了几百万美元,但研究成果给该研究所带来了几十亿美元的利益。几年后,他们的竞争对手美国西方电器公司不得不停产,转而从日本引进这种先进的继电器。在日本,"正交试验设计"技术已成为企业界、工程技术界的研究人员和管理人员必备的技术知识,已成为工程师的共同语言的一部分。

1957年,田口玄一博士在正交试验设计的基础上又提出了"信噪比设计"和"产品三次设计"。

信噪比SN(Signal-Noise Ratio)通常被用来表示信号功率与噪音功率的比值,即$\eta=\dfrac{S}{N}=\dfrac{信号功率}{噪音功率}$,可以用来评价仪器和设备质量的好坏。

产品三次设计(即系统设计 System design、参数设计 Parameter design、容差设计 Tolerance design)是使整机的元器件或零部件各参数合理搭配,对于某些地方,采用低级价廉的元器件或零部件仍能保证整机质量稳定和高的可靠性。

二次世界大战后,日本工业飞速发展的原因之一,就是在工业领域里普遍推广和应用正交试验设计和产品三次设计的结果。日本的电子产品能够打进美国市场,畅销世界各国的秘诀之一也是运用了正交试验设计和产品三次设计这两个得力工具。因此,日本把正交试验设计技术誉为"国宝"是有一定道理的。

数据处理是在大量试验数据基础上,也可在正交试验设计的基础上,通过数学处理和计算,揭示产品质量和性能指标与众多影响因素之间的内在关系,还可以回归出数学表达式,在生产和科研中得到广泛应用,并起到了重要作用和显著效果。

我国从20世纪50年代开始研究"试验设计"这门科学。20世纪60年代末,中国科学院统计数学研究室在"正交试验设计"的观点、理论和方法上都有新的创见,编写了一套较为适用的正交表,创立了简单易懂的正交试验设计法。1973年以来,许多科研、生产单位和大专院校应用正交试验设计方法解决了不少科研和生产中的关键问题。例如上海地区,从1978年至1984年,有227个单位应用了正交试验设计方法,其中103个单位取得了成效。上海高压油泵厂生产的32 MPa高压轴向柱塞泵原来由于摩擦副的结构参数配合不好,经常发生异常发热的质量问题,通过正交试验设计找到了最佳参数组合,不仅降低了止推板和斜料盘的精度要求(不平度从 0.005 mm 放宽到 0.01 mm),而且成品合格率由原来的 69% 提高到了 90% 以上。随着科学技术工作的深入发展,中国数学家王元与方开泰于 1978 年首先提出了均匀设计,该设计考虑如何将设计点均匀地散布在试验范围内,使得能用较少的试验点获得最多的信息。

综合上述,试验设计技术的历史发展大致分三个阶段,即费歇尔创立的早期、传统的试验设计法阶段(20 世纪 20 年代～50 年代),正交表的开发、正交试验设计和回归试验设计广泛应用阶段(20 世纪 50 年代～70 年代)以及 SN 比试验设计技术的开发、三次设计的创立、均匀试验设计的开发、回归试验设计深入发展的现代试验设计阶段(20 世纪 70 年代～现在)。

1.3 试验设计与数据处理的基本概念

1.3.1 常用术语

1. 试验考察指标

在试验设计和数据处理中,我们通常根据试验和数据处理的目的而选定用来考察或衡量其效果的特征值,称为试验考察指标。试验考察指标可以是产品的质量、成本、效率和经济效益等。

试验考察指标分为定量指标和定性指标两大类。定量指标(如精度、粗糙度、强度、硬度、合格率、寿命和成本等)可以通过试验直接获得,它方便计算和数据处理。而定性指标(如颜色、气味、光泽等)不是具体数值,一般要定量化后再进行计算和数据处理。

试验考察指标可以是一个,也可以是几个,前者称为单考察指标试验设计,后者称为多考察指标试验设计。

2. 试验因素

对试验考察指标产生影响的原因或要素称为试验因素。例如在合金钢 40Cr 的淬火试验中,淬火硬度与淬火温度(如 770 ℃、800 ℃、850 ℃)和冷却方式(如水冷、油冷、空冷)有关,其中淬火温度和冷却方式是试验因素,而淬火硬度是试验考察指标。因素一般用大写字母 A,B,C,…来表示。

因素有各种分类方法。最简单的分类把因素分为可控因素和不可控因素。加热温度、熔化温度、切削速度、走刀量等人们可以控制和调节的因素,称为可控因素;机床的微振动、刀具的微磨损等人们暂时不能控制和调节的因素,称为不可控因素。试验设计中,一般仅适于可控因素。

从因素的作用来看,可把因素分为可控因素、标示因素、区组因素、信号因素和误差因素,简介如下:

① 可控因素。可控因素是水平可以比较并且可以人为选择的因素。例如,机械加工中的切削速度、走刀量、切削深度;电子产品中的电容值、电阻值;化工生产中的温度、压力、催化剂种类等。

② 标示因素。标示因素是指外界的环境条件、产品的使用条件等因素。标示因素的水平在技术上虽已确定,但不能人为地选择和控制。属于标示因素的有产品使用条件,如电压、频率、转速等;环境条件,如气温、湿度等。

③ 区组因素。区组因素是指具有水平但其水平没有技术意义的因素,是为了减少试验误差而确定的因素。例如,加工某种零件,不同的操作者、不同原料批号、不同的班次、不同的机器设备等均是区组因素。

④ 信号因素。信号因素是为了实现人的某种意志或为了实现某个目标值而选取的因素。例如,对于切削加工来说,为达到某一目标值,可通过改变切削参数 v, s, t,这时这三个参数就是信号因素;在稳压电源电路设计中,调整输出电压与目标值的偏差,可通过改变电阻值达到,电阻就是信号因素。信号因素在采用 SN 比方法设计时用得最多。

⑤ 误差因素。误差因素是指除上述可控因素、标示因素、区组因素、信号因素外,对产品质量特性值有影响的其他因素(如在试验过程中测量、仪器和环境条件等的影响)的总称。也就是说,影响产品质量的外干扰、内干扰、随机干扰的总和,就是误差因素。如果说如何规定零件特性值是可控因素的作用,那么围绕目标值产生的波动,或者在使用期限内发生老化、劣化,就是误差因素作用的结果。

3. 因素的水平

试验因素在试验中所处状态、条件的变化可能会引起试验指标的变化,我们把因素变化的各种状态和条件称为因素的水平。试验中需要考虑某因素的几种状态时,则称该因素为几水平因素。如 40Cr 的淬火试验中,淬火温度为 770 ℃、800 ℃、850 ℃三种状态,则淬火温度这个试验因素为三水平因素。因素的水平应是能够直接被控制的,并且水平的变化能直接影响试验考察指标有不同程度的变化。

水平通常用数字 1,2,3,…表示。

4. 试验效应

某因素由于水平发生变化所引起的试验指标发生变化的现象叫试验效应。

实例分析:考察某化学反应中温度(A)和反应时间(B)对产品转化率的影响。该研究考察的因素及水平如表 1-1 所示。

表 1-1　试验因素及水平表

水平＼因素	A 反应温度(℃)	B 反应时间(min)
1	60	50
2	80	60

考察指标：产品转化率(％)。

现安排如下试验并得到相应试验结果如表 1-2 所示。

表 1-2　试验安排及试验结果表

试验号＼因素	A 反应温度(℃)	B 反应时间(min)	转化率(％) 试验1	转化率(％) 试验2	平均值	差值
1	60	50	73	77	75	10(1,2)
2	60	60	83	87	85	10(3,4)
3	80	50	89	91	90	15(1,3)
4	80	60	78	82	80	5(2,4)

从表 1-2 可以看出，对于 1、2 号试验来说，因素 A 不变，因素 B 由 50 min 变为 60 min 时转化率由 75％变为 85％，增加了 10％，这个变化值称为试验效应，即由于因素 B 的变化引起试验指标产品转化率的变化。其他几个试验与此相似。

5. 交互作用

除了单个因素对试验指标产生影响外，因素间还会联合起来影响试验指标，这种联合作用的影响称为交互作用。

如考察某化学反应的温度(A)与时间(B)对产品收率的影响。温度和时间均取 2 个水平，即

$$A：A_1, A_2 \qquad B：B_1, B_2$$

在各 A_iB_j 条件下的平均收率可能有三种情况，如图 1-1 所示。

第Ⅰ种情况：不论 B 因素取哪个水平，A_2 水平下收率总比 A_1 水平高 10；同样，不论 A 因素取哪个水平，B_2 水平下的收率总比 B_1 水平下高 5。这种情况下，一个因素水平的好坏或好坏程度不受另一个因素水平的影响，这种情况称为因素 A 与因素 B 之间无交互作用。但由于误差的存在，如果两直线近似相互平行，也可以认为两因素间无交互作用，或交互作用可以忽略。

第Ⅱ种情况：在 B_1 水平下 A_2 比 A_1 的收率高，但在 B_2 水平下 A_2 比 A_1 的收率

低。这种一个因素水平的好坏或好坏程度受到另一个因素水平制约的情况称为因素 A 与因素 B 存在交互作用,记作 A×B。这两条直线明显相交,这是交互作用很强的一种表现。

第Ⅲ种情况:不论 B 因素取哪个水平,A_2 水平下收率总比 A_1 水平高,但高的程度不同,也就说明因素 A 与因素 B 存在交互作用。

第Ⅰ种情况

	A_1	A_2
B_1	75	85
B_2	80	90

第Ⅱ种情况

	A_1	A_2
B_1	75	90
B_2	85	80

第Ⅲ种情况

	A_1	A_2
B_1	75	85
B_2	85	90

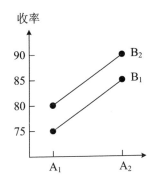
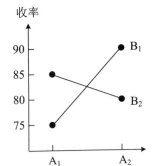
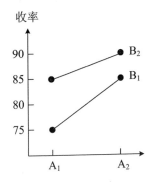

图 1-1　温度(A)与时间(B)对产品收率的影响

根据参与交互作用的因素的多少,交互作用可分为:
一级交互作用:两个因素,记为 A×B;
二级交互作用:三个因素,记为 A×B×C;
……

6. 重复试验

重复试验指在同一试验室中,由同一个操作者,用同一台仪器设备在相同的试验方法和试验条件下,对同一试样在短期内(一般不超过 7 天),进行连续两次或多次分析的试验。

1.3.2　常用统计量

1. 极差

极差是一组数据中的最大值与最小值之差,其计算公式为

$$R = x_{\max} - x_{\min} \tag{1-1}$$

极差表示一组数据的最大离散程度,它是统计量中最简单的一个特征参数,在试验设计及实际生产中经常用到。

2. 一组数据之和与平均值

在试验设计和数据处理中,设有 n 个观察值 $x_1, x_2, \cdots, x_n$,我们称之为一组数据。这组数据之和与平均值分别为

$$T = x_1 + x_2 + \cdots + x_n = \sum_{i=1}^{n} x_i \quad (i = 1, 2, \cdots, n) \tag{1-2}$$

$$\bar{x} = \frac{T}{n} = \frac{1}{n} \sum_{i=1}^{n} x_i \quad (i = 1, 2, \cdots, n) \tag{1-3}$$

3. 偏差

偏差又称为离差。偏差在数理统计中一般有两种,一种是与期望值 μ 之间的偏差,另一种是与平均值 $\bar{x}$ 之间的偏差。在试验设计和数据处理中往往不知道期望值 μ,而很容易知道平均值 $\bar{x}$,所以常常把与平均值 $\bar{x}$ 之间的偏差作为统计量进一步分析研究。

设有 n 个观察值 $x_1, x_2, \cdots, x_n$,则把每个观察值 $x_i (i=1,2,\cdots,n)$ 与平均值 $\bar{x}$ 的差值称为与平均值之间的偏差,简称偏差。

很显然,与平均值 $\bar{x}$ 之间的偏差的总和为零,即:

$$(x_1 - \bar{x}) + (x_2 - \bar{x}) + \cdots + (x_n - \bar{x}) = \sum_{i=1}^{n} (x_i - \bar{x}) = 0 \quad (i = 1, 2, \cdots, n) \tag{1-4}$$

4. 偏差平方和与自由度

由式(1-4)可知,一组数据与其平均值的各个偏差有正、负或零,各偏差值的总和为零,所以偏差和不能表明这组数据的任何特征。如果消除掉各个偏差正、负的影响,即以偏差平方和作为这组数据的一个统计量,则偏差平方和能够表征这组数据的分散程度,常以 S 表示。

设有 n 个观察值 $x_1, x_2, \cdots, x_n$,其平均值为 $\bar{x}$,则偏差平方和为

$$S = (x_1 - \bar{x})^2 + (x_2 - \bar{x})^2 + \cdots + (x_n - \bar{x})^2$$

$$= \sum_{i=1}^{n} (x_i - \bar{x})^2 \quad (i = 1, 2, \cdots, n) \tag{1-5}$$

简单来说,自由度就是在偏差平方和中独立平方的数据的个数,用 f 表示。对平均值 $\bar{x}$ 的自由度是数据的个数减去 1,即 $f = n-1$,原因是有 n 个偏差 $(x_1 - \bar{x})$, $(x_2 - \bar{x}), \cdots, (x_n - \bar{x})$ 相加之和等于零的一个关系式存在,即:

$$(x_1 - \bar{x}) + (x_2 - \bar{x}) + \cdots + (x_n - \bar{x}) = 0$$

n 个偏差数中有 $n-1$ 个数是独立的,第 n 个数可由以上关系式所确定,这说明第 n 个数据受其他 $n-1$ 个独立的数据约束。故若有 n 个观察值,与平均值 $\bar{x}$ 的偏差平方和的自由度应为 $n-1$ 个,即:

$$f = n - 1 \tag{1-6}$$

5. 方差与均方差

由于测量数据的个数对偏差平方和的大小有明显的影响,有时尽管数据之间的差异不大,但当数据很多时,偏差平方和仍然较大。为了克服这一缺点,可以用方差来表征这组数据的分散程度。

方差也称均方或平均偏差平方和,它表示单位自由度的偏差大小,即偏差平方和 S 与自由度 f 的比值 V,V 即是方差。

$$V = \frac{S}{f} \tag{1-7}$$

均方差也称标准偏差。由方差 V 的计算式(1-7)可知,方差 V 的量纲为观察数据 x_i 的量纲的平方,为了与原特性值的量纲相一致,可采用方差 V 的平方根 $\sqrt{V}$ 作为一组数据离散程度的特征参数,用 s 表示。

$$s = \sqrt{V} = \sqrt{\frac{S}{f}} = \sqrt{\frac{1}{n-1}\sum_{i=1}^{n}(x_i - \bar{x})^2} \quad (i = 1, 2, \cdots, n) \tag{1-8}$$

6. F 值或方差比

F 值用于 F 检验,其计算公式为

$$F = \frac{V}{V_e} \tag{1-9}$$

式(1-9)中,V 可表示总的方差 V_T,也可只表示因素或交互作用的方差,如 $V_A, V_B, V_{AB}, \cdots$。

F 检验时,将计算所得 F 值与通过 F 分布表查出的临界值 $F_\alpha(f_1, f_2)$ 比较,可得出因素是否显著的结论。$F_\alpha(f_1, f_2)$ 中,f_1 为因素偏差平方和的自由度,称第一自由度;f_2 为误差偏差平方和的自由度,称第二自由度。α 为显著性水平或检验水平或置信度,一般取 $\alpha = 0.01, 0.05, 0.10$ 等。$F_\alpha(f_1, f_2)$ 检验临界值表见附录1。

1.4 试验设计中的误差控制

1.4.1 试验误差

在试验过程中,由于环境的影响,试验方法和所用设备、仪器的不完善以及试

验人员的认识能力所限等原因,使得试验测得的数值和真值之间存在一定的差异,在数值上即表现为误差。随着科学技术的进步和人们认识水平的不断提高,虽可将试验误差控制得越来越小,但始终不可能完全消除它,即误差的存在具有必然性和普遍性。在试验设计中应尽力控制误差,使其减小到最小程度,以提高试验结果的精确性。

误差按其特点与性质可分为三种:系统误差,随机误差,粗大误差。

1. 系统误差

系统误差是由于偏离测量规定的条件,或者测量方法不合适,按某一确定的规律所引起的误差。在同一试验条件下,多次测量同一量值时,系统误差的绝对值和符号保持不变;或在条件改变时,按一定规律变化。例如,标准值的不准确、仪器刻度的不准确而引起的误差都是系统误差。

系统误差是由按确定规律变化的因素所造成的,这些误差因素是可以掌握的。具体来说,有4个方面的因素:

① 测量人员:由于测量者的个人特点,在刻度上估计读数时,习惯偏于某一方向;动态测量时,记录某一信号,有滞后的倾向。

② 测量仪器装置:仪器装置结构设计原理存在缺陷,仪器零件制造和安装不正确,仪器附件制造有偏差。

③ 测量方法:采取近似的测量方法或近似的计算公式等引起的误差。

④ 测量环境:测量时的实际温度对标准温度的偏差,测量过程中温度、湿度等按一定规律变化的误差。

对系统误差的处理办法是发现和掌握其规律,然后尽量避免和消除。

2. 随机误差(或称偶然误差)

在同一条件下,多次测量同一量值时,绝对值和符号以不可预定方式变化着的误差,称为偶然误差。即对系统误差进行修正后,还出现观测值与真值之间的误差。例如,仪器仪表中传动部件的间隙和摩擦,连接件的变形等引起的示值不稳定等都是偶然误差。这种误差的特点是在相同条件下,少量地重复测量同一个物理量时,误差有时大有时小,有时正有时负,没有确定的规律,且不可能预先测定。但是当观测次数足够多时,随机误差完全遵守概率统计的规律。即这些误差的出现没有确定的规律性,但就误差总体而言,却具有统计规律性。

随机误差是由很多暂时未被掌握的因素构成的,主要有三个方面:

① 测量人员:瞄准、读数的不稳定等。

② 测量仪器装置:零部件、元器件配合的不稳定,零部件的变形、零件表面油膜不均、摩擦等。

③ 测量环境：测量温度的微小波动，湿度、气压的微量变化，光照强度变化，灰尘、电磁场变化等。

因而随机误差是实验者无法严格控制的，所以随机误差一般是不可完全避免的。

对一个实际测量的结果进行统计分析（表 1-3），就可以发现随机误差的特点和规律。

表 1-3 测量值分布表

区间	1	2	3	4	5	6	7
测量值 x_i	4.95	4.96	4.97	4.98	4.99	5.00	5.01
误差 Δx_i	−0.06	−0.05	−0.04	−0.03	−0.02	−0.01	0
出现次数 n_i	4	6	6	11	14	20	24
频率 f_i	0.027	0.04	0.04	0.073	0.093	0.133	0.16
区间	8	9	10	11	12	13	14
测量值 x_i	5.02	5.03	5.04	5.05	5.06	5.07	5.08
误差 Δx_i	0.01	0.02	0.03	0.04	0.05	0.06	0.07
出现次数 n_i	17	12	12	10	8	4	2
频率 f_i	0.113	0.08	0.08	0.067	0.053	0.027	0.013

表 1-3 中观测总次数 $n=150$ 次，某测量值的算术平均值为 5.01，共分 14 个区间，每个区间的间隔为 0.01。为直观起见，把表中的数据画成频率分布的直方图（图 1-2），从图中便可分析归纳出随机误差的以下四大分配律来。

① 随机误差的有限性。在某确定的条件下，误差的绝对值不会超过一定的限度。表 1-3 中的 Δx_i 均不大于 0.07，可见绝对值很大的误差出现的概率近于零，即误差有一定限度。

② 随机误差的单峰性。绝对值小的误差出现的概率比绝对值大的误差出现的概率大，最小误差出现的概率最大。表 1-3 中 $|\Delta x_i| \leqslant 0.03$ 的次数为 110 次，其中 $|\Delta x_i| \leqslant 0.01$ 的次数为 61 次，而 $|\Delta x_i| > 0.03$ 的仅 40 次。可见随机误差的分布呈单峰形。

③ 随机误差的对称性。绝对值相等的正、负误差出现的概率相等。表 1-3 中正误差出现的次数为 65 次，而负误差为 61 次，两者出现的频率分别为 0.427 和 0.407，大致相等。

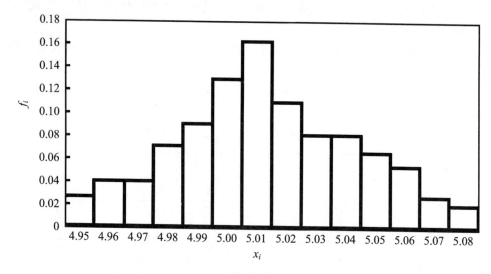

图 1-2 频率分布直方图

④ 随机误差的抵偿性。在多次、重复测量中,由于绝对值相等的正、负误差出现的次数相等,所以全部误差的算术平均值随着测量次数的增加趋于零,即随机误差具有抵偿性。抵偿性是随机误差最本质的统计特性,凡是具有相互抵偿特性的误差,原则上都可以按随机误差来处理。

由随机误差的特点和规律可知,多次试验值的平均值的随机误差比单个试验值的随机误差小,故可以通过增加试验次数减小随机误差。

随机误差决定了测量的精密度。它产生的原因还不清楚,但由于它总体上遵守统计规律,因此理论上可以计算出它对测量结果的影响。

3. 粗大误差(或称过失误差)

明显歪曲测量结果的误差称为粗大误差。例如,测量者在测量时对错了标志、读错了数、记错了数等。凡包含粗大误差的测量值称之为坏值。只要实验者加强工作责任心,粗大误差是可以完全避免的。

发生粗大误差的原因主要有两个方面:

① 测量人员的主观原因:由于测量者责任心不强,工作过于疲劳,缺乏经验操作不当,或在测量时不仔细、不耐心、马马虎虎等,造成读错、听错、记错等。

② 客观条件变化的原因:测量条件意外的改变(如外界振动等),引起仪器示值或被测对象位置改变而造成粗大误差。

1.4.2 试验数据的精准度

误差的大小可以反映试验结果的好坏,误差可能是由于随机误差或系统误差单独造成的,也可能是两者的叠加。为了说明这一问题,引出了精密度、正确度和准确度这三个表示误差性质的术语。

1. 精密度

精密度反映了随机误差大小的程度,是指在一定的试验条件下,多次试验的彼此符合程度。如果试验数据分散程度较小,则说明是精密的。

例如,甲、乙两人对同一个量进行测量,得到两组试验值:

甲:11.45　11.46　11.45　11.44
乙:11.39　11.45　11.48　11.50

很显然甲组数据的彼此符合程度好于乙组,故甲组数据的精密度较高。

试验数据的精密度是建立在数据用途基础之上的,对某种用途可能认为是很精密的数据,对另一用途可能显得不精密。

由于精密度表示了随机误差的大小,因此对于无系统误差的试验,可以通过增加试验次数而达到提高数据精密度的目的。如果试验过程足够精密,则只需少量几次试验就能满足要求。

2. 正确度

正确度反映系统误差的大小,是指在一定的试验条件下,所有系统误差的综合。

由于随机误差和系统误差是两种不同性质的误差,因此对于某一组试验数据而言,精密度高并不意味着正确度也高;反之,精密度不好,但当试验次数相当多时,有时也会得到好的正确度。精密度和正确度的区别和联系,可通过图1-3得到说明。

(a) 精密度好,正确度不好

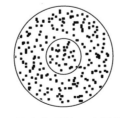
(b) 精密度不好,正确度好

(c) 精密度好,正确度好

图 1-3　精密度和正确度的关系

3. 准确度

准确度反映了系统误差和随机误差的综合，表示了试验结果与真值的一致程度。

如图 1-4 所示，假设 A、B、C 三个试验都无系统误差，试验数据服从正态分布，而且对应着同一个真值，则可以看出 A、B、C 的精密度依次降低；由于无系统误差，三组数据的极限平均值（试验次数无穷多时的算术平均值）均接近真值，即它们的正确度是相当的；如果将精密度和正确度综合起来，则三组数据的准确度从高到低依次为 A、B、C。

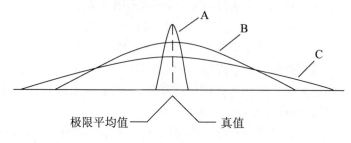

图 1-4　无系统误差的试验

又如图 1-5，假设 A'、B'、C' 三个试验都有系统误差，试验数据服从正态分布，而且对应着同一个真值，则可以看出 A'、B'、C' 的精密度依次降低。由于都有系统误差，三组数据的极限平均值均与真值不符，所以它们是不准确的。但是，如果考虑到精密度因素，则图 1-5 中 A' 的大部分试验值可能比图 1-4 中 B 和 C 的试验值要准确。

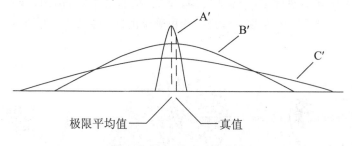

图 1-5　有系统误差的试验

通过上面的讨论可知：① 对试验结果进行误差分析时，只讨论系统误差和随机误差两大类，而坏值在试验过程和分析中随时剔除；② 一个精密的测量（即精密度很高，随机误差很小的测量）可能是正确的，也可能是错误的（当系统误差很大，超出了允许的限度时)。所以,只有在消除了系统误差之后,随机误差愈小的测量才是既正确又精密的,此时称它是精确(或准确)的测量,这也正是人们在试验中所要努力争取达到的目标。

1.4.3 坏值及其剔除

在实际测量中,由于偶然误差的客观存在,所得的数据总存在着一定的离散性。但也可能由于粗大误差出现个别离散较远的数据,这通常称为坏值或可疑值。如果保留了这些数据,由于坏值对测量结果的平均值的影响往往非常明显,故不能以 $\bar{x}$ 作为真值的估计值。反过来,如果把属于偶然误差的个别数据当作坏值处理,也许暂时可以报告出一个精确度较高的结果,但这是虚伪的、不科学的。

对于可疑数据的取舍一定要慎重,一般处理原则如下:

① 在试验过程中,若发现异常数据,应停止试验,分析原因,及时纠正错误。

② 试验结束后,在分析试验结果时,如发现异常数据,则应先找出产生差异的原因,再对其进行取舍。

③ 在分析试验结果时,如不清楚产生异常值的原因,则应对数据进行统计处理,常用的统计方法有拉伊达准则、肖维勒准则、格拉布斯准则、狄克逊准则、t 检验法、F 检验法等;若数据较少,则可重做一组数据。

④ 对于舍去的数据,在试验报告中应注明舍去的原因或所选用的统计方法。

总之,对待可疑数据要慎重,不能任意抛弃或修改。往往通过对可疑数据的考察,可以发现引起系统误差的原因,进而改进试验方法,有时甚至可得到新试验方法的线索。

下面介绍几种检验可疑数据的统计方法。

1. 拉伊达准则

该方法按正态分布理论,以最大误差范围 $3s$ 为依据进行判别。设有一组测量值 $x_i(i=1,2,\cdots,n)$,其样本平均值为 $\bar{x}$,偏差 $\Delta x_i = x_i - \bar{x}$,则标准偏差:

$$s = \sqrt{\frac{1}{n-1}\sum_{i=1}^{n}(x_i - \bar{x})^2} = \sqrt{\frac{1}{n-1}\sum_{i=1}^{n}(\Delta x_i)^2} \qquad (1-10)$$

如果某测量值 $x_i(1 \leqslant i \leqslant n)$ 的偏差 $|\Delta x_i| > 3s$ 时,则认为 x_i 是含有粗大误差的坏值。

该方法的最大优点是简单、方便、不需查表。但对小子样不准,往往会把一些坏值隐藏下来而犯"存伪"的错误。例如,当 $n \leqslant 10$ 时:

$$s = \sqrt{\frac{1}{n-1}\sum_{i=1}^{n}(\Delta x_i)^2} \approx \sqrt{\frac{1}{10-1}\sum_{i=1}^{n}(\Delta x_i)^2} = \frac{1}{3}\sqrt{\sum_{i=1}^{n}(\Delta x_i)^2}$$

即 $3s \geqslant |\Delta x_i|$。此时,任意一个测量值引起的偏差 Δx_i 都能满足 $|\Delta x_i| \leqslant 3s$,不可能出现大于 $3s$ 的情况。因而当测量次数 $n \leqslant 10$ 时,即使测量数据中含有粗大误差,用拉伊达准则也不能判别出来。

拉伊达准则判断测量数据列 $x_i(i=1,2,\cdots,n)$ 中是否有坏值的计算步骤如下:

① 计算样本均值 $\bar{x}$ 与标准偏差 s。

② 对与均值偏差最大的数据采用拉伊达准则进行判断。如果该数据不含有粗大误差,判断结束。如果该数据含有粗大误差,则剔除该数据,并对剩下的 $n-1$ 个数据重新进行判断。

③ 计算剩下的 $n-1$ 个测量数据的样本均值 $\bar{x}'$ 与标准偏差 s'。

④ 对剩下的 $n-1$ 个测量数据中与 $\bar{x}'$ 偏差最大的数据再按拉伊达准则进行判断。这样一直进行下去,直到找不到含有粗大误差的测量数据为止。

例 1-1 对某物理量进行 15 次等精度测量,测量值为:28.39,28.39,28.40,28.41,28.42,28.43,28.40,28.30,28.39,28.42,28.43,28.40,28.43,28.42,28.43。试用拉伊达方法判断该测量数据的坏值并剔除。

解

$$\bar{x} = \frac{1}{15} \sum_{i=1}^{15} x_i = 28.404$$

$$s = \sqrt{\frac{1}{15-1} \sum_{i=1}^{15} (\Delta x_i)^2} = 0.033$$

$$3s = 3 \times 0.033 = 0.099$$

这组测量数据中偏差最大的数据是 $\Delta x_8 = 28.30 - 28.404 = -0.104$,按拉伊达检验法可知,$\Delta x_8 = -0.104$ 不在区间 $(-0.099, 0.099)$ 范围内,因而 $x_8 = 28.30$ 是坏值,应剔除。

剔除坏值 x_8 后,对剩下的 14 个测量数据重新求 $\bar{x}'$ 与标准偏差 s'。

$$\bar{x}' = \frac{1}{14} \sum_{i=1}^{14} x_i = 28.4114$$

$$s' = \sqrt{\frac{1}{14-1} \sum_{i=1}^{14} (\Delta x_i)^2} = 0.0161$$

$$3s' = 3 \times 0.0161 = 0.0483$$

剩余数据最大偏差为 $\Delta x_1 = 28.39 - 28.4114 = 0.02143$,按拉伊达检验法可知,$\Delta x_1 = 0.02143$ 在区间 $(-0.0483, 0.0483)$ 范围内,因而剩余 14 个试验数据无坏值。

2. 格拉布斯准则

对于某一等精度重复测量数据 $x_i(i=1,2,\cdots,n)$，样本平均值为 $\bar{x}$，偏差 $\Delta x_i = x_i - \bar{x}$，标准偏差为 s。对于任一测量数据，定义统计量：

$$g_i = \frac{|\Delta x_i|}{s} \tag{1-11}$$

选定显著性水平 α（α 常取值为 0.05,0.025,0.01），如果某一测量数据 x_i 所对应的 g_i 满足

$$g_i > g_\alpha(n) \tag{1-12}$$

则认为在显著性水平为 α 时，该测量数据含有坏值，应予以剔除。式中 $g_\alpha(n)$ 称为格拉布斯临界值，可从表 1-4 中查得。剔除该数据的原因是

$$P[g_i > g_\alpha(n)] = \alpha \tag{1-13}$$

使用格拉布斯准则判断一组数据 $x_i(i=1,2,\cdots,n)$ 中是否有坏值的计算步骤如下：

① 首先将测量数据按从小到大的顺序排列，得到

$$x_{(1)} \leqslant x_{(2)} \leqslant \cdots \leqslant x_{(n-1)} \leqslant x_{(n)}$$

② 计算样本均值 $\bar{x}$ 与标准偏差 s。

③ 根据测量次数 n 和选定的显著性水平 α，查格拉布斯检验临界值表得到 $g_\alpha(n)$。

④ 对与均值 $\bar{x}$ 偏差最大的数据 $x_{(i)}$（$x_{(1)}$ 或 $x_{(n)}$）进行判断。如果 $x_{(i)}$ 所对应的 $g_{(i)} \leqslant g_{(n)}$，则该数据不含有粗大误差，判断结束。如果 $g_{(i)} > g_{(n)}$，则该数据含有粗大误差，应剔除该数据，并对剩下的 $n-1$ 个测量数据重新进行判断。

⑤ 将剩下的 $n-1$ 个测量数据按从小到大的顺序排列，得到

$$x'_{(1)} \leqslant x'_{(2)} \leqslant \cdots \leqslant x'_{(n-1)} \leqslant x'_{(n)}$$

并计算剩下的 $n-1$ 个测量数据的样本均值 $\bar{x}'$ 与标准偏差 s'。

⑥ 根据测量次数 $n-1$ 和选定的显著性水平 α，查格拉布斯检验临界值表得到 $g_\alpha(n-1)$。

⑦ 对剩下的 $n-1$ 个测量数据中与 $\bar{x}'$ 偏差最大的数据 $x'_{(i)}$（$x'_{(1)}$ 或 $x'_{(n)}$）进行判断。如果 $x'_{(i)}$ 所对应的 $g'_{(i)} \leqslant g_\alpha(n-1)$，则该数据不含有粗大误差，判断结束。如果 $g'_{(i)} > g_\alpha(n-1)$，则该数据含有粗大误差，应剔除该数据。对剩下的 $n-2$ 个数据继续进行判断，这样一直进行下去，直到找不到含有粗大误差的测量数据为止。

例 1-2 以例 1-1 中的数据，用格拉布斯方法判断是否存在坏值（$\alpha=0.05$）。

解

表 1-4 格拉布斯检验临界值 $g_a(n)$ 表

n	显著性水平				n	显著性水平			
	0.05	0.025	0.01	0.005		0.05	0.025	0.01	0.005
3	1.153	1.155	1.155	1.155	31	2.759	2.024	3.119	3.253
4	1.463	1.491	1.155	1.496	32	2.773	2.938	3.135	3.270
5	1.672	1.715	1.749	1.764	33	2.786	2.952	3.150	3.286
					34	2.799	2.965	3.164	3.301
6	1.822	1.887	1.944	1.973	35	2.811	2.979	3.178	3.316
7	1.938	2.020	2.097	2.139					
8	2.032	2.126	2.221	2.274	36	2.823	2.991	3.191	3.330
9	2.110	2.315	2.323	2.387	37	2.835	3.003	3.204	3.343
10	2.176	2.290	2.410	2.482	38	2.846	3.014	3.216	3.356
					39	2.857	3.025	3.288	3.369
11	2.234	2.355	2.485	2.564	40	2.766	3.036	3.240	3.381
12	2.285	2.412	2.550	2.636					
13	2.331	2.462	2.607	2.699	41	2.877	3.046	3.251	3.393
14	2.371	2.507	2.659	2.755	42	2.887	3.057	3.261	3.404
15	2.409	2.549	2.705	2.806	43	2.896	3.067	3.271	3.415
					44	2.905	3.075	3.282	3.425
16	2.443	2.585	2.747	2.852	45	2.914	3.085	3.292	3.435
17	2.475	2.620	2.785	2.894					
18	2.504	2.650	2.821	2.932	46	2.923	3.094	3.302	3.445
19	2.532	2.681	2.854	2.968	47	2.931	3.103	3.310	3.455
20	2.557	2.709	2.884	3.001	48	2.940	3.111	3.319	3.464
					49	2.948	3.120	3.329	3.474
21	2.580	2.733	2.912	3.031	50	2.956	3.128	3.336	3.483
22	2.603	2.758	2.939	3.060					
23	2.624	2.781	2.963	3.087	60	3.025	3.199	3.411	3.560
24	2.644	2.802	2.987	3.112	70	3.082	3.257	3.471	3.622
25	2.663	2.822	3.009	3.135	80	3.130	3.505	3.521	3.673
					90	3.171	3.347	3.563	3.716
26	2.681	2.841	3.029	3.157	100	3.207	3.383	3.600	3.754
27	2.698	2.859	3.049	3.178					
28	2.714	2.876	3.068	3.199					
29	2.730	2.893	3.085	3.218					
30	2.745	2.908	3.103	3.236					

$$\bar{x} = \frac{1}{15}\sum_{i=1}^{15} x_i = 28.404$$

$$s = \sqrt{\frac{1}{15-1}\sum_{i=1}^{15}(\Delta x_i)^2} = 0.033$$

将所有的数据按从小到大的顺序排列可得

$$x_{(1)} = 28.30 < \cdots < x_{(15)} = 28.43$$

$x_{(1)}$ 和 $x_{(15)}$ 两个测量值都应列为可疑对象,但

$$|\Delta x_{(1)}| = |28.30 - 28.404| = 0.104$$
$$|\Delta x_{(15)}| = |28.43 - 28.404| = 0.026$$

故应首先怀疑 $x_{(1)}$ 是否含有粗大误差。根据式(1-11),代入相应的数据得

$$g_{(1)} = \frac{|\Delta x_{(1)}|}{s} = \frac{0.104}{0.033} = 3.152$$

由 $\alpha = 0.05, n = 15$,查表 1-4 可得 $g_{0.05}(15) = 2.409$。由于

$$g_{(1)} = 3.152 > g_{0.05}(15) = 2.409$$

故数据 $x_{(1)} = 28.30$ 即原数据 x_8 含有粗大误差,应予以剔除。

对剩下的 14 个数据,同样按上述方法进行判断。

将剩下的 14 个数据按从小到大的顺序排列可得

$$x'_{(1)} = 28.39 < \cdots < x'_{(14)} = 28.43$$

计算这 14 个数据的平均值与标准偏差可得

$$\bar{x}' = \frac{1}{14}\sum_{i=1}^{14} x_i = 28.4114$$

$$s' = \sqrt{\frac{1}{14-1}\sum_{i=1}^{14}(\Delta x_i)^2} = 0.0161$$

$x'_{(1)}$ 和 $x'_{(14)}$ 两个测量值都应列为可疑对象,但

$$|\Delta x'_{(1)}| = |28.39 - 28.4114| = 0.0214$$
$$|\Delta x'_{(14)}| = |28.43 - 28.4114| = 0.0186$$

故应首先怀疑 $x'_{(1)}$ 是否含有粗大误差。根据式(1-11),代入相应的数据得

$$g'_{(1)} = \frac{|\Delta x'_{(1)}|}{s} = \frac{0.0214}{0.0161} = 1.329$$

由 $\alpha = 0.05, n = 14$,查表 1-4 可得 $g_{0.05}(14) = 2.371$。由于

$$g'_{(1)} = 1.329 < g_{0.05}(14) = 2.371$$

故数据 $x'_{(1)} = 28.39$ 为不含粗大误差的正常数据,因此原数据中除 x_8 外的 14 个数据均为正常数据。

3. 狄克逊准则

上述粗大误差的判别方法均需求样本均值和标准偏差，在实际工作中比较麻烦，采用狄克逊准则可以避免这一缺点。这一准则采用了极差比的方法，为了使判断的效率高，不同的测量次数应用不同的极差比计算。对于某一等精度重复测量数据 $x_i(i=1,2,\cdots,n)$，按从小到大的顺序排列，得到

$$x_{(1)} \leqslant x_{(2)} \leqslant \cdots \leqslant x_{(n-1)} \leqslant x_{(n)}$$

如果上述测量值中有含有粗大误差的测量数据，首先值得怀疑的是 $x_{(1)}$ 和 $x_{(n)}$。狄克逊首先定义了一个与 $x_{(1)}$（或 $x_{(n)}$）、n 有关的极差比统计量 d_0（d_0 的计算公式见表 1-5），如果

$$d_0 > d_\alpha(n) \tag{1-14}$$

则认为在显著性水平 α 下，$x_{(1)}$（或 $x_{(n)}$）中含有粗大误差，应予以剔除。式中 $d_\alpha(n)$ 为狄克逊检验临界值，与测量值的数量 n、显著性水平 α 及 d_0 的计算公式有关，可查表 1-5 得到。

使用狄克逊准则判断一组数据 $x_i(i=1,2,\cdots,n)$ 中是否有坏值的计算步骤如下：

① 首先将测量数据按从小到大的顺序排列，得到

$$x_{(1)} \leqslant x_{(2)} \leqslant \cdots \leqslant x_{(n-1)} \leqslant x_{(n)}$$

② 对与均值 $\bar{x}$ 偏差最大的数据 $x_{(i)}$（$x_{(1)}$ 或 $x_{(n)}$）进行判断。根据测量次数 n 和选定的显著性水平 α 及与均值 $\bar{x}$ 偏差最大的数据是 $x_{(1)}$ 还是 $x_{(n)}$，查狄克逊检验临界值 $d_\alpha(n)$ 及 d_0 的计算公式表，得到 $d_\alpha(n)$ 及 d_0 的计算公式。

③ 如果 $x_{(i)}$ 所对应的 $d_0 \leqslant d_\alpha(n)$，则该数据不含有粗大误差，判断结束。如果 $d_0 > d_\alpha(n)$，则该数据含有粗大误差，应剔除该数据。对剩下的 $n-1$ 个测量数据重新按从小到大的顺序排列，计算新的均值与标准偏差，再查表 1-5，重新进行判断，这样一直进行下去，直到找不到含有粗大误差的测量数据为止。

例 1-3 以例 1-1 中的数据，用狄克逊准则判断是否存在坏值（$\alpha=0.05$）。

解 将所有的数据按从小到大的顺序排列可得

$$x_{(1)} = 28.30 < \cdots < x_{(15)} = 28.43$$

$x_{(1)}$ 和 $x_{(15)}$ 两个测量值都应列为可疑对象，但 $x_{(1)}$ 与平均值偏差更大，故应首先怀疑 $x_{(1)}$ 是否含有粗大误差。由 $\alpha=0.05$，$n=15$，$x_{(1)}$ 为可疑数据，查表 1-5 得

$$d_0 = \frac{x_{(3)} - x_{(1)}}{x_{(n-2)} - x_{(1)}} = \frac{28.39 - 28.30}{28.43 - 28.30} = 0.692$$

$$d_\alpha(n) = 0.525$$

表 1-5 狄克逊检验临界值 $d_\alpha(n)$ 及 d_0 的计算公式

n	$d_\alpha(n)$		d_0 的计算公式	
	$\alpha=0.01$	$\alpha=0.05$	$x_{(1)}$ 可疑时	$x_{(n)}$ 可疑时
3	0.988	0.941	$\dfrac{x_{(2)}-x_{(1)}}{x_{(n)}-x_{(1)}}$	$\dfrac{x_{(n)}-x_{(n-1)}}{x_{(n)}-x_{(1)}}$
4	0.889	0.765		
5	0.780	0.642		
6	0.698	0.560		
7	0.637	0.507		
8	0.683	0.554	$\dfrac{x_{(2)}-x_{(1)}}{x_{(n-1)}-x_{(1)}}$	$\dfrac{x_{(n)}-x_{(n-1)}}{x_{(n)}-x_{(2)}}$
9	0.635	0.512		
10	0.597	0.477		
11	0.679	0.576	$\dfrac{x_{(3)}-x_{(1)}}{x_{(n-1)}-x_{(1)}}$	$\dfrac{x_{(n)}-x_{(n-2)}}{x_{(n)}-x_{(2)}}$
12	0.642	0.546		
13	0.615	0.521		
14	0.641	0.546	$\dfrac{x_{(3)}-x_{(1)}}{x_{(n-2)}-x_{(1)}}$	$\dfrac{x_{(n)}-x_{(n-2)}}{x_{(n)}-x_{(3)}}$
15	0.616	0.525		
16	0.595	0.507		
17	0.577	0.490		
18	0.561	0.475		
19	0.547	0.462		
20	0.535	0.450		
21	0.524	0.440		
22	0.515	0.430		
23	0.505	0.421		
24	0.497	0.413		
25	0.489	0.406		

由于 $d_0=0.692>d_a(n)=0.525$,故数据 $x_{(1)}=28.30$ 即原数据 x_8 含有粗大误差,应予以剔除。

对剩下的 14 个数据,同样按上述方法进行判断。

将剩下的 14 个数据按从小到大的顺序排列可得

$$x'_{(1)} = 28.39 < \cdots < x'_{(14)} = 28.43$$

$x'_{(1)}$ 和 $x'_{(14)}$ 两个测量值都应列为可疑对象,但 $x'_{(1)}$ 与平均值偏差更大,故应首先怀疑 $x'_{(1)}$ 是否含有粗大误差。由 $\alpha=0.05, n=14, x'_{(1)}$ 为可疑数据,查表 1-5 得

$$d_0 = \frac{x_{(3)} - x_{(1)}}{x_{(n-2)} - x_{(1)}} = \frac{28.39 - 28.39}{28.43 - 28.39} = 0$$

$$d_a(n) = 0.546$$

由于 $d_0=0<d_a(n)=0.546$,故数据 $x'_{(1)}=28.39$ 为不含粗大误差的正常数据,因此原数据中除 x_8 外的 14 个数据均为正常数据。

在用上面的准则检验多个可疑数据时,应注意以下几点:

① 可疑数据应逐一检验,不能同时检验多个数据。这是因为不同数据的可疑程度是不一致的,应按照与 $\bar{x}$ 偏差的大小顺序来检验,首先检验偏差最大的数,如果这个数不被剔除,则所有的其他数都不应被剔除,也就不需再检验其他数了。

② 剔除一个数后,如果还要检验下一个数,则应注意试验数据的总数发生了变化。

③ 用不同的方法检验同一组试验数据,在相同的显著性水平上,可能会有不同的结论。

上述几个准则检验可疑数据各有其特点。拉伊达准则简单,无需查表,用起来也很方便,适用于测量次数较多或要求不高时,当测量次数较少时不能应用。格拉布斯准则和狄克逊准则都能适用于试验数据较少时的检验,在一些国际标准中,常推荐用格拉布斯准则和狄克逊准则来检验可疑数据。在较为精确的试验中,可以选用两种、三种方法对试验数据进行判断。

1.4.4 误差控制——费歇尔三原则

统计判断是利用试验数据提供的信息进行的,不管是误差,还是平均值之差都来源于试验数据,因此如何保证试验数据的真实可靠性,便成了一个极为重要的问题。

所谓真实可靠,就是要实现结果的再现性,正确地估计出误差值。这就要求在进行试验设计时,对试验的设计和各种误差加以妥善的处理,这就是通常所说的试验误差控制问题。在试验设计中对这一问题有一套独特的方法,称之为费歇尔

(Fisher)三原则。

1. 重复测量原则

增加试验重复测量次数，不仅可以减少误差，而且还可以提高试验指标的精度。随试验重复测定次数的增加，平均值更加靠近真值，误差值缩小。所以，在通常的条件下都进行重复测量，以达到满意的效果。同时只有经过重复试验，才能计算出标准误差，进一步进行无偏估计和统计假设检验。

此外，试验设计中，试验误差是客观存在和不可避免的。试验设计任务之一就是尽量减少误差和正确估计误差。若只做一次试验，就很难从试验结果中估计出试验误差，只有进行几次重复试验，才能利用同样试验条件下取得多个数据的差异，把误差估计出来。同一条件下试验重复次数越多，则试验的精度越高。因此，在条件允许时应尽量多做几次重复试验。但也并非重复试验次数越多越好，因为无指导的盲目进行多次重复试验不仅无助于试验误差的减少，而且造成人力、物力、财力和时间的浪费。

2. 随机化原则

在试验过程中，环境变化也会造成系统误差，因而要求在试验过程中保持环境条件稳定。但是，某些条件的变化难以控制，因此，如何组织试验，消除或尽量减轻环境等条件变化所带来的影响，就成了一个值得注意的问题。

例如，用两台台秤称重时，由于零点调整的不同，其中一台测得的数值可能偏大，而另一台称出的数值却始终偏低，结果将产生系统误差。在这种情况下，可以在试验结束时，再校正一次零点进行修正。随机化就是解决这种问题的有效方法。打乱测定的次序，不按固定的次序进行读数，这就是随机化方法。所以，随机化是使系统误差转化为偶然误差的有效方法。系统误差的种类很多，环境条件的变化、试验人员的水平和习惯、原材料的材质、设备条件等等，这些都会引起系统误差。有的系统误差既容易发现，也容易消除；有的系统误差虽然可以发现，但消除它却很困难，有时甚至不能消除；还有一些系统误差却很难发现。上述天平零点不准而引起的误差就属于第一类。再如农业试验中由于地理差异所引起的系统误差，虽然知道它存在，但消除它要消耗很大物力，而且效果也是值得怀疑的，这类系统误差就属于第二类。总之，在试验设计中都把随机化作为一个重要原则加以贯彻实施。随机化的方法，除抽签和掷骰子外，还常用随机数法。同样，也要从统计理论的高度去理解它的意义。统计学中所处理的样本都是随机样本，不管是有意识地或者是无意识地破坏了样本的随机性质，都破坏了统计的理论基础。

3. 局部控制原则

对某些系统误差,虽然实行随机化的方法使系统误差具有了随机误差的性质,使系统误差的影响降低,但有时还是很大。为了更有效地消除它们的影响,对诸如地理、原材料以及试验日期等,除实行随机化外,还在组织或设计试验时实施区组控制的原则。区组控制是按照某一标准将试验对象加以分组,所分的组称为区组。在区组内试验条件一致或者相似,因此数据波动小,而试验精度却较高,误差必然减小。区组之间的差异较大。这种将待比较的水平,设置在差异较小的区组内以减少试验误差的原则,称为局部控制。试验规模大,各试验之间差异较大,采用完全随机化设计会使试验误差过大,有碍于将来的判断,在这种情况下,常根据局部控制的原则,将整个试验区划分为若干个区组,在同一区组内按随机顺序进行试验,此种试验叫随机区组试验设计法。区组试验实际上是配对试验法的推广。在每一个区组中,如果每一个因素的所有水平都出现,称为完全区组试验。

假设需要比较一种处理(如用不同方式制备的五批材料或反应的五种温度)的效应,为了减少试验误差造成的不确定性,决定对每种处理试验三次,总共做 15 次试验,则理想的设计应该是除各种处理应有的偏差外能使 15 次试验在相同条件下进行。但在实际中或许无法做到这一点,如不可能制备出足够 15 次试验用的质量相同的原材料,但足以满足五次试验使用。如此,试验过程可以这样安排:在不必完全相同的三个齐性批的每一批上,试验全部五种处理,这样,批与批间的差异就不影响处理的比较了。例如片状材料的试验,最典型的如橡胶,假如要试验橡胶的五种处理方法,而原料是大片橡胶。可以设想,从这一大片橡胶的不同部位切下三片,每片再一分为五,即共进行三组每组五次的试验比较。这样,组与组之间的不同就不会影响五种处理的比较。另一方面,若从该片橡胶上随机切取 15 块,并随机地实行五种处理,试验的精确性就会大大降低,因为材料的不均匀性会增大试验误差。

在上述橡胶的试验中,切取的每一大片分成的一个五块的组称为一个区组。为了预防同一区组内的系统误差,应按随机顺序安排区组内的处理,用这种方法得到的结果就是一个随机化区组设计。

Fisher 三原则是设计试验、组织试验应遵循的重要原则,按照这一原则组织与设计试验可以得到满意的信息,能够消除某些因素带来的影响,防止各种因素相互混杂。所以,任何一个试验,在设计和组织试验过程中,都应根据具体情况尽量实现 Fisher 三原则。但是,事物往往是复杂的,试验设计的方法也很多,如何分析和评价一种试验方案的优劣,就是一项基本训练。下面通过一个具体试验方案的分析和讨论,说明如何应用这一原则。

某化工厂为提高产量,选取三个工况进行试验,分别用 A,B,C 代表三个工况,每一个工况做三次试验,试验方案示于表 1-6 中。方案 a 显然是没有掌握试验设计方法的人员提出来的。这一方案,如果从方便的角度来看,可以说是最简便的。然而,如果三天的条件不一样时就会带来系统误差,使天与天之间的效果与每天的处理效果混杂在一起,无法分开。例如,试验结果是 A 工况的产量高,但这也可能是由于这一天其他条件好的原因,因而难以肯定是 A 工况好还是第一天的条件好。可见,当存在这种混杂现象时,即使增加重复试验的次数也无济于事。解决这种混杂的办法就是用随机化分组,如方案 b 所示,这就避免了一天重复三次的缺点。这一方案虽然比方案 a 好,但问题解决得还是不彻底,如第二天工况 B 就进行了两次,而第三天工况 A 也进行两次。如果天与天之间的差异较大,这还是会引起混杂。而方案 c 就可以完全避免天与天之间的差异和因素效果混杂的现象。这个方案同时还考虑了随机化原则和区组控制原则,其缺点是没有考虑一日内试验次序可能带来的系统误差。如果每天试验时,都是开始时条件差些,结束时条件好些,那么由于工况 B 有两天排在第三次,这样测试效果就偏好。为避免这种问题的产生,把一日内试验次序也按区组控制原则重新安排,即方案 d。可见三个工况不论是在三天之间,还是在一天的试验次序上都不重叠。把这一方案单独表示出来,列于表 1-7 中。这种方案设计称作拉丁方格法(L-tin square)。

表 1-6 方案比较

	第一天	第二天	第三天
方案 a	AAA	BBB	CCC
方案 b	BCA	CBB	ACA
方案 c	CBA	CAB	ACB
方案 d	BCA	CAB	ABC

表 1-7 拉丁方格法

	1	2	3
第一天	B	C	A
第二天	C	A	B
第三天	A	B	C

由拉丁方格法设计的试验又称为完备型试验。相反,如表 1-8 所示,对于四个工况的试验,由于具体条件的限制,一天内只能安排三个工况,这样一天之内就不

可能包括全部工况，这种试验设计称为不完备型试验设计。

表1-8 不完备型试验

	1	2	3
第一天	B	C	D
第二天	C	D	A
第三天	D	A	B
第四天	A	B	C

1.5 试验设计方法

1.5.1 因素的选取

每一个具体的试验，由于试验目的的不同或者因现场条件的限制等，通常只选取所有影响因素中的某些因素进行试验。试验过程中改变这些因素的水平而让其余因素保持不变。但是为了保证结论的可靠性，在选取因素时应把所有影响较大的因素选入试验。另外，某些因素之间还存在着交互作用。所以，影响较大的因素还应包括那些单独变化水平时效果不显著，而与其他因素同时变化水平时交互作用较大的因素。这样试验结果才具有代表性。如果设计试验时，漏掉了影响较大的因素，那么只要这些因素水平一变，结果就会改变。所以，为了保证结论的可靠性，设计试验时就应把所有影响较大的因素选入试验，进行全组合试验。一般而言，选入的因素越多越好。在近代工程中，20~50个因素的试验并不罕见，但从充分发挥试验设计方法的效果看，以7~8个因素为宜。当然，不同的试验，选取因素的数目也会不一样，因素的多少决定于客观事物本身和试验目的的要求。而当因素间有交互作用影响时，如何处理交互作用是试验设计中另一个极为重要的问题。关于交互作用的处理方法将在正交试验中介绍。

1.5.2 水平的选取

水平的选取也是试验设计的主要内容之一。对影响因素，可以从质和量两方面来考虑。如原材料、添加剂的种类等就属于质的方面，对于这一类因素，选取水平时就只能根据实际情况有多少种就取多少种；相反，诸如温度、水泥的用量等就属于量的方面，这类因素的水平以少为佳，因为随水平数的增加，试验次数会急剧增多。

图 1-6 是转化率与温度的关系。图 1-6(a) 是温度取两水平时的情况,可见两点间可以是直线,也可以是曲线。如果两个水平的间距较大,那么中间的转化率就难以判断,为防止产生这样的后果,水平应当靠近。图 1-6(b) 是温度取三水平的情况,通过试验可以得到三个点,当真实关系是抛物线时,中间一点的转化率就最高,但会不会是更复杂的三次曲线呢? 一般来说是不可能的。因为一般情况下,水平的变化范围不会很大,局部范围内真实关系曲线应当较为接近于直线或者二次抛物线。所以,为减少试验次数,一般取二水平或三水平,只有在特殊情况下才取更多的水平。

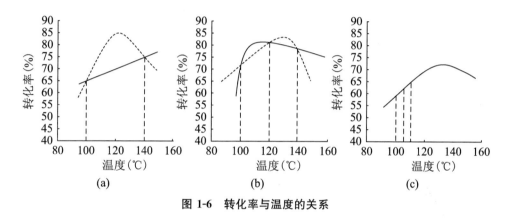

图 1-6 转化率与温度的关系

不同的试验,水平的选取方法不一样。在新旧工艺对比试验中,往往是取二水平,即新工艺条件和现行工艺条件。一般可按以下方法选取:

二水平 { 现行工艺水平
          新工艺水平

三水平 { 现行工艺水平或理论值减少 10%
          现行工艺水平或理论值
          现行工艺水平或理论值增加 10%

但在寻找最佳工况的试验中,试验初期阶段由于心中无数,试验范围往往较大,这时就不得不取多水平。而随着试验的进行,试验的范围会逐渐缩小,试验后期阶段为减少试验次数,就可以取二水平或三水平。

上面已经涉及到水平变化的幅度问题,从减少试验次数看,当水平间距不太大时取二水平或三水平就可满足要求。但也应当注意,水平靠近时指标的变化较小,尤其是那些影响不大的因素,水平靠近就可能检测不出水平的影响,从而得不到任何结论。所以,水平幅度在开始阶段可取大些,然后再逐渐靠近。如图 1-6(c)所示,如果温度水平不是 100 ℃、120 ℃、140 ℃,而是 100 ℃、105 ℃、110 ℃,应很难得出正确的结论。此时,即使仪器能够分辨出水平变化所引起的指标波动,但从统计方法来看,这也是没有什么意义的。

还应当指出,选取的水平必须在技术上现实可行。如在寻找最佳工况的试验中,最佳水平应在试验范围内;在工艺对比试验中,新工艺必须具有工程实际使用价值。再如研究燃烧问题时,温度水平就必须高于着火温度,若环境温度低于着火温度,试验将无法进行。有时还有安全问题,如某些化学反应在一定条件下会发生爆炸等。

水平数越多,试验的次数也就越多。如某一化学反应,其反应的完全程度与反应温度和触媒的用量有关,当温度取三水平,触媒用量取六水平时,就要做 $3 \times 6 = 18$ 次试验。在很多情况下,考虑到经济因素和试验的复杂程度,应尽量减少试验次数,以达到试验的最终目的。而减少试验次数在很多情况下决定于试验设计人员的专业水平和经验。根据化学反应动力学原理,温度水平较高时,触媒的用量可以少些;相反,温度水平低时,触媒用量必须多些。也就是说,可以去掉那些温度低、触媒用量少和温度高、触媒用量多的组合。这样,试验次数就可以减少,试验费用就会降低。但是如果把握不大,那就只好做 18 次试验。

1.5.3 常用试验设计方法

试验设计时,要明确试验的目的,根据不同的试验目的选择合适的试验指标。一般而言,应选择最关键的因素效应、最敏感的参数作为试验指标。为了充分利用试验所得数据和信息,利用综合评价参数作为试验指标是值得推荐的。确定因素时,不能遗漏有显著性的因素,同时要考虑因素之间的交互作用。当因素的水平数不同时,应采用完全区组试验设计,即全组合试验设计。要安排适当的重复试验,减少试验的误差,提高试验指标的精度。

最常见的试验设计方法有单因素优选法、析因试验设计方法、分割试验设计方法、正交试验设计方法、均匀试验设计方法、正交回归试验设计方法、SN 比试验设计方法、产品三次设计等。下面简单地介绍几种常见的试验设计方法。

1. 单因素优选法

优选法就是根据生产和科研中的不同问题,利用数学原理,合理地安排试验点,减少试验次数,以求迅速找到最佳点的一类科学方法。常用的单因素优选法有均分法、平分法、黄金分割法、分数法、抛物线法、预给要求法、比例分割法等。

2. 析因试验设计方法

在多因素试验中,将因素的全部水平相互组合按随机的顺序进行试验,以考察各因素的主效应与因素之间的交互效应,这种安排试验的方法称为析因试验设计法。二因素的析因试验安排方式如表1-9所示。析因试验的数据处理通常采用的是方差分析方法。

表 1-9 触媒选用量(%)

催化剂用量 \ 温度	A_1(100 ℃)	A_2(120 ℃)	A_3(140 ℃)
B_1(4%)	40	60	70
B_2(5%)	60	85	80
B_3(6%)	70	90	70
B_4(7%)	85	80	55

析因试验设计方法的特点是,各因素的所有水平都有机会相互组合,能全面地显示和反映各因素对试验指标的影响,每个水平的重复次数增多,提高了试验的精度。当因素的水平数增多时,试验的工作量迅速增大,因此,这种试验设计的方法适用于因素与水平数较少的设计。

表1-10是一个典型的析因试验设计。这是一个人工合成材料试验,它的考查

表 1-10 合成材料的强度(MPa)

重复测定	催化剂用量	合成的温度			
		A_1(80 ℃)	A_2(90 ℃)	A_3(100 ℃)	A_4(110 ℃)
第1次	B_1(0.5%)	29	31	34	31
	B_2(1.0%)	32	33	33	30
	B_3(1.5%)	34	34	32	32
第2次	B_1(0.5%)	31	32	34	34
	B_2(1.0%)	32	33	33	33
	B_3(1.5%)	34	36	35	32
第3次	B_1(0.5%)	30	33	34	35
	B_2(1.0%)	32	35	31	33
	B_3(1.5%)	34	34	32	32

指标是测试的强度值。有两个因素:合成温度 A 和催化剂用量 B,合成温度有 4 个水平,催化剂用量有 3 个水平,若进行全组合试验,要进行 12 次试验;若要重复 3 次,要进行 36 次试验。这说明析因试验设计方法工作量很大。判定合成温度 A 和催化剂用量 B 显著性的方法,用方差分析方法。

3. 分割试验设计方法

前面研究的是将各因素的全部水平相互组合按随机的顺序进行试验,但是,在有些情况下,由于条件限制,或为节省费用与试验时间,以提高某个或某些因素的试验精度,不便做或不宜采用全组合试验设计,这时可采用分割试验设计。在分割试验设计中,不是将全部因素随机组合,而是将其中某一因素 A 先随机化安排,在此前提下,再将另一因素 B 随机化安排,组合成各种试验设计条件。在分割试验设计中,因素 A 和因素 B 在试验中的地位是不等同的,因素 A 称为一次因素,因素 B 称为二次因素。

下面以二因素试验为例,说明分割试验设计方法。因素 A 为三水平,因素 B 为二水平,进行三次重复试验,全组合试验设计与分割试验设计方法如表 1-11、表 1-12 所示。在全组合试验设计中因素 A 要变化 6 次,而在分割试验设计中因素 A 只变化 3 次。如果试验中改变因素 A 难以实现,或者耗费较大,采用分割试验设计比采用全组合试验设计显然更具有优越性。

试验设计可以是一段分割试验设计,如表 1-12 所示的试验安排;也可以是两段分割试验设计,如图 1-7 所示。一次因素与二次因素可以是单因素,也可以是组合因素,如图 1-8 所示。分割试验设计是一种系统分组试验法。

表 1-11 全组合试验设计

	区组		
	第 1 次	第 2 次	第 3 次
试验顺序	A_2B_1	A_1B_2	A_3B_1
	A_1B_2	A_3B_2	A_2B_1
	A_3B_1	A_3B_1	A_1B_2
	A_1B_1	A_2B_2	A_2B_2
	A_3B_2	A_1B_1	A_3B_2
	A_2B_2	A_2B_2	A_1B_1

表 1-12 分割试验设计

	区组		
	第1次	第2次	第3次
试验顺序	A₂⟨B₁/B₂⟩	A₁⟨B₂/B₁⟩	A₃⟨B₁/B₂⟩
	A₃⟨B₁/B₂⟩	A₃⟨B₂/B₁⟩	A₁⟨B₂/B₂⟩
	A₁⟨B₁/B₂⟩	A₂⟨B₂/B₂⟩	A₂⟨B₂/B₁⟩

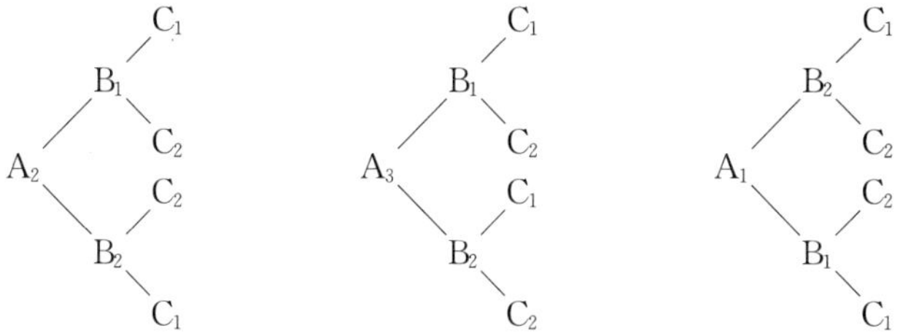

图 1-7 两段分割试验设计示意图

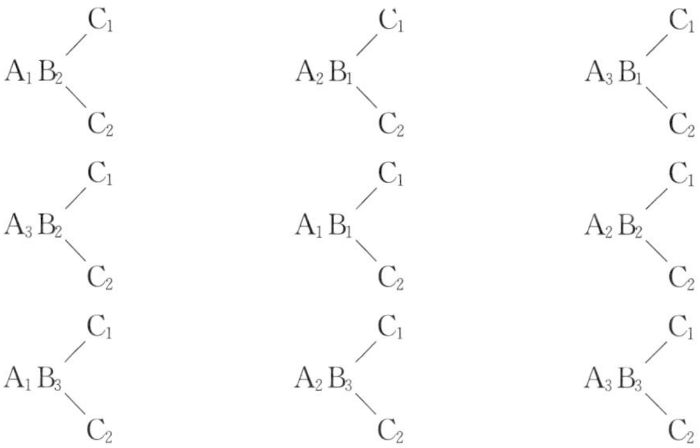

图 1-8 组合因素分割试验设计示意图

分割试验设计的优点是能够节省费用。从表 1-11 和表 1-12 所示的两因素试验来看,在全组合试验设计中,因素 A 要重复试验 6 次,而在分割试验设计中因素 A 只重复试验 3 次,这样,因素 A 将减少一半原材料的消耗和试验经费。分割试验设计的缺点是试验的数据不是相互独立的,因素 B 的试验效果有赖于因素 A 所处的水平。

4. 正交试验设计方法

用正交表安排多因素试验的方法,称之为正交试验设计方法。该方法是依据数据的正交性(即均匀搭配、整齐可比)来进行试验方案设计的。由于该方法应用广泛,为了方便起见,已经构造出了一套现成规格化的正交表。根据正交表的表头和其中的数字结构就可以科学地挑选试验条件(因素水平),合理地安排试验。它的主要优点是:① 能在众多的试验条件中选出代表性强的少数试验条件;② 根据代表性强的少数试验结果数据可推断出最佳的试验条件或生产工艺;③ 通过试验数据的进一步分析处理,可以提供比试验结果本身多得多的对各因素的分析;④ 在正交试验的基础上,不仅可作方差分析,还能使回归分析等数据处理的计算变得十分简单。

5. 均匀试验设计方法

均匀设计是一种只考虑试验点在试验范围内均匀散布的一种试验设计方法。与正交试验设计类似,均匀设计也是通过一套精心设计的均匀表来安排试验。当试验因素变化范围较大,需要取较多水平时,可以极大地减少试验次数。

1.5.4 试验设计与数据处理的基本过程

1. 试验设计阶段

根据试验要求,明确试验目的,确定要考察的因素以及它们的变动范围,由此制定出合理的试验方案。

2. 试验的实施

按照设计出的试验方案,实地进行试验,取得必要的试验数据结果。

3. 试验结果的分析

对试验所得的数据结果进行分析,判定所考察的因素中哪些是主要的,哪些是次要的,从而确定出最好的生产条件,即最优方案。

第 2 章 单因素优选法

在生产和科学实验中,人们为了达到优质、高产、低消耗等目的,需要对有关因素(如配方、配比、工艺操作条件等)的最佳点进行选择,所有这些选择点的问题,都称之为优选问题。

怎样才能达到"最优"呢?举个最简单的例子,比如蒸馒头,要想蒸得好吃、不酸不黄,就要使碱适量。假如我们现在还没有掌握放碱量的规律,而要通过直接实践的方法去摸索这个规律,怎样才能用最少的试验次数就找到最理想的结果呢?换句话说,用什么方法指导我们进行试验才能最快地找到最优方案呢?这个方法就叫做优选法。

优选法就是根据生产和科研中的不同问题,利用数学原理,合理地安排试验点,减少试验次数,以求迅速地找到最佳点的一类科学方法。

优选法可以解决那些试验指标与因素间不能用数学形式表达,或虽有表达式但很复杂的那些问题。

如果用函数的观点看待蒸馒头的问题,馒头的好吃程度就像是放碱量的函数,而放碱量相当于自变量。这样的函数一般叫做指标函数,而指标函数的自变量叫做因素。

如果在试验时,只考虑一个对目标影响最大的因素,其他因素尽量保持不变,则称为单因素问题。在应用时,只要因素抓得准,单因素试验也能解决许多问题。

当某一个主要试验因素确定以后,首先应估计包含最优点的试验范围。如果用 a 表示下限,b 表示上限,试验范围为 $[a,b]$。若 x 表示试验点,考虑端点,则 $a \leqslant x \leqslant b$;如不考虑端点 a、b,则 $a < x < b$。在实际问题中,a 和 b 为具体数值。

假定 $f(x)$ 是定义在区间 $[a,b]$ 上的函数,但 $f(x)$ 的表达式并不知道,只有从试验中才能得出在某一点 x_0 的数值 $f(x_0)$,应用单因素优选法,就是用尽量少的试验次数来确定 $f(x)$ 的最佳点。

2.1 均 分 法

均分法是单因素试验设计方法。它是在试验范围 $[a,b]$ 内,根据精度要求和实际情况,均匀地安排试验点,在每一个试验点上进行试验并相互比较,以求得最优点的方法。

方法要点：若试验范围 $L=b-a$，试验点间隔为 N，则试验点个数 n 为

$$n = \frac{L}{N} + 1 = \frac{b-a}{N} + 1 \tag{2-1}$$

这种方法的特点是对所试验的范围进行"普查"，常常应用于对目标函数的性质没有掌握或很少掌握的情况，即假设目标函数是任意的情况，其试验精度取决于试验点数目的多少。

例 2-1 对采用新钢种的某零件进行磨削加工，砂轮转速范围为 420 转/分～720 转/分，拟通过试验找出能使光洁度最佳的砂轮转速值。

解 取 $N=30$ 转/分，则

$$n = \frac{b-a}{N} + 1 = \frac{720-420}{30} + 1 = 11$$

试验转速分别为

420,450,480,510,540,570,600,630,660,690,720

试验表明，当砂轮转速为 600 转/分时，光洁度最佳。

2.2 平 分 法

平分法是单因素试验中一种最简单最方便的方法。如果在试验范围内，目标函数单调（连续或间断的，如图 2-1、图 2-2），要找出满足一定条件的最优点，则可以选用此法。

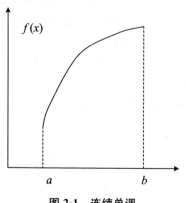

图 2-1 连续单调

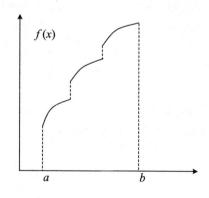

图 2-2 间断单调

平分法总是在试验范围的中点安排试验,中点公式为:

$$中点 = \frac{a+b}{2} \tag{2-2}$$

根据试验结果,如下次试验在高处(取值大些),就把此试验点(中点)以下的一半范围划去;如下次试验在低处(取值小些),就把此试验点(中点)以上的一半范围划去。重复上面的试验,直到找到一个满意的试验点。

例 2-2 乳化油加碱量的优选。

高级纱上浆要加些乳化油脂,以增加柔软性,而油脂乳化需加碱加热。某纺织厂以前乳化油脂加烧碱1%,需加热处理4小时,但知道多加碱可以缩短乳化时间,碱过多又会皂化,所以加碱量优选范围为1%～4.4%。

解 第一次加碱量(试验点):2.7%=(1%+4.4%)/2。

有皂化,说明碱加多了,于是划去2.7%以上的范围。

第二次试验加碱量(试验点):1.85%=(1%+2.7%)/2。

乳化良好,但乳化时间仍较长。

第三次,为了进一步减少乳化时间,不考虑少于1.85%的加碱量,而取2.28%=(1.85%+2.7%)/2。

```
        |———————|———|
       1.85%  2.28% 2.7%
```

乳化仍然良好,乳化时间减少1小时,结果满意,试验停止。最终确定加碱量为2.28%,加热3小时。

2.3 黄金分割法(0.618法)

0.618法是单因素试验设计方法,又叫黄金分割法。这种方法是在试验范围$[a,b]$内的0.618和0.382点处的位置安排试验得到结果$f(x_1)$、$f(x_2)$,其中$x_1=(b-a)\times 0.618+a$,$x_2=(b-a)\times 0.382+a$,首先安排两个试验点,再根据两点试验结果,留下好点,去掉不好点所在的一段范围,再在余下的范围内仍按此法寻找好点,去掉不好的点,如此继续做下去,直到找到最优点为止。

0.618法要求试验结果目标函数 $f(x)$ 是单峰函数(如图 2-3),即在试验范围内只有一个最优点 d,其效果 $f(d)$ 最好,比 d 大或小的点都差,且距最优点 d 越远的试验效果越差。这个要求在大多数实际问题中都能满足。

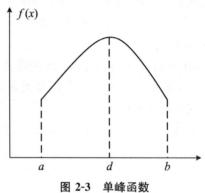

图 2-3　单峰函数

设 x_1 和 x_2 是因素范围 $[a,b]$ 内的任意两个试点,d 点为问题的最优点,并把两个试点中效果较好的点称为好点,把效果较差的点称为差点。下面将证明:最优点与好点必在差点同侧,因而我们把因素范围被差点所分成的两部分中好点所在的那部分称为存优范围。

命题　最优点与好点必在差点同侧。

证明　显然最优点不会与差点重合。

如果最优点与好点重合,则结论显然正确。

如果最优点不与好点重合,则有如下两种情况:

① 如图 2-4,好点与差点分列于最优点两侧。此时结论显然也是正确的。

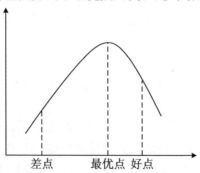

图 2-4　好点与差点分列于最优点两侧

② 如图 2-5,好点与差点位于最优点同侧。此时,按照"单峰性",离最优点较近的试点必然是好点,因而最优点与好点仍在差点同侧。证毕。

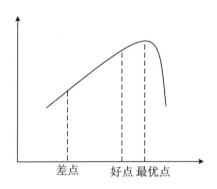

图 2-5 好点与差点位于最优点同侧

这个命题给我们指示了一种通过试验逐步缩小存优范围、逐次逼近最优点的方法。

上面证明了的命题:最优点与好点必在差点同侧,这给我们指示了缩小因素范围的方法:做了两次试验后,沿差点将因素范围一分为二,去掉不包含好点的一段,只留下存优范围。在这个存优范围中再做一次试验,并与上次的好点比较效果,确定新的好点与新的差点,再沿新的差点将因素范围一分为二,并去掉不包含较好的点的那段,只留下新的存优范围。照此处理,存优范围可逐步缩小。

在进行试验之前,我们无法预先知道两次试验的效果哪一次好、哪一次差,因而两个试点(例如设为 x_1 与 x_2,$x_1 > x_2$)作为差点的可能性是相同的,即:无论从这两个试点中的哪一个将整个因素范围一分为二并去掉不包含好点的那一段的可能性都一样大,因而,为了克服盲目性和侥幸心理,我们在安排试点时应该使两个试点关于因素范围的中点对称,即如图 2-6 所示,应使 $x_2 - a = b - x_1$。这是我们在试验过程中应遵循的一个原则——对称原则。

图 2-6 x_1 与 x_2 关于 $[a, b]$ 中点对称

比较了两次试验的效果之后,可舍去一段区间,只留下存优范围。为了尽快找到最优点,我们当然不希望舍去的那一段太短。但是也不能指望一次就能舍去很长。例如,如果让 x_1 与 x_2 都尽量靠近,这样一次可以舍去整个因素范围 $[a, b]$ 的将近50%，但是按照对称原则做了第三次试验后就会发现，以后每次只能舍去很小的一部分了，结果反而不利于较快地逼近最优点。这个情况又提示我们考虑另一个原则：最好每次舍去的区间都能占舍去前全区间同样的比例数（我们不妨称此原则为"成比例地舍去"原则）。

按照上述两个原则，如图 2-6 所示，设第一次和第二次试验分别在 x_1 点和 x_2 点，$x_1 > x_2$，则在第一次比较效果的时候，不论 x_1 点与 x_2 点哪个点是好点，哪个点是差点，由对称性，舍去的区间长度都等于 $b - x_1$。不妨设 x_2 是好点，x_1 是差点，舍去的是 $(x_1, b]$。再设第三次试验安排在 x_3 点，则 x_3 点应在 $[a, x_1]$ 中与 x_2 点对称的位置上，同时 x_3 点应在 x_2 点左侧，否则 x_3 点与 x_2 点比较效果后被舍去的将与上次舍去的是同样的长度，而不是同样的比例，违背"成比例地舍去"原则。由此可知，x_3 点与 x_2 点比较效果后，不论哪个点是好点，哪个点是差点，被舍去的区间长度都等于 $x_1 - x_2$。于是按照"成比例地舍去"原则（设 $b - x_1 = x$），我们得到等式

$$\frac{x \leftarrow 即第一次舍去的长度}{b-a \leftarrow 即第一次总长度} = \frac{(b-x)-(a+x) \leftarrow 即第二次舍去的长度\ x_1-x_2}{(b-a)-x \leftarrow 即第二次总长度(去掉第一段后剩余的长度)}$$

它的左边是第一次舍去的比例数，右边是第二次舍去的比例数。对这个等式进行变形可得

$$x^2 - 3(b-a)x - (b-a)^2 = 0$$

整理可得

$$x = 0.382(b-a)$$

即

$$x_1 = 0.618(b-a)$$
$$x_2 = 0.382(b-a)$$

0.618 或 (1-0.618)＝0.382 这正是黄金分割常数。

以上的分析和计算使我们想到：把试验点安排在黄金分割点较为妥当。因而我们得到了单因素单峰指标函数的一种优选方法——黄金分割法。

0.618 法（黄金分割法）的做法为：第一个试验点 x_1 设在范围 (a, b) 的 0.618 位置上，第二个试验点 x_2 取成 x_1 的对称点，如图 2-7(a)所示，即：

$$x_1 = (大-小) \times 0.618 + 小 = (b-a) \times 0.618 + a \qquad (2-3)$$
$$x_2 = (大+小) - 第一点 = (大+小) - x_1 = (b+a) - x_1 \qquad (2-4)$$

式中"第一点"指两个试验点中已确定的第一个试验点的位置。

或
$$x_2 = (大-小) \times 0.382 + 小 = (b-a) \times 0.382 + a \tag{2-5}$$

如果用 $f(x_1)$ 和 $f(x_2)$ 分别表示 x_1 和 x_2 上的试验结果,如果 $f(x_1)$ 比 $f(x_2)$ 好,x_1 是好点,于是把试验范围 (a, x_2) 划去,剩下 (x_2, b);如果 $f(x_1)$ 比 $f(x_2)$ 差,x_2 是好点,于是把试验范围 (x_1, b) 划去,剩下 (a, x_1),即始终划去差点那一端。下一步是在余下的范围内寻找好点。

对于 x_1 是好点的第一种情形,如图 2-7(b),划去 (a, x_2),保留 (x_2, b)。x_1 的对称点为 x_3,在 x_3 处安排第三次试验。

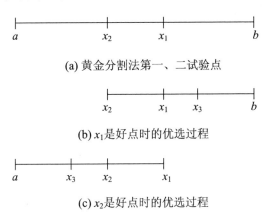

(a) 黄金分割法第一、二试验点

(b) x_1 是好点时的优选过程

(c) x_2 是好点时的优选过程

图 2-7 黄金分割法优选过程

用对称公式计算有
$$x_3 = x_2 + b - x_1$$

对于 x_2 是好点的后一种情形,如图 2-7(c),划去 (x_1, b),保留 (a, x_1)。第三个试验点 x_3 应是好点 x_2 的对称点,则
$$x_3 = a + x_1 - x_2$$

如果 $f(x_1)$ 和 $f(x_2)$ 一样,则应该具体分析,看最优点可能在哪边,再决定取舍。一般情况下,可以同时划掉 (a, x_2) 和 (x_1, b),仅留中间的 (x_2, x_1),把 x_2 看成新 a,x_1 看成新 b,然后在范围 (x_2, x_1) 内 0.618、0.382 处重新安排两次试验。

无论何种情况,在新的范围内,又有两次试验可以比较。根据试验结果,再去掉一段或两段试验范围,在留下的范围中再找好点的对称点,安排新的试验。这个过程重复进行下去,直到找出满意的点,得出比较好的试验结果;或者留下的试验范围已很小,再做下去试验差别不大时也可终止试验。

例 2-3 炼某种合金钢,需添加某种化学元素以增加强度,加入范围是 1000~

2000 g,求最佳加入量。

解 第一步,先在试验范围长度的0.618处做第(1)个试验:
$$x_1 = a + (b-a) \times 0.618 = 1000 + (2000 - 1000) \times 0.618 = 1618(g)$$
第二步,第(2)个试验点由公式(2-4)计算:
$$x_2 = 大 + 小 - 第一点 = 2000 + 1000 - 1618 = 1382(g)$$
第三步,比较(1)与(2)两点上所做试验的效果,现在假设第(1)点比较好,就去掉第(2)点,即去掉[1000,1382]那一段范围。留下[1382,2000],则
$$x_3 = 大 + 小 - 第一点 = 1383 + 2000 - 1618 = 1765(g)$$
第四步,比较上次留下的好点,即第(1)处和第(3)处的试验结果,看哪个点好,然后去掉效果差的那个试验点以外的那部分范围,留下包含好点在内的那部分范围作为新的试验范围……如此反复,直到得到较好的试验结果为止。

可以看出每次留下的试验范围是上一次长度的0.618倍,随着试验范围越来越小,试验越趋于最优点,直到达到所需精度即可。

2.4 分 数 法

分数法适用于试验要求预先给出试验总数(或者知道试验范围和精确度,这时试验总数就可以算出来)。在这种情况下,用分数法比0.618法方便,且同样适合单峰函数。

首先介绍裴波那契数列:
$$1,1,2,3,5,8,13,21,34,55,89,144,\cdots$$
用 $F_0,F_1,F_2,\cdots$ 依次表示上述数串,它们满足递推关系:
$$F_n = F_{n-1} + F_{n-2} \quad (n \geqslant 2) \tag{2-6}$$
当 $F_0 = F_1 = 1$ 确定后,裴波那契数列就完全确定了。

现在分两种情况叙述分数法。

2.4.1 所有可能的试验总数正好是某一个 $F_n - 1$

这时前两个试验点放在试验范围的 F_{n-1}/F_n、F_{n-2}/F_n 的位置上,也就是先在第 F_{n-1}、F_{n-2} 点上做试验。比较这两个试验的结果,如果第 F_{n-1} 点好,划去第 F_{n-2} 点以下的试验范围;如果第 F_{n-2} 点好,划去第 F_{n-1} 点以上的试验范围。

在留下的试验范围中,还剩下 $F_{n-1}-1$ 个试验点,重新编号,其中第 F_{n-2} 和 F_{n-3} 个分点,有一个是刚好留下的好点,另一个是下一步要做的新试验点,两点比较后同前面的做法一样,从坏点把试验范围切开,短的一段不要,留下包含好点的长的一段,这时新的试验范围就只有 $F_{n-2}-1$ 试验点。以后的试验,照上面的步骤重复进行,直到试验范围内没有应该做的好点为止。

容易看出,用分数法安排上面的试验,在 F_n-1 个可能的试验中,最多只需做 $n-1$ 个就能找到它们中最好的点。在试验过程中,如遇到一个已满足要求的好点,同样可以停下来,不再做后面的试验。利用这种关系,根据可能比较的试验数,马上就可以确定实际要做的试验数,或者是由于客观条件限制能做的试验数。比如最多只能做 k 个,就把试验范围分成 F_{k+1} 等份,这样所有可能的试验点数就是 $F_{k+1}-1$ 个,按上述方法,只做 k 个试验就可使结果得到最高的精密度。

例 2-4 卡那霉素生物测定培养温度试验。

卡那霉素发酵液测定,国内外都规定培养温度为 37 ± 1 ℃,培养时间在 16 h 以上。某制药厂为缩短时间,决定进行试验,试验范围为 29~50 ℃,精确度要求 ±1 ℃,中间试验点共有 20 个,用分数法安排试验。

解 由题意可知,试验总次数为 20 次,正好等于 F_7-1。试验过程如图 2-8 所示。

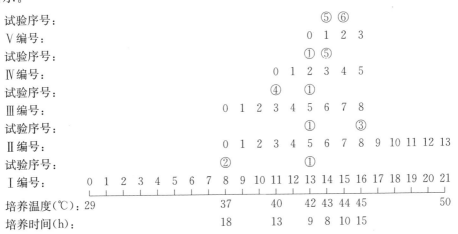

图 2-8 所有可能的试验总数正好是某一个 F_n-1 的情况

(1) 第①个试验点选在第 13 个分点 42 ℃,第②个试验点在第 8 个分点 37 ℃。发现①点好,划去 8 分点以下的,再重新编号。

(2) ①和③比较,①好,划去 8 分点以上的,再重新编号。

(3) ①和④比较,①好,划去3分点以下的,再重新编号。
(4) ①和⑤比较,⑤好,划去2分点以下的,再重新编号。
(5) ⑤和⑥比较,⑤好,试验结束,定下 43±1 ℃,只需 8～10 h。
说明:$F_7=21$,因而只需做 $7-1=6$ 次试验。

2.4.2 所有可能的试验总数大于某一个 F_n-1 而小于 $F_{n+1}-1$

只需在试验范围之外虚设几个试验点,虚设的点可安排在试验范围的一端或两端,凑成 $F_{n+1}-1$ 个试验,就化成 2.4.1 节的情形。对于虚设点,并不真正做试验,直接判断其结果比其他点都坏,试验往下进行。很明显,这种虚设点并不增加实际试验次数。

例 2-5 假设某混凝沉淀试验,所用的混凝剂为某阳离子型聚合物与硫酸铝,硫酸铝的投入量恒定为 10 mg/L,而某阳离子聚合物的可能投加量分别为 0.10、0.15、0.20、0.25、0.30 mg/L,试利用分数法来安排试验,确定最佳阳离子型聚合物的投加量。

解 根据题意可知,可能的试验总次数为 5 次。由裴波那契数列可知,
$$F_5-1=8-1=7$$
$$F_4-1=5-1=4$$
故
$$F_4-1=4<5<F_5-1=7$$

(1) 首先需要增加两个虚设点,使其可能的试验总次数为 7 次,虚设点可以安排在试验范围的一端或两端。假设安排在两端,即一端一个虚设点,如图 2-9 所示。

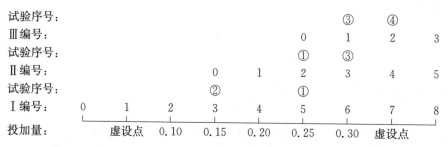

图 2-9 所有可能的试验总数大于某一个 F_n-1 而小于 $F_{n+1}-1$ 的情况

(2) 第①个试验点选在第 5 个分点 0.25 mg/L,第②个试验点在第 3 个分点 0.15 mg/L。假设①点好,划去 3 分点以下的,再重新编号。

(3) ①和③比较,假设③好,划去 2 分点以下的,再重新编号。

(4) 此时第④个试验点为虚设点,直接认定它的效果比③差,即③好。试验结束,定下该阳离子型聚合物的最佳投加量为 0.30 mg/L。

分数法与 0.618 法的区别只是用分数 F_{n-1}/F_n 和 F_{n-2}/F_n 代替 0.618 和 0.382 来确定试验点,以后的步骤相同。一旦用 F_{n-1}/F_n 确定了第一个试验点,则以后根据公式(2-4)确定其余的试验点,也会得出完全一样的试验序列来。

2.5 抛物线法

不管是 0.618 法还是分数法,都只是比较两个试验结果的好坏,而不考虑目标函数值。抛物线法是根据已得的三个试验数据,找到这三点的抛物线方程,然后求出该抛物线的极大值,作为下次试验的根据,具体方法如下:

① 在三个试验点:x_1, x_2, x_3,且 $x_1 < x_2 < x_3$,分别得试验值 y_1, y_2, y_3,根据拉格朗日插值法可以得到一个二次函数。过程如下:

求抛物线函数 $y = a_0 + a_1 x + a_2 x^2$,它过已知三点,则满足

$$a_0 + a_1 x_1 + a_2 x_1^2 = y_1$$
$$a_0 + a_1 x_2 + a_2 x_2^2 = y_2$$
$$a_0 + a_1 x_3 + a_2 x_3^2 = y_3$$

求出 a_0、a_1、a_2,得一抛物线函数:

$$y = \frac{(x-x_2)(x-x_3)}{(x_1-x_2)(x_1-x_3)} y_1 + \frac{(x-x_1)(x-x_3)}{(x_2-x_1)(x_2-x_3)} y_2 + \frac{(x-x_1)(x-x_2)}{(x_3-x_1)(x_3-x_2)} y_3 \tag{2-7}$$

② 设上述二次函数在 x_4 处取得最大值,这时有

$$x_4 = \frac{1}{2} \frac{y_1(x_2^2-x_3^2) + y_2(x_3^2-x_1^2) + y_3(x_1^2-x_2^2)}{y_1(x_2-x_3) + y_2(x_3-x_1) + y_3(x_1-x_2)} \tag{2-8}$$

③ 在 $x = x_4$ 处做试验,得试验结果 y_4。如果假定 y_1, y_2, y_3, y_4 中的最大值是由 x_i' 给出的,除 x_i' 之外,在 x_1, x_2, x_3 和 x_4 中取较靠近 x_i' 的左右两点,将这三点记为 x_1', x_2', x_3',此处 $x_1' < x_2' < x_3'$,若在 x_1', x_2', x_3' 处的函数值分别为 y_1', y_2', y_3',则根据这三点又可得到一条抛物线方程,如此继续下去,直到函数的极大点(或它的充分邻近的一个点)被找到为止。

粗略地说,如果穷举法(在每个试验点上都做试验)需要做 n 次试验,对于同样的效果,黄金分割法只要 $\lg n$ 次就可以达到,抛物线法效果更好些,只要 $\lg\lg n$ 次,原因就在于黄金分割法没有较多地利用函数的性质,做了两次试验,比一比大小,

就把它舍掉了,抛物线法则对试验结果进行了数量方面的分析。

抛物线法常常用在 0.618 法或分数法取得一些数据的情况,这时能收到更好的效果。此外,建议做完了 0.618 法或分数法的试验后,用最后三个数据按抛物线法求出 x_4,并计算这个抛物线在点 $x=x_4$ 处的数值,预先估计一下在点 x_4 处的试验结果,然后将这个数值与已经测试得的最佳值作比较,以此作为是否在点 x_4 处再做一次试验的依据。

例 2-6 在测定某离心泵效率 η 与流量 Q 之间关系曲线的试验中,已经测得三组数据如表 2-1 所示,如何利用抛物线法尽快地找到最高效率点?

表 2-1 例 2-5 数据

流量 Q(L/s)	8	20	32
效率 η(%)	50	75	70

解 首先根据这三组数据,确定抛物线的极值点,即下一试验点的位置。为了表示方便,流量用 x 表示,效率用 y 表示,于是有

$$x_4 = \frac{1}{2} \frac{y_1(x_2^2-x_3^2)+y_2(x_3^2-x_1^2)+y_3(x_1^2-x_2^2)}{y_1(x_2-x_3)+y_2(x_3-x_1)+y_3(x_1-x_2)}$$

$$= \frac{0.5 \times [50 \times (20^2-32^2)+75 \times (32^2-8^2)+70 \times (8^2-20^2)]}{50 \times (20-32)+75 \times (32-8)+70 \times (8-20)}$$

$$= 24$$

接下来的试验应在流量为 24 L/s 时进行。试验表明,在该处离心泵效率 $\eta=78\%$,该效率已经非常理想了,试验一次成功。

2.6 分批试验法

在生产和科学实验中,为加速试验的进行,常常采用一批同时做几个试验的方法,即分批试验法。

2.6.1 预给要求法

预给要求法是分批试验的一种方法。如能预先确定总的可能的试验个数(换句话说,知道了试验范围和要求的精密度),或事先限定试验的批数和每批的个数,就可以采用这种方法。

1. 每批做偶数个试验

先介绍各批数目都相同且每批做偶数个试验的方法,以每批两个试验为例,说

明方法的基本精神。

若只做一批试验,每批两个试验,把试验范围平分为 3 等份,在每个分点上做试验,如下所示:

若做两批试验,每批两个试验,把试验范围分为 7 等份,在第 3、4 两点做第一批试验。如第 4 点好,再做 5、6 两点;如第 3 点好,则做 1、2 两点。

若做三批试验,每批两个试验,把试验范围分为 15 等份,在第 7、8 两点做第一批试验。如第 7 点好,则把第 8 点以上的范围划去;如第 8 点好,则把第 7 点以下的划去,再在余下的部分做第二批试验,如下所示:

再如每批做 4 个试验的情况。

若只做一批试验,每批 4 个试验,则将试验范围分成 5 等份,在第 1、2、3、4 四点做第一批试验。

若做两批试验,每批 4 个试验,把试验范围分为 17 等份,在 5、6、11、12 四个分点上做第一批试验。无论哪个点好,都只剩下 4 个试验点,刚好安排第二批试验。

依此可以推出做更多批数试验的情形来。

每批做 6 个或更多个试验的情形原理相同。容易推出,若每批做 $2k$ 个试验,共做 n 批,则应将试验范围等分为 $L_n^{2k}=2(k+1)^n-1$ 份,第一批试验点是:

$$L_{n-1}^{2k}, L_{n-1}^{2k}+1, 2L_{n-1}^{2k}+1, 2L_{n-1}^{2k}+2, \cdots, kL_{n-1}^{2k}+(k-1), kL_{n-1}^{2k}+k$$

试验结果的精确度是 L/L_n^{2k}。$L=b-a$,是试验的长度。

例 2-7 弹片老化处理。

某热工仪表厂用青铜制成的弹片是新型动圈仪表的关键零件之一,由于老化处理问题未解决,有时停工待料。为了解决这一问题,他们对温度进行优选,试验范围 220～320 ℃,每批做两个试验,只做了三批共 6 个试验,终于找到最适宜的温度 280 ℃,解决了生产难点。

试验点	0	1	2	3	4	5	6	7	8	9	10	11	12	13	14	15
试验范围	220	227	234	240	247	253	260	266	273	279	286	292	299	306	317	320(℃)
试验批次								Ⅰ	Ⅰ	Ⅲ	Ⅲ	Ⅱ	Ⅱ			

Ⅰ:8 点好。

Ⅱ:11 点好。

Ⅲ:10 点好,选择 10 点处的温度。

2. 每批做奇数个试验

对于各批数目都相同且每批做奇数个试验的方法,现以每批做三个试验为例,说明方法的基本精神。

每批做三个试验时,做 n 批,则分成的等份数为

$$L_n^3 = \frac{1}{2}\{(1+\sqrt{3})^{n+1} + (1-\sqrt{3})^{n+1}\} \quad （按四舍五入处理）$$

如:

① 只做 1 批试验,把试验范围平分为 4 等份,在 1、2、3 处做试验。

② 只做 2 批试验,把试验范围平分为 10 等份,在 4、5、9 处做第一批试验,无论哪点好,下一批只做靠近好点的 3 个试验。

③ 只做 3 批试验,把试验范围平分为 28 等份,在 10、14、24 三点做第一批试验,结果用上一步方法分析。

每批做 5 个试验时,做 n 批,则分成的等份数为

$$L_n^5 = \frac{1}{2\sqrt{21}}\left\{(9+\sqrt{21})\left(\frac{3+\sqrt{21}}{2}\right)^n - (9-\sqrt{21})\left(\frac{3-\sqrt{21}}{2}\right)^n\right\} \quad （按四舍五入处理）$$

2.6.2 均分分批试验法

假设每批数目都相同且每批做偶数($2k$)个试验。

第一步是把试验范围划成 $2k+1$ 等份,这就有了 $2k$ 个分点,在各个分点上做第一批试验,比较结果,留下与好点相邻的两段,作为新试验范围。第二批试验是在第一批试验的好点两侧各等距离放上 k 个点。以后各批都是第二批试验的重复。

以每批 4 个试验即 $k=2$ 为例,第一批试验的安排是:

设 $\dfrac{2}{5}$ 是好点,第二批是:

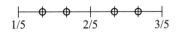

以后是重复第二批的做法。

2.6.3 比例分割分批试验法

假设每批数目都相同且每批做奇数($2k+1$)个试验。

第一步,把试验范围划分为 $2k+2$ 段,相邻两段长度为 a 和 $b(a>b)$,这里有两种排法,一种自左至右先排短段,后排长段;另一种是先长后短。在($2k+1$)个分点上做第一批试验,比较结果,在好试验点左右留下一长一短(也有两种情况,长在左短在右,或是短在左长在右)两段,试验范围变成 $a+b$。

第二步,把长段 a 分成 $2k+2$ 段,相邻两段长度为 a_1、$b_1(a_1>b_1)$,且 $a_1=b$,即第一步中短的一段在第二步中变成长段。在长段的 $2k+1$ 个分点处安排第二批试验,并将这 $2k+1$ 个试验结果及上一步的好试验点进行比较,无论哪个试验点好,留下的仍是好试验点左右的一长一短两段,如此不断地做下去,就能找到最佳点。

图 2-10 表示了 $k=2$ 的情形,每批做 5 个试验。

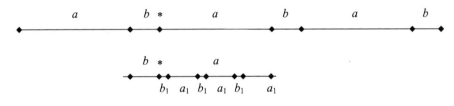

图 2-10 比例分割法图例

设试验范围长度为 L,短、长段的比例为 λ,则

$$\frac{b}{a} = \frac{b_1}{a_1} = \frac{a}{L} = \lambda \tag{2-9}$$

第二批试验是将试验范围(长段 a)划分成 $(k+1)$ 个长、短段,即

$$(a_1+b_1)(k+1) = a \tag{2-10}$$

将 $a_1=b$ 及式(2-9)代入上式,可得

$$(L\lambda^2 + L\lambda^3)(k+1) = L\lambda \tag{2-11}$$

整理可得

$$\lambda = \frac{1}{2}\left(\sqrt{\frac{k+5}{k+1}} - 1\right) \tag{2-12}$$

由上式可以看出,每批试验次数不同时,短、长段的比例 λ 是不相同的。

当试验范围为(0,1)时,则
$$a = L\lambda = \lambda \tag{2-13}$$
例如,当 $k=1$ 时,即每批做 3 个试验,
$$\lambda = \frac{1}{2}\left(\sqrt{\frac{k+5}{k+1}} - 1\right) = \frac{1}{2}(\sqrt{3} - 1) = 0.366$$

若试验范围为(0,1),则 $a=0.366, b=0.134$,于是第一批试验点为 0.134、0.500、0.634 或 0.366、0.500、0.866;第二批试验点由 $a_1=b=0.134, b_1=0.134\times 0.366=0.049$ 推出。

又如,当 $k=2$ 时,即每批做 5 个试验,
$$\lambda = \frac{1}{2}\left(\sqrt{\frac{k+5}{k+1}} - 1\right) = \frac{1}{2}\left(\sqrt{\frac{7}{3}} - 1\right) = 0.264$$

若试验范围为(0,1),则 $a=0.264, b=0.069$,于是第一批试验点为 0.069、0.333、0.402、0.666、0.735 或 0.264、0.333、0.597、0.666、0.930;第二批试验点由 $a_1=b=0.069, b_1=0.069\times 0.264=0.018$ 推出。

当 $k=0$ 时,即每批做 1 个试验,
$$\lambda = \frac{1}{2}\left(\sqrt{\frac{k+5}{k+1}} - 1\right) = \frac{1}{2}(\sqrt{5} - 1) = 0.618$$
这就是黄金分割法,所以比例分割法是黄金分割法的推广。

第3章 方差分析法

对试验进行多次测量所得到的一组数据 $x_1, x_2, \cdots, x_n$,由于受到各种因素的影响,各个测量值通常都是参差不齐的,它们之间的差异称为偏差。偏差产生的原因既可能是由于随机因素引起的,也可能是由于试验条件的改变引起的。如果是随机因素引起的则属于试验误差,反映了测试结果的精密度,是衡量测试条件稳定性的一个重要标志;如果是试验条件的改变引起的,则属于条件偏差,反映了测试条件对试验指标的影响,可以用来评价与衡量因素效应。

偏差大小的表示方法可以用试验数据 x_i 与其平均值的偏差平方和表示,即:

$$S = \sum_{i=1}^{n}(x_i - \overline{x})^2 \tag{3-1}$$

偏差平方和表示每一个试验数据 x_i 与其平均值 $\overline{x}$ 偏离程度的一个总的度量,它的数值越大,表示测量值之间的差异越大。用偏差平方和表征偏差的优点是能充分利用测试数据所提供的信息,缺点是偏差平方和随着测量数目的增多而增大。为了克服这一缺点,用方差来表征偏差的大小,公式为

$$V = \frac{S}{f} \tag{3-2}$$

式中 f 为自由度,在数理统计中把独立的偏差数目称为自由度,换句话说,即样本所包含的数据个数减去受约束的条件数。方差表征了误差大小的统计平均值,其优点是既能充分利用测试数据所提供的信息,又能避免对测量数目的依赖性。

方差具有可加性,如果我们能从随机因素与试验条件改变所形成的总偏差平方和中,将属于试验误差的方差与由于试验条件改变引起的条件方差分解出来,并将两类方差在一定的置信概率下进行 F 检验,就可以确定试验因素效应对试验指标的影响程度;如果测量结果同时受到多个因素的影响,通过方差分解可以了解每个因素对测量结果的影响程度及几个因素影响的大小,从而为优选与有针对性地控制试验条件提供科学依据。

3.1 单因素方差分析法

单因素方差分析是固定其他因素水平不变,而只考虑某一因素 A 的水平的变

化对试验指标的影响。其方差分析可分两种情况,一种是水平重复数相等的情况,一种是水平重复数不等的情况。现仅讨论前者,其步骤如下:

设因素 A 有 m 个水平 $A_1, A_2, \cdots, A_m$,对水平 $A_i (i=1,2,\cdots,m)$ 重复做 r 次试验,得到试验指标的观察值列于表 3-1。

表 3-1　单因素方差分析试验指标观察值

水平	1	2	⋯	j	⋯	r
A_1	x_{11}	x_{12}	⋯	x_{1j}	⋯	x_{1r}
A_2	x_{21}	x_{22}	⋯	x_{2j}	⋯	x_{2r}
⋮	⋮	⋮	⋯	⋮	⋯	⋮
A_i	x_{i1}	x_{i2}	⋯	x_{ij}	⋯	x_{ir}
⋮	⋮	⋮	⋯	⋮	⋯	⋮
A_m	x_{m1}	x_{m2}	⋯	x_{mj}	⋯	x_{mr}

1. 总偏差平方和的分解

记水平 A_i 下的样本均值(试验结果平均值)为

$$\bar{x}_i = \frac{1}{r} \sum_{j=1}^{r} x_{ij} \tag{3-3}$$

样本数据的总平均值为

$$\bar{x} = \frac{1}{n} \sum_{i=1}^{m} \sum_{j=1}^{r} x_{ij} \tag{3-4}$$

总偏差平方和为

$$S_T = \sum_{i=1}^{m} \sum_{j=1}^{r} (x_{ij} - \bar{x})^2 \tag{3-5}$$

将 S_T 改写并分解得

$$S_T = \sum_{i=1}^{m} \sum_{j=1}^{r} [(\bar{x}_i - \bar{x}) + (x_{ij} - \bar{x}_i)]^2 \tag{3-6}$$

$$= \sum_{i=1}^{m} \sum_{j=1}^{r} (\bar{x}_i - \bar{x})^2 + \sum_{i=1}^{m} \sum_{j=1}^{r} (x_{ij} - \bar{x}_i)^2 + 2 \sum_{i=1}^{m} \sum_{j=1}^{r} (\bar{x}_i - \bar{x})(x_{ij} - \bar{x}_i)$$

上面展开式中的第三项为 0。
因为

$$2\sum_{i=1}^{m}\sum_{j=1}^{r}(\overline{x}_i-\overline{x})(x_{ij}-\overline{x}_i)=2\sum_{i=1}^{m}(\overline{x}_i-\overline{x})\sum_{j=1}^{r}(x_{ij}-\overline{x}_i)$$

$$=2\sum_{i=1}^{m}(\overline{x}_i-\overline{x})\Big(\sum_{j=1}^{r}x_{ij}-r\overline{x}_i\Big)=0$$

若记

$$S_A=\sum_{i=1}^{m}\sum_{j=1}^{r}(\overline{x}_i-\overline{x})^2=r\sum_{i=1}^{m}(\overline{x}_i-\overline{x})^2 \tag{3-7}$$

$$S_e=\sum_{i=1}^{m}\sum_{j=1}^{r}(x_{ij}-\overline{x}_i)^2 \tag{3-8}$$

则有

$$S_T=S_A+S_e \tag{3-9}$$

S_A 表示在 A_i 水平下的试验数据平均值与总平均值之间的差异，叫因素 A 偏差平方和，又叫组间偏差平方和（组间差），它主要是由试验条件改变引起的。由于是用每个水平下的试验数据平均值代表每个水平的真值，平均值受误差的影响要小些，因而其中也包含有试验误差的影响。在试验足够精密的情况下，如果因素 A 水平的改变对试验指标没有影响，则每个水平下的试验数据平均值应该相等，即 S_A 等于零。

S_e 表示在 A_i 水平下试验数据与该水平下试验数据平均值间的差异，它是由随机误差引起的，叫误差平方和，又叫组内偏差平方和（组内差）。如果没有试验误差，则每个水平下试验数据与该水平下试验数据平均值应该相等，即 S_e 等于零。

S_T 表示全部试验数据与总平均值之间的差异，又叫总偏差平方和。如果没有试验误差，且因素 A 水平的改变对试验指标没有影响，则所有试验数据的值相等，即 S_T 等于零。

2. 平均偏差平方和（方差）与自由度

为了消除数据个数的多少给平方和带来的影响，采用偏差平方和除以相应的自由度，两者之比称为平均偏差平方和，也称均方和或均方或方差。

① 总偏差平方和的自由度 f_T。总偏差平方和是 $n(n=mr)$ 个偏差平方和，计算总偏差平方和时存在一个约束条件，故按自由度的规定，总偏差平方和的自由度为

$$f_T=n-1 \tag{3-10}$$

② 因素偏差平方和的自由度 f_A。为水平数减 1。

$$f_A = m - 1 \tag{3-11}$$

③ 误差平方和的自由度 f_e。

$$f_e = m(r-1) = mr - m = n - m \tag{3-12}$$

总偏差平方和的自由度 f_T 和因素偏差平方和的自由度 f_A、误差平方和的自由度 f_e 之间有如下关系：

$$f_T = f_A + f_e \tag{3-13}$$

各平均偏差平方和为

$$V_A = \frac{S_A}{f_A} = \frac{S_A}{m-1} \tag{3-14}$$

$$V_e = \frac{S_e}{f_e} = \frac{S_e}{n-m} \tag{3-15}$$

3. 用 F 检验法进行显著性检验

根据偏差平方和的加和性，总偏差平方和可以分解成因素偏差平方和与误差偏差平方和，前者反映了因素对试验结果的影响，后者反映了试验误差对试验结果的影响。根据数学原理，对因素偏差平方和与误差偏差平方和进行合理的比较，就能分析出因素对试验结果的影响程度、性质。

令

$$F_A = \frac{V_A}{V_e} \tag{3-16}$$

均方之比 F_A 是一个统计量，它服从自由度为 (f_A, f_e) 的 F 分布。

很显然，如果 F_A 的值接近于 1，则说明因素 A 水平的改变对试验指标的影响与试验误差对试验指标的影响相近，可以认为因素 A 水平之间没有显著差异或因素对指标的影响不显著；如果 F_A 的值大于 1，则说明因素 A 水平的改变对试验指标的影响比试验误差对试验指标的影响大，但影响是否显著，有如下规定：

对于给出的 α 值，从 F 分布表中查出临界值 $F_\alpha(f_A, f_e)$。如果 $F \geqslant F_\alpha(f_A, f_e)$，就说明因素 A 变化的影响大于误差的影响，即该因素影响显著，否则认为因素 A 对试验结果没有显著影响。

对于不同的 α 值，设计了不同的 F 分布表（见附录）。常用的有 $\alpha = 0.01$、0.05、0.10 等 F 分布表。α 取值视具体情况而定，当精度很差时，α 取值可大些；当精度较高时，α 取值小些。通常按 $\alpha = 0.01$、0.05、0.10 写出三个显著水平，从 F 分布表上查出 $F_{0.01}$、$F_{0.05}$、$F_{0.10}$ 等数值，用样本计算出的 F 值与其进行比较。

① 当 $F \geqslant F_{0.01}(f_A, f_e)$ 时，说明因素水平的改变对指标影响特别显著，称 A 因素是高度显著因素，记作"＊＊"；

② 当 $F_{0.01}(f_A, f_e) > F \geqslant F_{0.05}(f_A, f_e)$ 时,说明因素水平的改变对指标影响显著,称 A 因素是显著性因素,记为"*";

③ 当 $F_{0.05}(f_A, f_e) > F \geqslant F_{0.10}(f_A, f_e)$ 时,说明因素水平的改变对指标有一定影响,称 A 因素是有一定影响因素,记为"(*)";

④ 当 $F_{0.10}(f_A, f_e) > F$ 时,说明因素水平的改变对指标无显著影响,称 A 是非显著性因素,不作记号。

一般说来,F 值与对应临界值之间的差距越大,说明该因素对试验结果的影响越显著,或者说该因素越重要。

4. 制定方差分析表

为了计算的方便,通常采用下面的简便计算公式。

记

$$T_i = \sum_{j=1}^{r} x_{ij} \quad (i = 1, 2, \cdots, m) \tag{3-17}$$

$$T = \sum_{i=1}^{m} \sum_{j=1}^{r} x_{ij} \tag{3-18}$$

$$Q = \sum_{i=1}^{m} \sum_{j=1}^{r} x_{ij}^2 \tag{3-19}$$

则有

$$\begin{aligned}
S_T &= \sum_{i=1}^{m} \sum_{j=1}^{r} (x_{ij} - \overline{x})^2 = \sum_{i=1}^{m} \sum_{j=1}^{r} (x_{ij}^2 - 2x_{ij}\overline{x} + \overline{x}^2) \\
&= \sum_{i=1}^{m} \sum_{j=1}^{r} x_{ij}^2 - 2 \sum_{i=1}^{m} \sum_{j=1}^{r} x_{ij}\overline{x} + \sum_{i=1}^{m} \sum_{j=1}^{r} \overline{x}^2 \\
&= \sum_{i=1}^{m} \sum_{j=1}^{r} x_{ij}^2 - 2\overline{x} \sum_{i=1}^{m} \sum_{j=1}^{r} x_{ij} + mr\overline{x}^2 \\
&= \sum_{i=1}^{m} \sum_{j=1}^{r} x_{ij}^2 - 2 \frac{1}{mr} \sum_{i=1}^{m} \sum_{j=1}^{r} x_{ij} \cdot \sum_{i=1}^{m} \sum_{j=1}^{r} x_{ij} + mr \left(\frac{1}{mr} \sum_{i=1}^{m} \sum_{j=1}^{r} x_{ij} \right)^2 \\
&= \sum_{i=1}^{m} \sum_{j=1}^{r} x_{ij}^2 - \frac{2}{mr} \left(\sum_{i=1}^{m} \sum_{j=1}^{r} x_{ij} \right)^2 + \frac{1}{mr} \left(\sum_{i=1}^{m} \sum_{j=1}^{r} x_{ij} \right)^2 \\
&= \sum_{i=1}^{m} \sum_{j=1}^{r} x_{ij}^2 - \frac{1}{mr} \left(\sum_{i=1}^{m} \sum_{j=1}^{r} x_{ij} \right)^2 \\
&= \sum_{i=1}^{m} \sum_{j=1}^{r} x_{ij}^2 - \frac{1}{n} \left(\sum_{i=1}^{m} \sum_{j=1}^{r} x_{ij} \right)^2
\end{aligned}$$

$$= Q - \frac{T^2}{n} \qquad (3\text{-}20)$$

$$S_A = \sum_{i=1}^{m}\sum_{j=1}^{r}(\bar{x}_i - \bar{x})^2 = \sum_{i=1}^{m}\sum_{j=1}^{r}(\bar{x}_i^2 - 2\bar{x}_i\bar{x} + \bar{x}^2)$$

$$= \sum_{i=1}^{m}\sum_{j=1}^{r}\bar{x}_i^2 - 2\sum_{i=1}^{m}\sum_{j=1}^{r}\bar{x}_i\bar{x} + \sum_{i=1}^{m}\sum_{j=1}^{r}\bar{x}^2$$

$$= r\sum_{i=1}^{m}\bar{x}_i^2 - 2r\bar{x}\sum_{i=1}^{m}\bar{x}_i + mr\bar{x}^2$$

$$= r\sum_{i=1}^{m}\left(\frac{1}{r}\sum_{j=1}^{r}x_{ij}\right)^2 - 2r\cdot\frac{1}{mr}\sum_{i=1}^{m}\sum_{j=1}^{r}x_{ij}\cdot\sum_{i=1}^{m}\left(\frac{1}{r}\sum_{j=1}^{r}x_{ij}\right) + mr\cdot\left(\frac{1}{mr}\sum_{i=1}^{m}\sum_{j=1}^{r}x_{ij}\right)^2$$

$$= \frac{1}{r}\sum_{i=1}^{m}\left(\sum_{j=1}^{r}x_{ij}\right)^2 - \frac{2}{mr}\left(\sum_{i=1}^{m}\sum_{j=1}^{r}x_{ij}\right)^2 + \frac{1}{mr}\left(\sum_{i=1}^{m}\sum_{j=1}^{r}x_{ij}\right)^2$$

$$= \frac{1}{r}\sum_{i=1}^{m}\left(\sum_{j=1}^{r}x_{ij}\right)^2 - \frac{1}{mr}\left(\sum_{i=1}^{m}\sum_{j=1}^{r}x_{ij}\right)^2$$

$$= \frac{1}{r}\sum_{i=1}^{m}\left(\sum_{j=1}^{r}x_{ij}\right)^2 - \frac{1}{n}\left(\sum_{i=1}^{m}\sum_{j=1}^{r}x_{ij}\right)^2$$

$$= Q_A - \frac{1}{n}T^2 \qquad (3\text{-}21)$$

$$S_e = \sum_{i=1}^{m}\sum_{j=1}^{r}(x_{ij}^2 - \bar{x}_i)^2 = \sum_{i=1}^{m}\sum_{j=1}^{r}(x_{ij}^2 - 2x_{ij}\bar{x}_i + \bar{x}_i^2)$$

$$= \sum_{i=1}^{m}\sum_{j=1}^{r}x_{ij}^2 - 2\sum_{i=1}^{m}\sum_{j=1}^{r}x_{ij}\bar{x}_i + \sum_{i=1}^{m}\sum_{j=1}^{r}\bar{x}_i^2$$

$$= \sum_{i=1}^{m}\sum_{j=1}^{r}x_{ij}^2 - 2\sum_{i=1}^{m}\left(\bar{x}_i\sum_{j=1}^{r}x_{ij}\right) + r\sum_{i=1}^{m}\bar{x}_i^2$$

$$= \sum_{i=1}^{m}\sum_{j=1}^{r}x_{ij}^2 - 2\sum_{i=1}^{m}\left(\frac{1}{r}\sum_{j=1}^{r}x_{ij}\sum_{j=1}^{r}x_{ij}\right) + r\sum_{i=1}^{m}\left(\frac{1}{r}\sum_{j=1}^{r}x_{ij}\right)^2$$

$$= \sum_{i=1}^{m}\sum_{j=1}^{r}x_{ij}^2 - \frac{1}{r}\sum_{i=1}^{m}\left(\sum_{j=1}^{r}x_{ij}\right)^2$$

$$= S_T - S_A \qquad (3\text{-}22)$$

将上面的分析过程和结果,列成一个简洁的表格(表 3-2),可以对整个方差分析过程进行很好的汇总,这个表叫做方差分析表。

表 3-2 单因素方差分析表

方差来源	偏差平方和	自由度	方差(均方)	F 比	显著性
因素 A	S_A	$m-1$	$V_A = \dfrac{S_A}{m-1}$	$F = \dfrac{V_A}{V_e}$	
误差 e	S_e	$n-m$	$V_e = \dfrac{S_e}{n-m}$		
总和 T	S_T	$n-1$			

例 3-1 现有四种型号 A_1、A_2、A_3、A_4 的汽车轮胎,欲比较各型号轮胎在运行 20 km 后轮胎支撑瓦的磨损情况。为此,从每型号轮胎中任取四只,并随机地安装于四辆汽车上。汽车运行 20 km 后,对各支撑瓦进行检测得表 3-3 所示的磨损数据(单位:mm)。试问四种型号的轮胎是否具有明显的差别?

表 3-3 轮胎支撑瓦磨损数据(单位:mm)

数据 型号 试验号	1	2	3	4
A_1	14	13	17	13
A_2	14	14	8	13
A_3	12	11	12	9
A_4	10	9	13	11

计算过程如下:

① 数据列表计算(表 3-4)。

表 3-4 数据计算表

轮胎型号	试验号 x_{ij} = 原数据 − 12				x_{ij}^2				T_i	T_i^2
	1	2	3	4						
A_1	2	1	5	1	4	1	25	1	9	81
A_2	2	2	−4	1	4	4	16	1	1	1
A_3	0	−1	0	−3	0	1	0	9	−4	16
A_4	−2	−3	1	−1	4	9	1	1	−5	25
					$Q = \sum_{i=1}^{4}\sum_{j=1}^{4} x_{ij}^2 = 81$				$T = \sum_{i=1}^{4} T_i = 1$	$\sum_{i=1}^{4} T_i^2 = 123$

表中的数据处理是为了简化计算,但不影响计算结果。

当测量数据小数点后面的位数很多,或者测量数据非常大,或者测量数据非常小时,为了减小计算工作量,在计算偏差平方和之前可以对测量数据进行适当的处理,其原则是:

a) 所有的测量数据加上同一个数 a (a 可以是正值,也可以是负值),其偏差平方和不变。a 的值通常选择近似或等于测量数据的总均值,但正负相反,且是一个简单的数。

b) 每一个数据都乘以 b (b 值可以大于 1,也可以小于 1),其偏差平方和则相应增大或减小 b^2 倍。b 值的选择要使变换后的数据为整数,以便于运算。

设测量值为 x_{ij},将所有测量值加上 a 进行变换,假设用变换数据计算得到的各偏差平方和分别为 $S_T{}'$、$S_A{}'$、$S_e{}'$,则实际的偏差平方和 S_T、S_A、S_e 分别与 $S_T{}'$、$S_A{}'$、$S_e{}'$ 相等。

设测量值为 x_{ij},将所有测量值乘以 b 进行变换,假设用变换数据计算得到的各偏差平方和分别为 $S_T{}'$、$S_A{}'$、$S_e{}'$,则实际的偏差平方和 S_T、S_A、S_e 分别与 $S_T{}'/b^2$、$S_A{}'/b^2$、$S_e{}'/b^2$ 相等。

测量值为 x_{ij},将所有测量值按 $x_{ij}{}'=b(x_{ij}+a)$ 进行变换,假设用变换数据计算得到的各偏差平方和分别为 $S_T{}'$、$S_A{}'$、$S_e{}'$,则实际的偏差平方和 S_T、S_A、S_e 分别与 $S_T{}'/b^2$、$S_A{}'/b^2$、$S_e{}'/b^2$ 相等。

测量值为 x_{ij},将所有测量值按 $x_{ij}{}'=bx_{ij}+a$ 进行变换,假设用变换数据计算得到的各偏差平方和分别为 $S_T{}'$、$S_A{}'$、$S_e{}'$,则实际的偏差平方和 S_T、S_A、S_e 分别与 $S_T{}'/b^2$、$S_A{}'/b^2$、$S_e{}'/b^2$ 相等。

对每一个数据乘以 b 进行变换后,虽然用变换数据计算得到的偏差平方和与实际偏差平方和不同,但 F 比相同,在实际进行方差分析时结果相同,因而可不用求实际偏差平方和,而且这样数据更简单些。

② 偏差平方和计算。

总偏差平方和 S_T:

$$S_T = \sum_{i=1}^{m}\sum_{j=1}^{r}(x_{ij}-\bar{x})^2 = \sum_{i=1}^{m}\sum_{j=1}^{r}x_{ij}^2 - \frac{(\sum_{i=1}^{m}\sum_{j=1}^{r}x_{ij})^2}{n}$$

$$= Q - \frac{T^2}{n} = 81 - \frac{1}{16} = 80.9375$$

因素偏差平方和 S_A:

$$S_A = \sum_{i=1}^{m}\sum_{j=1}^{r}(\bar{x}_i-\bar{x})^2 = r\sum_{i=1}^{m}(\bar{x}_i-\bar{x})^2 = \frac{1}{r}\sum_{i=1}^{m}T_i^2 - \frac{T^2}{n}$$

$$= \frac{1}{4} \times 123 - \frac{1}{16} = 30.6875$$

误差偏差平方和 S_e:
$$S_e = S_T - S_A = 80.9375 - 30.6875 = 50.25$$

③ 自由度的计算。
总自由度:
$$f_T = \text{总的试验次数} - 1 = 16 - 1 = 15$$

因素 A 的自由度:
$$f_A = \text{水平数} - 1 = 4 - 1 = 3$$

误差的自由度:
$$f_e = m(r-1) = 4(4-1) = 12$$

④ 计算平均偏差平方和。
因素平均偏差平方和:
$$V_A = \frac{S_A}{f_A} = \frac{30.6875}{3} = 10.2292$$

误差平均偏差平方和:
$$V_e = \frac{S_e}{f_e} = \frac{50.25}{12} = 4.1875$$

⑤ 求 F_A:
$$F_A = \frac{V_A}{V_e} = \frac{10.2292}{4.1875} = 2.44$$

⑥ 显著性检验。
查 F 分布表:
$$F_{0.01}(3,12) = 5.95; F_{0.05}(3,12) = 3.49; F_{0.10}(3,12) = 2.61$$

⑦ 结论: 由于 $F_A = 2.44 < F_{0.10}(3,12) = 2.61$, 所以四种轮胎没有明显差别。

⑧ 列出方差分析表(表 3-5)。

表 3-5 方差分析表

方差来源	偏差平方和	自由度	方差	F 比	临界值	显著性
因素 A	30.6875	3	10.2292	2.44	$F_{0.01}(3,12)=5.95$	—
误差 e	50.25	12	4.1875		$F_{0.05}(3,12)=3.49$	
总和 T	80.9375	15			$F_{0.10}(3,12)=2.61$	

例 3-2 有 7 个实验室对某污水中重金属离子镉的含量进行了测量, 各实验室都独立进行了 6 次测量, 测量结果如表 3-6 所示。试通过方差分析探讨实验室种

类这一因素对测量结果是否有显著性影响。

表 3-6 收率数据

实验室 \ 次数	1	2	3	4	5	6
实验室 1	2.065	2.081	2.081	2.064	2.107	2.077
实验室 2	2.073	2.081	2.077	2.050	2.077	2.077
实验室 3	2.080	2.090	2.070	2.080	2.090	2.100
实验室 4	2.097	2.109	2.073	2.089	2.097	2.097
实验室 5	2.053	2.055	2.050	2.059	2.053	2.061
实验室 6	2.084	2.044	2.084	2.076	2.093	2.073
实验室 7	2.052	2.061	2.073	2.036	2.048	2.040

解 第一种计算方法：

① 试验数据不进行处理，直接列表计算（表 3-7）。

表 3-7 数据计算表

实验室	x_{ij}^2						T_i	T_i^2
实验室 1	4.264	4.331	4.331	4.260	4.439	4.314	12.475	155.626
实验室 2	4.297	4.331	4.314	4.203	4.314	4.314	12.435	154.629
实验室 3	4.326	4.368	4.285	4.326	4.368	4.410	12.510	156.500
实验室 4	4.397	4.448	4.297	4.364	4.397	4.397	12.562	157.804
实验室 5	4.215	4.223	4.203	4.239	4.215	4.248	12.331	152.054
实验室 6	4.343	4.178	4.343	4.310	4.381	4.297	12.454	155.102
实验室 7	4.211	4.248	4.297	4.145	4.194	4.162	12.310	151.536
	$Q = \sum\limits_{i=1}^{7}\sum\limits_{j=1}^{6} x_{ij}^2 = 180.547$						$T = \sum\limits_{i=1}^{7} T_i = 87.077$	$\sum\limits_{i=1}^{7} T_i^2 = 1083.251$

② 偏差平方和计算。

总偏差平方 S_T：

$$S_T = \sum_{i=1}^{m}\sum_{j=1}^{r}(x_{ij} - \bar{x})^2 = Q - \frac{T^2}{n} = 180.547 - \frac{87.077^2}{42} = 0.014$$

因素偏差平方和 S_A：

$$S_A = \sum_{i=1}^{m}\sum_{j=1}^{r}(\bar{x_i} - \bar{x})^2 = \frac{1}{r}\sum_{i=1}^{m} T_i^2 - \frac{T^2}{n}$$

$$= \frac{1}{6} \times 1083.251 - \frac{87.077^2}{42} = 0.009$$

误差偏差平方和 S_e：
$$S_e = S_T - S_A = 0.014 - 0.009 = 0.005$$
③ 自由度的计算。
总自由度：
$$f_T = 总的试验次数 - 1 = 42-1 = 41$$
因素 A 的自由度：
$$f_A = 水平数 - 1 = 7 - 1 = 6$$
误差的自由度：
$$f_e = m(r-1) = 7(6-1) = 35$$
④ 计算平均偏差平方和。
因素平均偏差平方和：
$$V_A = \frac{S_A}{f_A} = \frac{0.009}{6} = 0.0015$$
误差平均偏差平方和：
$$V_e = \frac{S_e}{f_e} = \frac{0.005}{35} = 0.000143$$
⑤ 求 F_A：
$$F_A = \frac{V_A}{V_e} = 0.0015/0.000143 = 10.5$$
⑥ 显著性检验。
查 F 分布表：$F_{0.01}(6,35)$ 在 3.47 到 3.29 之间。
$$F_A = 10.5 > F_{0.01}(6,35)$$
⑦ 结论：由于 $F_A = 10.5 > F_{0.01}(6,35)$，可以看出，实验室种类这一因素对测量结果有高度显著的影响，即实验室之间存在系统误差。
⑧ 列出方差分析表（表 3-8）。

表 3-8 方差分析表

方差来源	偏差平方和	自由度	方差	F 比	临界值	显著性
因素 A	0.009	6	0.0015	10.5	$F_{0.01}(6,35)$	**
误差 e	0.005	35	0.000143		在 3.47 到 3.29 之间	
总和 T	0.014	41				

第二种计算方法：
① 由于试验数据中小数点后面有 3 位，计算工作量大，且多次计算会使计算

误差累积，因此将试验数据按 $x_{ij}'=b(x_{ij}+a)=100(x_{ij}-2.070)$ 变换，变换后列表计算(表3-9)。

表 3-9 变换后的数据计算表

实验室	$x_{ij}'=100(x_{ij}-2.070)$						T_i	T_i^2
实验室 1	−0.5	1.1	1.1	−0.6	3.7	0.7	5.5	30.25
实验室 2	0.3	1.1	0.7	−2.0	0.7	0.7	1.5	2.25
实验室 3	1.0	2.0	0.0	1.0	2.0	3.0	9.0	81.00
实验室 4	2.7	3.9	0.3	1.9	2.7	2.7	14.2	201.64
实验室 5	−1.7	−1.5	−2.0	−1.1	−1.7	−0.9	−8.9	79.21
实验室 6	1.4	−2.6	1.4	0.6	2.3	0.3	3.4	11.56
实验室 7	−1.8	−0.9	0.3	−3.4	−2.2	−3.0	−11.0	121.00
	$Q=\sum_{i=1}^{7}\sum_{j=1}^{6}x_{ij}^2=143.77$						$T=\sum_{i=1}^{7}T_i=13.7$	$\sum_{i=1}^{7}T_i^2=526.91$

② 偏差平方和计算。

由于乘上一个数据 b 后，用变换后的试验数据计算时，虽然偏差平方和与实际偏差平方和不相同，但 F 比相同，即不影响方差分析结果，因而本例不再求实际偏差平方和。

总偏差平方 S_T:

$$S_T = Q - \frac{T^2}{n} = 143.77 - \frac{13.7^2}{42} = 139.30$$

因素偏差平方和 S_A:

$$S_A = \frac{1}{r}\sum_{i=1}^{m}T_i^2 - \frac{T^2}{n} = \frac{1}{6}\times 526.91 - \frac{13.7^2}{42} = 83.35$$

误差偏差平方和 S_e:

$$S_e = S_T - S_A = 139.30 - 83.35 = 55.95$$

③ 自由度的计算。

总自由度：

$$f_T = 总的试验次数 - 1 = 42 - 1 = 41$$

因素 A 的自由度：

$$f_A = 水平数 - 1 = 7 - 1 = 6$$

误差的自由度：

$$f_e = m(r-1) = 7(6-1) = 35$$

④ 计算平均偏差平方和。

因素平均偏差平方和：

$$V_A = \frac{S_A}{f_A} = \frac{83.35}{6} = 13.89$$

误差平均偏差平方和：

$$V_e = \frac{S_e}{f_e} = \frac{55.95}{35} = 1.60$$

⑤ 求 F_A：

$$F_A = \frac{V_A}{V_e} = \frac{13.89}{1.60} = 8.68$$

⑥ 显著性检验。

查 F 分布表：$F_{0.01}(6,35)$ 在 3.47 到 3.29 之间。

$$F_A = 8.68 > F_{0.01}(6,35)$$

⑦ 结论：由于 $F_A = 8.68 > F_{0.01}(6,35)$，可以看出，实验室种类这一因素对测量结果有高度显著的影响，即实验室之间存在系统误差。

⑧ 列出方差分析表（表 3-10）。

表 3-10　方差分析表

方差来源	偏差平方和	自由度	方差	F 比	临界值	显著性
因素 A	83.35	6	13.89	8.68	$F_{0.01}(6,35)$	**
误差 e	55.95	35	1.599		在 3.47 到 3.29 之间	
总和 T	139.30	41				

用第二种方法同样可以得出：实验室种类这一因素对测量结果有高度显著的影响，即实验室之间存在系统误差。

第二种计算方法得到的 F 比与第一种方法得到的 F 比应该一样，但实际数据确有一定的差异，这种差异很明显是由于第一种计算方法具有较大的计算误差所引起。第二种方法得到的结果更为准确。

3.2　多因素方差分析法

多因素试验是分析测试中经常遇到的问题，方差分析是处理多因素试验数据的基本方法之一。双因素试验是多因素试验的最简单的情况，下面研究双因素试验数据的方差分析。

3.2.1 无重复试验时双因素析因试验设计与方差分析

设有两因素 A、B，A 有 m 个水平：$A_1, A_2, \cdots, A_m$，B 有 r 个水平：$B_1, B_2, \cdots, B_r$，试验设计时把每个因素的每个水平都搭配到，每个因素处于平等的位置，在 A 因素和 B 因素的每一个组合水平(A_i, B_j)下，做一次试验（无重复试验），共进行了 mr 次试验，得到试验指标的观察值列于表 3-11。

表 3-11 双因素无重复试验方差分析试验指标观察值

B_j \ A_i	B_1	B_2	$\cdots$	B_j	$\cdots$	B_r
A_1	x_{11}	x_{12}	$\cdots$	x_{1j}	$\cdots$	x_{1r}
A_2	x_{21}	x_{22}	$\cdots$	x_{2j}	$\cdots$	x_{2r}
$\vdots$	$\vdots$	$\vdots$	$\cdots$	$\vdots$	$\cdots$	$\vdots$
A_i	x_{i1}	x_{i2}	$\cdots$	x_{ij}	$\cdots$	x_{ir}
$\vdots$	$\vdots$	$\vdots$	$\cdots$	$\vdots$	$\cdots$	$\vdots$
A_m	x_{m1}	x_{m2}	$\cdots$	x_{mj}	$\cdots$	x_{mr}

1. 总偏差平方和的分解

记在水平 A_i 下的样本均值（试验结果平均值）为

$$\bar{x}_i = \frac{1}{r} \sum_{j=1}^{r} x_{ij} \tag{3-23}$$

在水平 B_j 下的样本均值（试验结果平均值）为

$$\bar{x}_j = \frac{1}{m} \sum_{i=1}^{m} x_{ij} \tag{3-24}$$

样本数据的总平均值为

$$\bar{x} = \frac{1}{mr} \sum_{i=1}^{m} \sum_{j=1}^{r} x_{ij} \tag{3-25}$$

总偏差平方和为

$$S_T = \sum_{i=1}^{m} \sum_{j=1}^{r} (x_{ij} - \bar{x})^2 \tag{3-26}$$

将 S_T 改写并分解得

$$S_T = \sum_{i=1}^{m} \sum_{j=1}^{r} [(\bar{x}_i - \bar{x}) + (\bar{x}_j - \bar{x}) + (x_{ij} - \bar{x}_i - \bar{x}_j + \bar{x})]^2$$

$$= \sum_{i=1}^{m} \sum_{j=1}^{r} (\bar{x}_i - \bar{x})^2 + \sum_{i=1}^{m} \sum_{j=1}^{r} (\bar{x}_j - \bar{x})^2 + \sum_{i=1}^{m} \sum_{j=1}^{r} (x_{ij} - \bar{x}_i - \bar{x}_j + \bar{x})^2$$

$$= r\sum_{i=1}^{m}(\overline{x}_j - \overline{x})^2 + m\sum_{j=1}^{r}(\overline{x}_j - \overline{x})^2 + \sum_{i=1}^{m}\sum_{j=1}^{r}(x_{ij} - \overline{x}_i - \overline{x}_j + \overline{x})^2$$

（因三个交互乘积的和项为 0）

若记

$$S_A = r\sum_{i=1}^{m}(\overline{x}_i - \overline{x})^2 \tag{3-27}$$

$$S_B = m\sum_{j=1}^{r}(\overline{x}_j - \overline{x})^2 \tag{3-28}$$

$$S_e = \sum_{i=1}^{m}\sum_{j=1}^{r}(x_{ij} - \overline{x}_i - \overline{x}_j + \overline{x})^2 \tag{3-29}$$

则有

$$S_T = S_A + S_B + S_e \tag{3-30}$$

S_A 为因素 A 的偏差平方和，其值等于 A 因素每个水平均值 $\overline{x}_i$ 与总均值 $\overline{x}$ 之差的平方和乘以 A 因素的水平试验次数 r，反映了 A 因素水平改变时对试验结果的影响；

S_B 为因素 B 偏差的平方和，其值等于 B 因素每个水平均值 $\overline{x}_j$ 与总均值 $\overline{x}$ 之差的平方和乘以 B 因素的水平试验次数 m，反映了 B 因素水平改变时对试验结果的影响；

S_e 为误差平方和。

2. 平均偏差平方和与自由度

总自由度：

$$f_T = 总的试验次数 - 1 = mr - 1 = n - 1 \tag{3-31}$$

因素的自由度为因素水平数减一，即

$$f_A = m - 1 \tag{3-32}$$

$$f_B = r - 1 \tag{3-33}$$

误差的自由度：

$$f_e = f_T - f_A - f_B = (m-1)(r-1) \tag{3-34}$$

因素平均偏差平方和：

$$V_A = \frac{S_A}{m-1} \tag{3-35}$$

$$V_B = \frac{S_B}{r-1} \tag{3-36}$$

误差平均偏差平方和：

$$V_e = \frac{S_e}{(m-1)(r-1)} \tag{3-37}$$

3. 用 F 检验法进行显著性检验

计算平方和与自由度后,就可以计算 F 值,进行显著性检验。

$$F_A = \frac{V_A}{V_e} \tag{3-38}$$

$$F_B = \frac{V_B}{V_e} \tag{3-39}$$

由试验数据可以计算出 F_A、F_B 的值。

对于给出的 α,从 F 分布表中查出 $F_\alpha(f_A, f_e)$、$F_\alpha(f_B, f_e)$ 的值。若 $F_A \geqslant F_\alpha(f_A, f_e)$,就说明因素 A 变化的影响大于误差的影响,即该因素影响显著;若 $F_B \geqslant F_\alpha(f_B, f_e)$,就说明因素 B 变化的影响大于误差的影响,即该因素影响显著。

对于不同的 α 值:

① 当 $F_A \geqslant F_{0.01}(f_A, f_e)$ 时,说明因素水平的改变对指标影响特别显著,称 A 因素是高度显著因素,记作"＊＊";如果 $F_B \geqslant F_{0.01}(f_B, f_e)$,说明因素水平的改变对指标影响特别显著,称 B 因素是高度显著因素,记作"＊＊"。

② 当 $F_{0.01}(f_A, f_e) > F_A \geqslant F_{0.05}(f_A, f_e)$ 时,说明因素水平的改变对指标影响显著,称 A 因素是显著性因素,记为"＊";如果 $F_{0.01}(f_B, f_e) > F_B \geqslant F_{0.05}(f_B, f_e)$,说明因素水平的改变对指标影响显著,称 B 因素是显著性因素,记作"＊"。

③ 当 $F_{0.05}(f_A, f_e) > F_A \geqslant F_{0.10}(f_A, f_e)$ 时,说明因素水平的改变对指标有一定影响,称 A 因素是有一定影响因素,记为"(＊)";如果 $F_{0.05}(f_B, f_e) > F_B \geqslant F_{0.10}(f_B, f_e)$ 时,说明因素水平的改变对指标有一定影响,称 B 因素是有一定影响因素,记为"(＊)"。

④ 当 $F_{0.10}(f_A, f_e) > F_A$ 时,说明因素水平的改变对指标无显著影响,称 A 是非显著性因素,不作记号;如果 $F_{0.10}(f_B, f_e) > F_B$,说明因素水平的改变对指标无显著影响,称 B 是非显著性因素,不作记号。

为了计算的方便,通常采用下面的简便计算公式。

记

$$T_i = \sum_{j=1}^{r} x_{ij} \quad (i = 1, 2, \cdots, m) \tag{3-40}$$

$$T_j = \sum_{i=1}^{m} x_{ij} \quad (j = 1, 2, \cdots, r) \tag{3-41}$$

$$T = \sum_{i=1}^{m} \sum_{j=1}^{r} x_{ij} \tag{3-42}$$

$$Q = \sum_{i=1}^{m}\sum_{j=1}^{r} x_{ij}^2 \quad (3\text{-}43)$$

则有

$$S_T = Q - \frac{T^2}{mr} \quad (3\text{-}44)$$

$$S_A = \frac{1}{r}\sum_{i=1}^{m} T_i^2 - \frac{T^2}{mr} \quad (3\text{-}45)$$

$$S_B = \frac{1}{m}\sum_{j=1}^{r} T_j^2 - \frac{T^2}{mr} \quad (3\text{-}46)$$

$$S_e = S_T - S_A - S_B \quad (3\text{-}47)$$

双因素无重复试验方差分析表见表 3-12。

表 3-12 双因素无重复试验方差分析表

方差来源	偏差平方和	自由度	方差	F 比	显著性
因素 A	S_A	$m-1$	$V_A = \dfrac{S_A}{m-1}$	$F_A = \dfrac{V_A}{V_e}$	
因素 B	S_B	$r-1$	$V_B = \dfrac{S_B}{r-1}$	$F_B = \dfrac{V_B}{V_e}$	
误差 e	S_e	$(m-1)(r-1)$	$V_e = \dfrac{S_e}{(m-1)(r-1)}$		
总和 T	S_T	$mr-1$			

例 3-3 某厂对所生产的高速铣刀进行淬火工艺试验,选择三种不同的等温温度:$A_1=280$ ℃,$A_2=300$ ℃,$A_3=320$ ℃;以及三种不同的淬火温度:$B_1=1\,210$ ℃,$B_2=1\,235$ ℃,$B_3=1\,250$ ℃,测得淬火后的铣刀硬度如表 3-13 所示。

表 3-13 铣刀硬度试验结果

因素 A \ 因素 B	淬火温度		
	B_1	B_2	B_3
等温温度 A_1	64	66	68
A_2	66	68	67
A_3	65	67	68

问:(1) 等温温度对铣刀硬度是否有显著的影响(显著水平 $\alpha=0.05$)?

(2) 淬火温度对铣刀硬度是否有显著的影响(显著水平 $\alpha=0.05$)?

求解过程如下:

① 数据列表计算(表 3-14)。

表 3-14 数据计算表

淬火温度 \ 等温温度	试验号 x_{ij}=原数据－66			x_{ij}^2			T_i	T_i^2
	B_1	B_2	B_3					
A_1	－2	0	2	4	0	4	0	0
A_2	0	2	1	0	4	1	3	9
A_3	－1	1	2	1	1	4	2	4
T_j	－3	3	5				$T=\sum_{i=1}^{3}T_i=5$	$\sum_{i=1}^{3}T_i^2=13$
T_j^2	9	9	25	$Q=\sum_{i=1}^{3}\sum_{j=1}^{3}x_{ij}^2=19$			$T=\sum_{j=1}^{3}T_j=5$	$\sum_{j=1}^{3}T_j^2=43$

② 偏差平方和计算。

总偏差平方和 S_T：

$$S_T = \sum_{i=1}^{m}\sum_{j=1}^{r}(x_{ij}-\bar{x})^2 = \sum_{i=1}^{m}\sum_{j=1}^{r}x_{ij}^2 - \frac{(\sum_{i=1}^{m}\sum_{j=1}^{r}x_{ij})^2}{n}$$

$$= Q - \frac{T^2}{n} = 19 - \frac{25}{9} = 16.222$$

因素偏差平方和 S_A、S_B：

$$S_A = \sum_{i=1}^{m}\sum_{j=1}^{r}(\bar{x}_i-\bar{x})^2 = r\sum_{i=1}^{m}(\bar{x}_i-\bar{x})^2 = \frac{1}{r}\sum_{i=1}^{m}T_i^2 - \frac{T^2}{mr} = \frac{13}{3} - \frac{25}{9} = 1.556$$

$$S_B = \sum_{j=1}^{r}\sum_{i=1}^{m}(\bar{x}_j-\bar{x})^2 = m\sum_{j=1}^{r}(\bar{x}_j-\bar{x})^2 = \frac{1}{m}\sum_{j=1}^{r}T_j^2 - \frac{T^2}{mr} = \frac{43}{3} - \frac{25}{9} = 11.556$$

误差偏差平方和 S_e：

$$S_e = S_T - S_A - S_B = 16.222 - 1.556 - 11.556 = 3.111$$

③ 自由度的计算。

总自由度：

$$f_T = 总的试验次数 - 1 = 9 - 1 = 8$$

因素 A 的自由度：

$$f_A = 因素水平数 - 1 = 3 - 1 = 2$$

因素 B 的自由度：

$$f_B = 因素水平数 - 1 = 3 - 1 = 2$$

误差的自由度：
$$f_e = (m-1)(r-1) = 2 \times 2 = 4$$

④ 计算平均偏差平方和。

因素 A 平均偏差平方和：
$$V_A = \frac{S_A}{f_A} = \frac{1.556}{2} = 0.778$$

因素 B 平均偏差平方和：
$$V_B = \frac{S_B}{f_B} = \frac{11.556}{2} = 5.778$$

误差平均偏差平方和：
$$V_e = \frac{S_e}{f_e} = \frac{3.111}{4} = 0.778$$

⑤ 求 F_A、F_B：
$$F_A = \frac{V_A}{V_e} = \frac{0.778}{0.778} = 1.00$$

$$F_B = \frac{V_B}{V_e} = \frac{5.778}{0.778} = 7.43$$

⑥ 显著性检验。

查 F 分布表：
$$F_a((m-1),(m-1)(r-1)) = F_{0.05}(2,4) = 6.94$$
$$F_a((r-1),(m-1)(r-1)) = F_{0.05}(2,4) = 6.94$$
$$F_A = 1.00 < 6.94 = F_a((m-1),(m-1)(r-1))$$
$$F_B = 7.43 > 6.94 = F_a((r-1),(m-1)(r-1))$$

⑦ 结论：因为 $F_A=1.00<6.94=F_a((m-1),(m-1)(r-1))$，所以等温温度对铣刀硬度没有显著的影响；因为 $F_B=7.43>6.94=F_a((r-1),(m-1)(r-1))$，所以淬火温度对铣刀硬度有显著的影响。

⑧ 列出方差分析表（表 3-15）。

表 3-15 方差分析表

方差来源	偏差平方和	自由度	方差	F 比	临界值	显著性
因素 A	1.556	2	0.778	1.00		
因素 B	11.556	2	5.778	7.43	$F_{0.05}(2,4)=6.94$	*
误差 e	3.111	4	0.778			
总和 T	16.222	8				

3.2.2 有重复试验时双因素析因试验设计与方差分析

设有两因素 A、B，A 有 m 个水平：$A_1, A_2, \cdots, A_m$，B 有 r 个水平：$B_1, B_2, \cdots, B_r$，在每一个组合水平 (A_i, B_j) 下重复做 n 次 ($n \geqslant 2$) 试验，每个观察值记为 x_{ijk} ($i=1,2,\cdots,m; j=1,2,\cdots,r; k=1,2,\cdots,n$)。总的试验次数为 mrn，结果如表 3-16 所示。

表 3-16 双因素有交互作用方差分析试验指标观察值

B_j / A_i	B_1			B_2			$\cdots$	B_r		
A_1	x_{111}	x_{112}	$\cdots$ x_{11n}	x_{121}	x_{122}	$\cdots$ x_{12n}	$\cdots$	x_{1r1}	x_{1r2}	$\cdots$ x_{1rn}
A_2	x_{211}	x_{212}	$\cdots$ x_{21n}	x_{221}	x_{222}	$\cdots$ x_{22n}	$\cdots$	x_{2r1}	x_{2r2}	$\cdots$ x_{2rn}
$\vdots$	$\vdots$	$\vdots$	$\vdots$	$\vdots$	$\vdots$	$\vdots$	$\cdots$	$\vdots$	$\vdots$	$\vdots$
A_m	x_{m11}	x_{m12}	$\cdots$ x_{m1n}	x_{m21}	x_{m22}	$\cdots$ x_{m2n}	$\cdots$	x_{mr1}	x_{mr2}	$\cdots$ x_{mrn}

1. 总偏差平方和的分解

① 计算总偏差平方和：

$$S_T = \sum_{i=1}^{m}\sum_{j=1}^{r}\sum_{k=1}^{n}(x_{ijk}-\bar{x})^2 = \sum_{i=1}^{m}\sum_{j=1}^{r}\sum_{k=1}^{n}x_{ijk}^2 - mrn\bar{x}^2 = Q - \frac{T^2}{mrn} \quad (3\text{-}48)$$

其中，

$$\bar{x} = \frac{1}{mrn}\sum_{i=1}^{m}\sum_{j=1}^{r}\sum_{k=1}^{n}x_{ijk}, \text{表示所有试验结果的总平均值}$$

$$T = \sum_{i=1}^{m}\sum_{j=1}^{r}\sum_{k=1}^{n}x_{ijk}, \text{表示所有试验数据之和}$$

$$Q = \sum_{i=1}^{m}\sum_{j=1}^{r}\sum_{k=1}^{n}x_{ijk}^2, \text{表示所有试验数据平方和}$$

② 计算因素偏差平方和：

$$S_A = m\sum_{i=1}^{m}(\bar{x}_i - \bar{x})^2 = \frac{1}{m}\sum_{i=1}^{m}T_i^2 - \frac{T^2}{mrn} \quad (3\text{-}49)$$

$$S_B = mn\sum_{j=1}^{r}(\bar{x}_j - \bar{x})^2 = \frac{1}{mn}\sum_{j=1}^{r}T_j^2 - \frac{T^2}{mrn} \quad (3\text{-}50)$$

$$S_{A\times B} = n\sum_{i=1}^{m}\sum_{j=1}^{r}(\bar{x}_{ij} - \bar{x}_i - \bar{x}_j + \bar{x})^2 = \frac{1}{n}\sum_{i=1}^{m}\sum_{j=1}^{r}T_{ij}^2 - \frac{T^2}{mrn} - S_A - S_B \quad (3\text{-}51)$$

其中，

$$\bar{x}_i = \frac{1}{rn} \sum_{j=1}^{r} \sum_{k=1}^{n} x_{ijk}, 表示在水平 A_i 下的试验结果平均值$$

$$\bar{x}_j = \frac{1}{mn} \sum_{i=1}^{m} \sum_{k=1}^{n} x_{ijk}, 表示在水平 B_j 下的试验结果平均值$$

$$\bar{x}_{ij} = \frac{1}{n} \sum_{k=1}^{n} x_{ijk}, 表示某个组合 A_i B_j 试验结果的平均值$$

$$T_i = \sum_{j=1}^{r} \sum_{k=1}^{n} x_{ijk}, 表示 A 因素 i 水平试验结果之和$$

$$T_j = \sum_{i=1}^{m} \sum_{k=1}^{n} x_{ijk}, 表示 B 因素 j 水平试验结果之和$$

$$T_{ij} = \sum_{k=1}^{n} x_{ijk}, 表示某个组合 A_i B_j 试验结果之和$$

相应有

$$S_T = S_A + S_B + S_{A \times B} \tag{3-52}$$

③ 计算试验误差平方和：

$$S_e = \sum_{i=1}^{m} \sum_{j=1}^{r} \sum_{k=1}^{n} (x_{ijk} - \bar{x}_{ij})^2 \tag{3-53}$$

或

$$S_e = S_T - S_A - S_B - S_{A \times B} \tag{3-54}$$

2. 平均偏差平方和与自由度

总自由度：

$$f_T = 总的试验次数 - 1 = mrn - 1 \tag{3-55}$$

因素的自由度为因素水平数−1，即

$$f_A = m - 1 \tag{3-56}$$

$$f_B = r - 1 \tag{3-57}$$

因素交互作用自由度为交互作用因素自由度乘积：

$$f_{A \times B} = (m-1)(r-1) \tag{3-58}$$

误差的自由度：

$$f_e = f_T - f_A - f_B - f_{A \times B} = mr(n-1) \tag{3-59}$$

相应地有平均偏差平方和：

$$V_A = \frac{S_A}{f_A} \tag{3-60}$$

$$V_B = \frac{S_B}{f_B} \tag{3-61}$$

$$V_{A\times B} = \frac{S_{A\times B}}{f_{A\times B}} \tag{3-62}$$

$$V_e = \frac{S_e}{f_e} \tag{3-63}$$

3. 用 F 检验法进行显著性检验

计算平方和与自由度后，就可以计算 F 值，进行显著性检验。

$$F_A = \frac{V_A}{V_e} \tag{3-64}$$

$$F_B = \frac{V_B}{V_e} \tag{3-65}$$

$$F_{A\times B} = \frac{V_{A\times B}}{V_e} \tag{3-66}$$

由试验数据可以计算出 $f_A, f_B, f_{A\times B}$ 的值。

对于给出的 α，从 F 分布表中查出 $F_\alpha(f_A, f_e), F_\alpha(f_B, f_e), F_\alpha(f_{A\times B}, f_e)$ 的值。若 $F_A \geqslant F_\alpha(f_A, f_e)$，就说明因素 A 变化的影响大于误差的影响，即该因素影响显著。若 $F_B \geqslant F_\alpha(f_B, f_e)$，就说明因素 B 变化的影响大于误差的影响，即该因素影响显著。若 $F_{A\times B} \geqslant F_\alpha(f_{A\times B}, f_e)$，就说明因素 A 与因素 B 的交互作用的影响大于误差的影响，即 A×B 影响显著。

对于不同的 α 值：

① 当 $F_A \geqslant F_{0.01}(f_A, f_e)$ 时，说明因素水平的改变对指标影响特别显著，称 A 因素是高度显著因素，记作"＊＊"；如果 $F_B \geqslant F_{0.01}(f_B, f_e)$，说明因素水平的改变对指标影响特别显著，称 B 因素是高度显著因素，记作"＊＊"；如果 $F_{A\times B} \geqslant F_{0.01}(f_{A\times B}, f_e)$，说明因素 A 与因素 B 的交互作用对指标影响特别显著，称 A×B 高度显著，记作"＊＊"。

② 当 $F_{0.01}(f_A, f_e) > F_A \geqslant F_{0.05}(f_A, f_e)$ 时，说明因素水平的改变对指标影响显著，称 A 因素是显著性因素，记为"＊"；如果 $F_{0.01}(f_B, f_e) > F_B \geqslant F_{0.05}(f_B, f_e)$，说明因素水平的改变对指标影响显著，称 B 因素是显著性因素，记作"＊"；如果 $F_{0.01}(f_{A\times B}, f_e) > F_{A\times B} \geqslant F_{0.05}(f_{A\times B}, f_e)$，说明因素 A 与因素 B 的交互作用对指标影响显著，称 A×B 显著，记作"＊"。

③ 当 $F_{0.05}(f_A, f_e) > F_A \geqslant F_{0.10}(f_A, f_e)$ 时，说明因素水平的改变对指标有一定影响，称 A 因素是有一定影响因素，记为"（＊）"；如果 $F_{0.05}(f_B, f_e) > F_B \geqslant F_{0.10}(f_B, f_e)$，说明因素水平的改变对指标有一定影响，称 B 因素是有一定影响因素，记

为"(＊)"；如果 $F_{0.05}(f_{A\times B}, f_e) > F_{A\times B} \geqslant F_{0.10}(f_{A\times B}, f_e)$，说明因素 A 与因素 B 的交互作用对指标有一定影响，称 A×B 有一定影响，记为"(＊)"。

④ 当 $F_{0.10}(f_A, f_e) > F_A$ 时，说明因素水平的改变对指标无显著影响，称 A 是非显著性因素，不作记号；如果 $F_{0.10}(f_B, f_e) > F_B$，说明因素水平的改变对指标无显著影响，称 B 是非显著性因素，不作记号；如果 $F_{0.10}(f_{A\times B}, f_e) > F_{A\times B}$，说明因素 A 与因素 B 的交互作用对指标无显著影响，称 A×B 非显著，不作记号。

双因素有交互作用方差分析表见表 3-17。

表 3-17 双因素有交互作用方差分析表

方差来源	偏差平方和	自由度	方差	F 比	显著性
因素 A	S_A	$m-1$	$V_A = \dfrac{S_A}{m-1}$	$F_A = \dfrac{V_A}{V_e}$	
因素 B	S_B	$r-1$	$V_B = \dfrac{S_B}{r-1}$	$F_B = \dfrac{V_B}{V_e}$	
A×B	$S_{A\times B}$	$(m-1)(r-1)$	$V_{A\times B} = \dfrac{S_{A\times B}}{(m-1)(r-1)}$	$F_{A\times B} = \dfrac{V_{A\times B}}{V_e}$	
误差 e	S_e	$mr(n-1)$	$V_e = \dfrac{S_e}{mr(n-1)}$		
总和 T	S_T	$mrn-1$			

例 3-4 试确定三种不同的材料（因素 A）和三种不同的使用环境温度（因素 B）对蓄电池输出电压的影响，为此，对每种水平组合重复测输出电压 4 次，测得数据（V×100）列入表 3-18。试分析各因素及因素之间交互作用的显著性。

表 3-18 不同温度和材料下的输出电压试验结果表

材料 \ 温度/℃	B_1 (10)				B_2 (18)				B_3 (27)			
A_1(1)	130	155	74	180	34	40	80	50	20	70	82	58
A_2(2)	150	188	159	126	136	122	106	115	22	70	58	45
A_3(3)	138	110	168	160	174	120	150	139	96	104	82	60

解

① 数据列表计算（表 3-19）。

表 3-19 不同温度和材料下的输出电压试验结果计算表

温度/℃ 材料	B_1 (10)				B_2 (18)				B_3 (27)				T_i
A_1(1)	130	155	74	180	34	40	80	50	20	70	82	58	973
A_2(2)	150	188	159	126	136	122	106	115	22	70	58	45	1297
A_3(3)	138	110	168	160	174	120	150	139	96	104	82	60	1501
T_j	1738				1266				767				$T=3771$

② 计算偏差平方和。

计算总偏差平方和：

$$S_T = \sum_{i=1}^{m}\sum_{j=1}^{r}\sum_{k=1}^{n}(x_{ijk}-\bar{x})^2 = \sum_{i=1}^{m}\sum_{j=1}^{r}\sum_{k=1}^{n}x_{ijk}^2 - mrn\bar{x}^2 = Q - \frac{T^2}{mrn}$$

$$= 130^2 + 155^2 + \cdots + 60^2 - \frac{3771^2}{3\times 3\times 4} = 80268.75$$

计算因素及交互作用偏差平方和：

$$S_A = m\sum_{i=1}^{m}(\bar{x}_i - \bar{x})^2 = \frac{1}{m}\sum_{i=1}^{m}T_i^2 - \frac{T^2}{mrn}$$

$$= \frac{1}{3\times 4}(973^2 + 1297^2 + 1501^2) - \frac{3771^2}{3\times 3\times 4} = 11868.00$$

$$S_B = mn\sum_{j=1}^{r}(\bar{x}_j - \bar{x})^2 = \frac{1}{mn}\sum_{j=1}^{r}T_j^2 - \frac{T^2}{mrn}$$

$$= \frac{1}{3\times 4}(1738^2 + 1266^2 + 767^2) - \frac{3771^2}{3\times 3\times 4} = 39295.17$$

$$S_{A\times B} = n\sum_{i=1}^{m}\sum_{j=1}^{r}(\bar{x}_{ij} - \bar{x}_i - \bar{x}_j + \bar{x})^2 = \frac{1}{n}\sum_{i=1}^{m}\sum_{j=1}^{r}T_{ij}^2 - \frac{T^2}{mrn} - S_A - S_B$$

$$= \frac{(130+155+74+180)^2 + (34+40+80+50)^2 + \cdots + (96+104+82+60)^2}{4}$$

$$- 11868.00 - 39295.17 - \frac{3771^2}{3\times 3\times 4}$$

$$= 11191.83$$

计算试验误差平方和：

$$S_e = S_T - S_A - S_B - S_{A\times B}$$

$$= 80268.75 - 11868.00 - 39295.17 - 11191.83 = 17965.75$$

③ 计算自由度。

计算因素自由度：
$$f_T = mrn - 1 = 3 \times 3 \times 4 - 1 = 35$$
$$f_A = m - 1 = 3 - 1 = 2 \quad f_B = r - 1 = 3 - 1 = 2$$

计算交互作用自由度：
$$f_{A \times B} = (m-1)(r-1) = 2 \times 2 = 4$$

计算误差自由度：
$$f_e = f_T - f_A - f_B - f_{A \times B} = mr(n-1) = 3 \times 3(4-1) = 27$$

④ 计算平均偏差平方和：
$$V_A = \frac{S_A}{f_A} = \frac{11868.00}{2} = 5908.00$$

$$V_B = \frac{S_B}{f_B} = \frac{39295.17}{2} = 19647.58$$

$$V_{A \times B} = \frac{S_{A \times B}}{f_{A \times B}} = \frac{11191.83}{4} = 2797.96$$

$$V_e = \frac{S_e}{f_e} = \frac{17965.75}{27} = 665.40$$

⑤ 计算统计量：
$$F_A = \frac{V_A}{V_e} = \frac{5908.00}{665.40} = 8.88$$

$$F_B = \frac{V_B}{V_e} = \frac{19647.58}{665.40} = 29.53$$

$$F_{A \times B} = \frac{V_{A \times B}}{V_e} = \frac{2797.96}{665.40} = 4.20$$

⑥ 显著性检验。

查 F 分布表，得 $F_{0.01}(2,27) = 5.49, F_{0.01}(4,27) = 4.11$。
$$F_A = 8.88 > 5.49 = F_{0.01}(2,27)$$
$$F_B = 29.53 > 5.49 = F_{0.01}(2,27)$$
$$F_{A \times B} = 4.20 > 4.11 = F_{0.01}(4,27)$$

因为 $F_A > F_{0.01}(2,27), F_B > F_{0.01}(2,27), F_{A \times B} > F_{0.01}(4,27)$，所以因素 A、B 以及 A×B 有高度显著性影响，即三种不同材料和作用环境温度对蓄电池的输出电压有高度显著性影响。

⑦ 列出方差分析表(表 3-20)。

表 3-20 方差分析表

方差来源	偏差平方和	自由度	方差	F 比	临界值	显著性
因素 A	11816.00	2	5908.00	8.88		**
因素 B	39295.17	2	19647.58	29.53	$F_{0.01}(2,27)=5.49$	**
A×B	11191.83	4	2797.96	4.20	$F_{0.01}(4,27)=4.11$	**
误差 e	17965.75	27	665.40			
总和 T	80268.75	35				

第 4 章   正交试验设计

对于单影响因素的试验,可以采用第 2 章介绍的各种方法。而在科学研究、生产运行、产品开发等实践中,考察的因素往往很多,而且每个因素的水平数也很多,这时上述方法就无能为力了。而正交试验正是解决多因素试验问题的有效方法。

在前面介绍的多因素方差分析中,对各个因素的每一种水平组合都要进行试验,即进行全面试验。既然全面试验的试验次数太多,那么能不能只选一部分组合来做试验呢? 能不能使试验次数尽可能少而仍然能得到所需要的结果呢? 正交试验设计就是一种已在实际中广泛使用,是安排多因素试验、寻求最优水平组合,并且被证明是十分有效的不需要全面试验的高效率试验设计方法。

4.1   正交表的概念与类型

正交试验设计是利用规格化的正交表恰当地设计出试验方案和有效地分析试验结果,提出最优配方和工艺条件,并进而设计出可能更优秀的试验方案的一种科学方法。

4.1.1   完全对

设有两组元素:
$$a_1, a_2, \cdots, a_m$$
$$b_1, b_2, \cdots, b_r$$

我们把其全部搭配的 mr 个"元素对"
$$(a_1, b_1), (a_1, b_2), \cdots, (a_1, b_r)$$
$$(a_2, b_1), (a_2, b_2), \cdots, (a_2, b_r)$$
$$\cdots\cdots\cdots\cdots\cdots\cdots\cdots\cdots$$
$$(a_m, b_1), (a_m, b_2), \cdots, (a_m, b_r)$$

叫做元素 $a_1, a_2, \cdots, a_m$ 与 $b_1, b_2, \cdots, b_r$ 所构成的"完全对"。

以后常用到的"完全对"是由数字构成的。例如,由数字 1,2,3 和 1,2,3 构成的"完全对"为:
$$(1,1), (1,2), (1,3)$$

$$(2,1), (2,2), (2,3)$$
$$(3,1), (3,2), (3,3)$$

4.1.2 完全有序对

若一个矩阵的任意两列中,同行元素所构成的元素对是一个完全对,而且每对出现的次数相同时,就说这个矩阵是"完全有序对",或称该矩阵搭配均衡,否则称为搭配不均衡。

例如矩阵 A 和 B,

$$A = \begin{bmatrix} 1 & 1 & 1 \\ 1 & 1 & 1 \\ 1 & 2 & 2 \\ 1 & 2 & 2 \\ 2 & 1 & 2 \\ 2 & 1 & 2 \\ 2 & 2 & 1 \\ 2 & 2 & 1 \end{bmatrix} \qquad B = \begin{bmatrix} 1 & 1 & 1 \\ 1 & 1 & 2 \\ 1 & 2 & 1 \\ 1 & 2 & 2 \\ 2 & 1 & 2 \\ 2 & 1 & 2 \\ 2 & 2 & 2 \\ 2 & 2 & 2 \end{bmatrix}$$

其中矩阵 A 是一个"完全有序对"矩阵,或称是搭配均衡的;而矩阵 B 是搭配不均衡的,因 1 列与 3 列缺少 (2,1),所以不是"完全对",第 2 列与第 3 列的搭配也不均衡。

4.1.3 正交表的定义

设 A 是 $n \times k$ 矩阵,它的第 j 列元素由数字 $1, 2, 3, \cdots, m_j$ 所构成(或者为方便起见,也可用别的符号来代替这些数字),如果矩阵 A 的任意两列都搭配均衡,则称 A 是一个正交表。

例如 8×7 矩阵:

$$A = \begin{bmatrix} 1 & 1 & 1 & 1 & 1 & 1 & 1 \\ 1 & 1 & 1 & 2 & 2 & 2 & 2 \\ 1 & 2 & 2 & 1 & 1 & 2 & 2 \\ 1 & 2 & 2 & 2 & 2 & 1 & 1 \\ 2 & 1 & 2 & 1 & 2 & 1 & 2 \\ 2 & 1 & 2 & 2 & 1 & 2 & 1 \\ 2 & 2 & 1 & 1 & 2 & 2 & 1 \\ 2 & 2 & 1 & 2 & 1 & 1 & 2 \end{bmatrix}$$

其中任意两列所构成的都是完全有序对,都包含四个数字对,即
$$(1,1),(1,2),(2,1),(2,2)$$
每对数字都出现两次。因此矩阵 A 是一个正交表。

由正交表的定义可直接推出正交表的以下两个性质：

① 每一列中各水平出现的次数相同。例如,第 i 列各水平出现的次数为
$$r = n/m_i \quad (i=1,2,\cdots,k) \tag{4-1}$$

② 任意两列所构成的水平对中,每个水平对重复出现的次数相同。例如第 i 列与第 j 列,重复搭配的次数为
$$\lambda = n/m_i m_j \quad (i,j=1,2,\cdots,k, i \neq j) \tag{4-2}$$
式中 m_i,m_j 分别为第 i 列、第 j 列元素水平数。

4.1.4 正交表的种类

在多因素的正交试验中,常把正交表写成表格的形式,并在其右下方写上行号(试验号),在其上方写上列号(因素号)。此外,还常把这样的正交表简记为
$$L_n(m_1 \times m_2 \times \cdots \times m_k)$$
式中,L 为正交表的代号,n 表示这张正交表共有 n 行(安排 n 次试验),而 $m_1 \times m_2 \times \cdots \times m_k$ 则表示此表有 k 列(最多安排 k 个因素),并且第 j 列的因素有 m_j 个水平。

在正交表 $L_n(m_1 \times m_2 \times \cdots \times m_k)$ 中,若 $m_1 = m_2 = \cdots = m_k = m$,则称为 m 水平正交表,或称为水平数相同的正交表,并简记为

例如,$m=2$,称 $L_n(2^k)$ 为二水平正交表；

$m=3$,称 $L_n(3^k)$ 为三水平正交表。

对于水平数相同的正交表,若满足
$$n = 1 + \sum_{j=1}^{k}(m_j - 1) \tag{4-3}$$
则称该正交表为饱和正交表,相应的试验称为饱和正交试验,即正交表的列数已达最大值。

例如,对 $L_4(2^3)$ 正交表,

$$n = 1 + \sum_{j=1}^{3}(2-1) = 4 \tag{4-4}$$

在饱和正交表 $L_n(m^k)$ 中，n、m、k 之间有如下关系：

$$k = \frac{n-1}{m-1} \tag{4-5}$$

例如，对 $L_4(2^3)$ 正交表，$n=4$，$m=2$，则 $k=3$。

常见的水平数相同的正交表有：

二水平正交表：$L_4(2^3)$、$L_8(2^7)$、$L_{12}(2^{11})$、$L_{16}(2^{15})$、$L_{32}(2^{31})$、$L_{64}(2^{63})$、$L_{128}(2^{127})$ 等；

三水平正交表：$L_9(3^4)$、$L_{27}(3^{13})$、$L_{81}(3^{40})$、$L_{243}(3^{121})$；

四水平正交表：$L_{16}(4^5)$、$L_{64}(4^{21})$；

五水平正交表：$L_{25}(5^6)$、$L_{125}(5^{31})$；

七水平正交表：$L_{49}(7^8)$。

正交试验设计中使用的最简单的正交表是 $L_4(2^3)$，其格式如表 4-1 所示。共要做四次试验，最多安排三个二水平的因素进行试验。

表 4-1 $L_4(2^3)$

试验号 \ 列号	1	2	3
1	1	1	1
2	1	2	2
3	2	1	2
4	2	2	1

正交表 $L_n(m_1 \times m_2 \times \cdots \times m_k)$ 中，如果有两列水平数不相等的话，则称为水平数不相同的正交表，或混合型正交表。其中最常用的是两种水平的正交表，记为

$$L_n(m_1^{k_1} \times m_2^{k_2})$$

表 4-2 就是一张 $L_8(4 \times 2^4)$ 混合型正交表，其含义如下：

常见的混合型正交表有：$L_8(4 \times 2^4)$、$L_{16}(4 \times 2^{12})$、$L_{16}(4^2 \times 2^9)$、$L_{16}(4^3 \times 2^6)$、

$L_{27}(9\times 3^9)$ 等。

表 4-2 $L_8(4\times 2^4)$

列号 试验号	1	2	3	4	5
1	1	1	1	1	1
2	1	2	2	2	2
3	2	1	1	2	2
4	2	2	2	1	1
5	3	1	2	1	2
6	3	2	1	2	1
7	4	1	2	2	1
8	4	2	1	1	2

最后,应当指出,构造正交表是一个比较复杂的问题,并非是任意给定的参数 $n,k,m_1,m_2,\cdots,m_k$,就一定能构造出一张正交表 $L_n(m_1\times m_2\times\cdots\times m_k)$。事实上,有些正交表的构造问题,到目前为止还有未解决的数学问题。因此,我们在进行正交试验设计时,一般是查用现成的正交表。附录中列出了常用的正交表。

4.2 正交试验设计原理的直观解释

为什么正交试验设计不需做全面试验,能减少试验次数,同时取得良好效果呢?

考虑进行一个三因素,每个因素有三个水平的试验。如果做全面试验,需做 $3^3=27$ 次。试验方案如表 4-3 所示。

表 4-3 3^3 试验的全面试验方案

		C_1	C_2	C_3
	B_1	$A_1B_1C_1$	$A_1B_1C_2$	$A_1B_1C_3$
A_1	B_2	$A_1B_2C_1$	$A_1B_2C_2$	$A_1B_2C_3$
	B_3	$A_1B_3C_1$	$A_1B_3C_2$	$A_1B_3C_3$
	B_1	$A_2B_1C_1$	$A_2B_1C_2$	$A_2B_1C_3$
A_2	B_2	$A_2B_2C_1$	$A_2B_2C_2$	$A_2B_2C_3$
	B_3	$A_2B_3C_1$	$A_2B_3C_2$	$A_2B_3C_3$
	B_1	$A_3B_1C_1$	$A_3B_1C_2$	$A_3B_1C_3$
A_3	B_2	$A_3B_2C_1$	$A_3B_2C_2$	$A_3B_2C_3$
	B_3	$A_3B_3C_1$	$A_3B_3C_2$	$A_3B_3C_3$

图 4-1 所示的立方体中包含了 27 个节点,可分别用来表示全面试验的这 27 种水平组合。

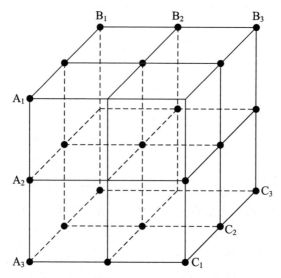

图 4-1　全面试验方案试验点分布图

若用正交试验设计,可以选用 $L_9(3^4)$ 正交表(表 4-4)。

表 4-4　正交表 $L_9(3^4)$

列号 试验号	1	2	3	4
1	1	1	1	1
2	1	2	2	2
3	1	3	3	3
4	2	1	2	3
5	2	2	3	1
6	2	3	1	2
7	3	1	3	2
8	3	2	1	3
9	3	3	2	1

若选用 1、2、3 列安排 A、B、C 三个因素,则总共只需安排 9 次试验。这 9 种水平组合即为从全面试验 27 种水平组合中挑选出来的。如将 $L_9(3^4)$ 正交表中列号 1、2、3 放入相应的因素 A、B、C,则 A 列下面的 1、2、3 就代表 A_1、A_2、A_3。则 9 次试验为:

(1)$A_1B_1C_1$　(2)$A_1B_2C_2$　(3)$A_1B_3C_3$　(4)$A_2B_1C_2$　(5)$A_2B_2C_3$

(6)$A_2B_3C_1$　(7)$A_3B_1C_3$　(8)$A_3B_2C_1$　(9)$A_3B_3C_2$

正交试验设计选取的 9 种水平组合若反应在图上,相当于图 4-2 中用圆点标出的 9 个结点。

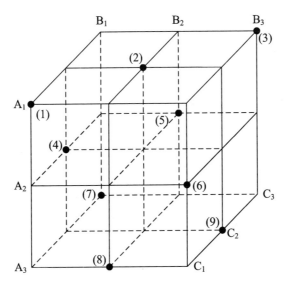

图 4-2　用 $L_9(3^4)$ 正交表安排时的试验点分布图

比较图 4-1 和图 4-2 可以看出,图 4-2 中这些圆点的分布,有以下两个特点:
① 在立方体中的每一个面上,圆点数相同,都是 3 个点;
② 在立方体中的每一条线上,圆点数相同,都是 1 个点。

这就是说,每一因素的每个水平都有 3 次试验,水平的搭配是均匀的。也就是说,用正交表所安排的试验方案,其各因素水平的搭配是"均衡的",或者说试验点是均衡地分散在所有水平搭配的组合之中。

正是由于这 9 个试验点分布得十分均匀和巧妙,所以尽管试验次数不多,却能够很好地反映各因素各水平的情况,可以得到与全面试验设计几乎同样好的结果。

从表 4-3 可以看出,这 9 次试验中包含水平 A_1 者有 3 个试验,包含 A_2 与 A_3 者也各有 3 个试验,它们的试验组合方案为:

$$A_1\begin{cases}B_1 & C_1\\ B_2 & C_2\\ B_3 & C_3\end{cases} \quad A_2\begin{cases}B_1 & C_2\\ B_2 & C_3\\ B_3 & C_1\end{cases} \quad A_3\begin{cases}B_1 & C_3\\ B_2 & C_1\\ B_3 & C_2\end{cases}$$

在这三组试验里,对因素 A 的各水平 A_1、A_2、A_3 来说,其余因素 B 和 C 的三个水平都各出现了一次。相对来说,当对表内同一水平(A_1或A_2或A_3)所导致的试验结果之和(或平均值)进行比较时,其他条件(B 和 C)是固定的。也就是可以这样认为:因素 B、C 对因素 A 同一水平(A_1或A_2或A_3)试验结果之和(或平均值)的影响大体相同,它们之间的差异是由于 A 因素取了不同水平所引起的。这就使水平A_1、A_2、A_3具有了可比性,它是选取各因素优秀水平的依据。同样,B、C 两因素亦有类似的性质。这样,由于采用正交试验法,能在 B、C 变化的情况下,比较 A 的水平,这叫做"综合可比性"。正因为正交表安排试验具有"均衡搭配性"和"综合可比性"这两个特点,因此才能取得减少试验次数的良好效果。

由此可见,正交试验设计主要优点表现在如下几个方面:
① 能在所有试验方案中均匀地挑选出代表性强的少数试验方案。
② 通过对这些少数试验方案的试验结果进行统计分析,可以推出较优的方案,而且所得到的较优方案往往不包含在这些少数试验方案中。
③ 对试验结果作进一步的分析,可以得到试验结果之外的更多信息,如各试验因素对试验结果影响的重要程度、各因素对试验结果的影响趋势等。

4.3 正交表的构造

正交表的构造是一个组合数学问题,不同类型正交表的构造方法差异很大。这里仅介绍 $L_{m^N}(m^k)$ 型正交表的构造方法。其中水平数 m 限定为素数或素数的方幂;N 称为基本列数,可以是任意的正整数。给定 m、N 这两个基本参数后,试验次数即为 $n=m^N$ 次,并且上述参数之间有如下关系:

$$k = \frac{m^N - 1}{m - 1} \tag{4-6}$$

书后附录中列出的常用正交表大部分是这种类型的正交表,如 $L_4(2^3)$,$L_8(2^7)$,$L_{16}(2^{15})$ 等。

4.3.1 正交表的正交性及其变换

在线性代数中,两个向量$(a_1, a_2, \cdots, a_n)$和$(b_1, b_2, \cdots, b_n)$,如果其内积等于零,即

$$a_1 b_1 + a_2 b_2 + \cdots + a_n b_n = 0 \tag{4-7}$$

则称这两个向量正交。

正交表的每一列可以看成是一个列向量,由于正交表中数字是表示因素水平的记号,而水平记号用什么符号是无本质区别的。对于二水平正交表,我们可以把

水平记号1、2分别用-1和$+1$来代替。根据正交表的定义,任意两列构成的水平对是一个"完全有序对",即$(-1,-1)$、$(-1,+1)$、$(+1,-1)$、$(+1,+1)$重复的次数相同,则

$$\lambda[(-1)\times(-1)+(-1)\times(+1)+(+1)\times(-1)+(+1)\times(+1)]=0$$

也就是说,二水平正交表任意两列是正交的。

推广到多于二水平的正交表,其任意两列构成的水平对是搭配均衡的,则称这两列是正交的,这就是正交表名称的由来。

根据正交表的定义,首先,表的各列地位是平等的,因此各列位置可以置换;其次,用正交表安排试验时,试验的次序可以是任意的,也就是说表的各行位置可以置换;再者,因素水平的次序也可以任定,即同一列中水平记号可以置换。正交表的列间置换、行间置换和同一列中水平记号的置换,称为正交表的三种初等变换。经过初等变换所能得到的一切表称为等价的(或同构的)。

4.3.2 有限域的概念

在构造正交表时,要用到有限域的理论。有限域是指有限个元素的集合,在这个集合中规定"加法"与"乘法"两种代数运算,对集合中的任意元素a、b、c,经上述运算后所得的元素还属于该集合,并且满足下列条件:

① 交换律。即:
$$a+b=b+a \quad a\times b=b\times a$$
② 结合律。即:
$$(a+b)+c=a+(b+c) \quad (a\times b)\times c=a\times(b\times c)$$
③ 分配律。即:
$$a\times(b+c)=a\times b+a\times c$$
④ 存在"0"元素与"1"元素,使得对任意非零元素,都有
$$a+0=a \quad a\times 1=a$$
⑤ 对每一个非零元素a,存在$(-a)$与$\bar{a}$,使得
$$a+(-a)=0 \quad a\times\bar{a}=1$$

$(-a)$叫做a的负元素,$\bar{a}$叫做a的逆元素。

不难验证,在由全体有理数组成的集合中,通常的加法与乘法均满足上述条件,a的逆元素$\bar{a}$就是a的倒数,但这个集合的元素有无穷多,因此是无限域。

包含有限个元素的集合,对于通常的加法和乘法,显然不能构成一个域。例如,对集合$R_5=\{0,1,2,3,4\}$,集合中的元素$3+4=7$不属于集合R_5,非零元素的逆元素和负元素也不属于R_5。但是,如果我们对集合R_5定义两个新的代数运算:

$$a+b=(a \text{ 与 } b \text{ 的和除以 } 5 \text{ 所得的余数})$$
$$a\times b=(a \text{ 与 } b \text{ 的积除以 } 5 \text{ 所得的余数})$$

因为任何数除以 5 所得的余数只能是 0,1,2,3,4,必然属于 R_5。不难验证,该运算还满足上述五个条件,如:$1+2=3, 3+4=2, 2\times 2=4, 2\times 4=3, 2\times 3=1, \bar{2}=3, 4+1=0, (-4)=1$ 等。因此,集合 R_5 对新的运算构成一个有限域。

有限域中元素的个数 p 称为有限域的阶。有限域的理论证明,有限域的阶只能是素数或素数的幂 p^s(s 为正整数),简称 p^s-域。

p^s-域中的 p 个元素,用 $0,1,2,\cdots,p-1$ 表示,且 0 就表示"0"元素,1 就表示"1"元素。运算规则为:

加法——两元素按通常加法相加所得的和除以 p 所得的余数,就是这两元素相加后所得的元素;

乘法——两元素按通常乘法相乘所得的积除以 p 所得的余数,就是这两元素相乘后所得的元素。

我们称这种有限域为以 p 为模的剩余类域。

例如,在 2-域中只有两个元素 0 和 1,其加法和乘法为:

$$0+0=0 \quad 0\times 0=0$$
$$0+1=1 \quad 0\times 1=0$$
$$1+0=1 \quad 1\times 0=0$$
$$1+1=0 \quad 1\times 1=1$$

通常将其列成表格的形式,即:

2-域加法表

+	0	1
0	0	1
1	1	0

2-域乘法表

×	0	1
0	0	0
1	0	1

同理可得:

3-域加法表

+	0	1	2
0	0	1	2
1	1	2	0
2	2	0	1

3-域乘法表

×	0	1	2
0	0	0	0
1	0	1	2
2	0	2	1

对于 p-域中的加法与乘法运算，我们很容易得出其结果。但这种规则仅适用于 p-域，即元素个数为素数的有限域，而对于元素个数为素数幂数 $p^s(s>1)$ 的有限域就不适用了，对此虽然也有一般的规则，但由于较为琐杂，这里就不介绍了。因此本书只限于讨论 m 为素数时的 $L_{m^N}(m^k)$ 型正交表的构造。

4.3.3 $L_{m^N}(m^k)$ 型正交表的构造

这里我们用 m-域中的 m 个元素 $0,1,2,\cdots,m-1$ 表示水平记号，今后所说的水平记号的加法与乘法均是按有限域的加法与乘法规则进行。

这个表有 m^N 个试验，即每一列有 m^N 个水平记号。我们用分割法来构造基本列，即将 m^N 个试验分成 m 等份，每份有 m^{N-1} 个试验。按 m^{N-1} 个 0 水平，m^{N-1} 个 1 水平，m^{N-1} 个 2 水平……m^{N-1} 个 $(m-1)$ 水平的顺序排成一列，叫做标准 m 分列；再将标准 m 分列的每一等份分成 m 等份（即将 m^N 个试验分成 m^2 等份），每等份有 m^{N-2} 个试验，按 m^{N-2} 个 0 水平，m^{N-2} 个 1 水平，m^{N-2} 个 2 水平……m^{N-2} 个 $(m-1)$ 水平的顺序一组往下排（此时共有 m 组），又得到一列，叫做标准 m^2 分列。按这种方法继续下去，可得标准 m^3 分列，标准 m^4 分列……标准 m^N 分列。这 N 个列就叫做基本列，是构造正交表的基础。基本列的列名分别用字母 a,b,c,… 表示。

例如，$L_4(2^3), L_8(2^7), L_9(3^4)$ 的基本列分别为：

$L_4(2^3)$ 的基本列

0	0
0	1
1	0
1	1
标准 2 分列	标准 4 分列

$L_8(2^7)$ 的基本列

0	0	0
0	0	1
0	1	0
0	1	1
1	0	0
1	0	1
1	1	0
1	1	1
标准 2 分列	标准 4 分列	标准 8 分列

$L_9(3^4)$ 的基本列

0	0
0	1
0	2
1	0
1	1
1	2
2	0
2	1
2	2
标准 3 分列	标准 9 分列

在标准 m^i 分列中，如果每一组不一定按 m^{N-i} 个 0 水平，m^{N-i} 个 1 水平，m^{N-i} 个 2 水平……m^{N-i} 个 $(m-1)$ 水平的顺序排，而是按相连的 m^{N-i} 个 0 水平，m^{N-i} 个 1 水平，m^{N-i} 个 2 水平……m^{N-i} 个 $(m-1)$ 水平的任何一种顺序排，这样得到的列叫做 m^i 分列。也就是说，如果将一个列从上到下等分为 m^{i-1} 个组，在每一组中任何一个水平记号都以 m^{N-i} 个相连的形式出现一次，这样的列就是 m^i 分列。标准 m^i 分列是 m^i 分列的特殊情况。例如，在表 4-5 所示的 $L_8(2^7)$ 中，第 1 列是 2 分列，第

2、3 列是 4 分列,第 4、5、6、7 列是 8 分列,而第 1、2、4 列则是该表的三个标准分列。

表 4-5　正交表 $L_8(2^7)$

试验号 \ 列号	1	2	3	4	5	6	7
1	1	1	1	1	1	1	1
2	1	1	1	2	2	2	2
3	1	2	2	1	1	2	2
4	1	2	2	2	2	1	1
5	2	1	2	1	2	1	2
6	2	1	2	2	1	2	1
7	2	2	1	1	2	2	1
8	2	2	1	2	1	1	2

在构造正交表时,还要用到交互列的概念。所谓交互列,就是由前一列的各水平记号乘以 $i(i=1,2,\cdots,m-1)$,再与后一列相应行的水平记号相加所得到的列,其列名用前一列名的 i 次方乘以后一列名表示。例如,a、b 是 m 水平的列,则其交互列有 $m-1$ 个,列名分别为 ab、a^2b、a^3b……a^{m-1}b。

不难验证,正交表各列间有如下关系:

① 当 $i<k$ 时,m^i 分列与 m^k 分列的交互列仍是 m^k 分列;

② 当 $i\neq k$ 时,m^i 分列与 m^k 分列是正交的;

③ 当 $i\neq k$ 时,m^i 分列、m^k 分列及其交互列中,任意两列都是正交的;

④ 设 $i\leqslant j<k$,m^i 分列与 m^j 分列是正交的,则 m^i 分列、m^j 分列、m^k 分列及它们的交互列中,任意两列都是正交的。

现在来看 $L_{m^N}(m^k)$ 正交表的构造。我们将标准 m 分列放在表的第一列,列名记为 a,把标准 m^2 分列放在第二列,列名记为 b,其后放该二列的 $m-1$ 个交互列,由①知,这些交互列都是 m^2 分列,共得 m 个 m^2 分列;然后放标准 m^3 分列,其后放该列与前面各列的交互列,共得 m^2 个 m^3 分列;如此继续下去,直到标准 m^N 分列,其后放这一列与前面各列的交互列,又得 m^{N-1} 个 m^N 分列。于是共得 $k=1+m+m^2+\cdots+m^{N-1}=\dfrac{m^N-1}{m-1}$ 个列。由②知 m 分列、m^2 分列……m^N 分列彼此是正交的,又由④知,m^i 分列中任意两列都是正交的,所以这 k 列中任意两列都是正交的。可以证明,任意两列的交互列都在这 k 列之中,或者与它无本质区别(即可以经过初等变换化为这 k 列中的某列)。

例 4-1 构造 $L_4(2^3)$ 正交表。

此时 $m=2, N=2$,有两个基本列,构造出表 4-6。

表 4-6 $L_4(2^3)$ 正交表的构造

列号 试验号	1	2	3
1	0	0	0+0=0
2	0	1	0+1=1
3	1	0	1+0=1
4	1	1	1+1=0
列名	a	b	ab

不难验证任意两列的交互列是余下的列,如果我们规定列名的运算是一种指数运算,指数的加法与乘法按有限域的加法与乘法规则进行,这样我们就可以很容易地求出任意二列的交互列,所得的结果与直接验证完全一样。例如,第 2 列与第 3 列的交互列为

$$b \cdot ab = ab^{1+1} = ab^0 = a$$

即为第 1 列。再如,第 1 列与第 3 列的交互列:

$$a \cdot ab = a^{1+1} \cdot b = a^0 b = b$$

即为第 2 列。

例 4-2 构造 $L_8(2^7)$ 正交表。

此时 $m=2, N=3$,有 3 个基本列,构造出表 4-7。

表 4-7 $L_8(2^7)$ 正交表的构造

列号 试验号	1	2	3	4	5	6	7
1	0	0	0+0=0	0	0+0=0	0+0=0	0+0=0
2	0	0	0+0=0	1	0+1=1	0+1=1	0+1=1
3	0	1	0+1=1	0	0+0=0	1+0=1	1+0=1
4	0	1	0+1=1	1	0+1=1	1+1=0	1+1=0
5	1	0	1+0=1	0	1+0=1	0+0=0	1+0=1
6	1	0	1+0=1	1	1+1=0	0+1=1	1+1=0
7	1	1	1+1=0	0	1+0=1	1+0=1	0+0=0
8	1	1	1+1=0	1	1+1=0	1+1=0	0+1=1
列名	a	b	ab	c	ac	bc	abc

可以直接验证,任意两列的交互列都在这个表中。例如,

2 列与 3 列:$b \cdot ab = a \cdot b^{1+1} = ab^0 = a$ 为第 1 列;

5 列与 6 列:$ac \cdot bc = abc^{1+1} = abc^0 = ab$ 为第 3 列;

1 列与 6 列:$a \cdot bc = abc$ 为第 7 列等。

例 4-3 构造 $L_9(3^4)$ 正交表。

此时 $m=3$,$N=2$,有两个基本列,构造出表 4-8。

表 4-8 $L_9(3^4)$ 正交表的构造

列号 试验号	1	2	3	4
1	0	0	0+0=0	0×2+0=0
2	0	1	0+1=1	0×2+1=1
3	0	2	0+2=2	0×2+2=2
4	1	0	1+0=1	1×2+0=2
5	1	1	1+1=2	1×2+1=0
6	1	2	1+2=0	1×2+2=1
7	2	0	2+0=2	2×2+0=1
8	2	1	2+1=0	2×2+1=2
9	2	2	2+2=1	2×2+2=0
列名	a	b	ab	a^2b

直接验证可知,任意两列的交互列为其余两列。很自然地会问,第 2 列和第 3 列的交互列,是否会得到另一个新列 ab^2?不难验证,这样得出的列虽与 a^2b 列不同,但通过初等变换(水平号间的置换)可以变换为 a^2b 列,即 a^2b 列与 ab^2 列等价,记为 $a^2b \equiv ab^2$。

把上述表中的因素水平记号 0、1、2 分别用 1、2、3 来代替,就得到通常习惯上用的正交表,见表 4-1、表 4-5、表 4-4。

4.4 正交试验的基本步骤

正交试验设计总的来说包括两部分:一是试验设计;二是数据处理。基本步骤可简单归纳如下:

1. 明确试验目的,确定评价指标

任何一个试验都是为了解决某一个问题,或是为了得到某些结论而进行的,所以任何一个正交试验都应该有一个明确的目的,这是正交试验设计的基础。

试验指标是表示试验结果特性的值,如产品的产量、产品的纯度等,可以用它来衡量或考核试验效果。

2. 挑选因素,确定水平

影响试验指标的因素很多,但由于试验条件所限,不可能全面考察,所以应对实际问题进行具体分析,并根据试验目的,选出主要因素,略去次要因素,以减少要考察的因素数。如果对问题了解不够,则可以适当多取一些因素。凡是对试验结果可能有较大影响的因素一个也不要漏掉。一般来说,正交表是安排多因素试验的得力工具,不怕因素多,有时增加1、2个因素,并不增加试验次数。故一般倾向于多考察些因素,除了事先能肯定作用很小的因素和交互作用不安排外,凡是可能起作用或情况不明或意见有分歧的因素都值得考察。另外,必要时将区组因素加以考虑,可以提高试验的精度。

确定因素的水平数时,一般尽可能使因素的水平数相等,以方便试验数据处理。

对质量因素,应选入的水平通常是早就定下来的,如要比较的品种有3种,该因素(即品种)的水平数只能取3。对数量因素,选取水平数的灵活性就大了,如温度、反应时间等,通常取2或3水平,只是在有特殊要求的场合,才考虑取4以上的水平。数量因素的水平幅度取得过窄,结果可能得不到任何有用的信息;过宽,结果会出现危险或试验无法进行下去。最好结合专业知识或通过预试验,对数量因素的水平变动范围有一个初步了解,只要认为在技术上是可行的,一开始就应尽可能取得宽一些。随着试验反复进行和技术情报的积累,再把水平的幅度逐渐缩小。

以上两点主要靠专业知识和实践经验来确定,是正交试验设计能够顺利完成的关键。

最后列出因素水平表。

3. 选正交表,进行表头设计

根据因素和水平数来选择合适的正交表。选取原则:

① 先看水平数。若各因素全是2水平,就选用 L(2*) 表;若各因素全是3水平,就选 L(3*) 表。若各因素的水平数不相同,就选择适用的混合水平表。

② 再看正交表列数是否能容下所有因素(包括交互作用)。一般一个因素占一列,交互作用占的列数与水平数有关。要看所选的正交表是否足够大,能否容纳得下所考察的因素和交互作用。为了对试验结果进行方差分析或回归分析,还必须至少留一个空白列,作为"误差"列。

③ 要看试验精度的要求。若要求精度高,则宜取试验次数多的正交表。

④ 若试验费用很昂贵,或试验的经费很有限,或人力和时间都比较紧张,则不宜选试验次数太多的正交表。

⑤ 按原来考察的因素、水平和交互作用去选择正交表,若无正好适用的正交表可选,简便且可行的办法是适当修改原定的水平数。

⑥ 对某因素或某交互作用的影响是否确实存在没有把握的情况下,选择正交表时常为该选大表还是选小表而犹豫。若条件许可,应尽量选用大表,让影响存在的可能性较大的因素和交互作用各占适当的列。某因素或某交互作用的影响是否真的存在,留到方差分析进行显著性检验时再做结论。这样既可以减少试验的工作量,又不至于漏掉重要的信息。

另外,也可由试验次数应满足的条件来选择正交表,即自由度选表原则:

$$f_T' \leqslant f_T = n - 1 \tag{4-8}$$

式中,f_T' 为所考察因素及交互作用的自由度;

f_T 为所选正交表的总自由度;

n 为所选正交表的行数(试验次数),即正交表总自由度等于正交表的行数减1。

即要考察的试验因素和交互作用的自由度总和小于等于所选取的正交表的总自由度。当需要估计试验误差,进行方差分析时,则各因素及交互作用的自由度之和要小于所选正交表的总自由度。若进行直观分析,则各因素及交互作用的自由度之和可以等于所选正交表总自由度。

另外,若各因素及交互作用的自由度之和等于所选正交表总自由度,也可采用有重复正交试验来估计试验误差。

对于正交表来说,确定所考察因素及交互作用的自由度有两条原则:

① 正交表每列的自由度:

$$f_{列} = 此列水平数 - 1$$

因素 A 的自由度:

$$f_A = 因素 A 的水平数 - 1$$

由于一个因素在正交表中占一列,即因素和列是等同的,从而每个因素的自由度等于该列的自由度;

② 因素 A、B 间交互作用的自由度:$f_{A×B} = f_A × f_B$。

因而可以确定,两个 2 水平因素的交互作用列只有一列。这是由于 2 水平正交表的每列的自由度为 2-1=1,而两列的交互作用的自由度等于两列自由度的乘积,即 1×1=1,交互作用列也是 2 水平的,故交互作用列只有一个。对于两个 3 水平的因素,每个因素的自由度为 2,交互作用的自由度就是 2×2=4,交互作用列也是 3 水平的,所以交互作用列就占两列。同理,两个 n 水平的因素,由于每个因素的自由度为 $n-1$,两个因素的交互作用的自由度就是 $(n-1)(n-1)$,交互作用列也是 n 水平的,故交互作用列就要占 $(n-1)$ 列。

由式(4-8)可知,当需要进行方差分析时,所选正交表的行数(试验次数)n必须满足:

$$n > f_T' + 1 = \sum f_{因素} + \sum f_{交互作用} + 1 \quad (4-9)$$

这样正交表至少有一空白列,用于估计试验误差。

若进行直观分析,不需要估计试验误差时,所选正交表的行数(试验次数)n必须满足:

$$n \geq f_T' + 1 = \sum f_{因素} + \sum f_{交互作用} + 1 \quad (4-10)$$

如四因素三水平,不考虑交互作用的正交试验至少应安排的试验次数为

$$n \geq f_T' + 1 = \sum f_{因素} + \sum f_{交互作用} + 1 = (3-1) \times 4 + 0 + 1 = 9$$

在满足上述条件的前提下,选择较小的表。例如,对于4因素3水平的试验,满足要求的表有 $L_9(3^4)$、$L_{27}(3^{13})$ 等,一般可以选择 $L_9(3^4)$,但是如果要求精度高,并且试验条件允许,可以选择较大的表。

选择好正交表后,将要考察的各因素及交互作用安排到正交表的适当的列上称为表头设计。

表头设计原则:

① 若考察交互作用,则先安排含有交互作用的因素,按交互作用列表的规定进行表头设计(防止含有交互作用的因素发生混杂);然后再安排不含交互作用的因素,可以在剩余列上任意安排。

如在 $L_8(2^7)$ 正交表上安排三个因素 A、B、C,并考虑存在 A×B、A×C、B×C 的交互作用。由 $L_8(2^7)$ 交互作用列表(表4-9)知,若因素 A、B 分别安排在第1、2列,则 A×B 只能安排在第3列;若再将因素 C 安排在第4列,则 A×C、B×C 只能分别安排在第5、6列;第7列为空白列,不作安排。即表头设计如表4-10所示。

表 4-9 $L_8(2^7)$ 二列间交互作用列表

列号()\列号	1	2	3	4	5	6	7
(1)	(1)	3	2	5	4	7	6
(2)		(2)	1	6	7	4	5
(3)			(3)	7	6	5	4
(4)				(4)	1	2	3
(5)					(5)	3	2
(6)						(6)	1
(7)							(7)

表 4-10　表头设计

因素	A	B	A×B	C	A×C	B×C	
列号	1	2	3	4	5	6	7

交互作用列表中列出了相应正交表任意两列的交互作用所在的列,当两个因素放在某两列后,则它们的交互作用必须放在该两列的交互作用列中。现以 $L_8(2^7)$ 正交表的二列间交互作用列表(表 4-9)为例,说明该表的查法:

表中所有数字都是列号。其中,最上面的一行和括号内的数字分别是两因素所在的列号,其余的数字均为交互作用列号。若查第 1 列和第 2 列的交互作用,就从(1)横着自左向右看,从 2 竖着自上向下看,它们的交叉点为 3,则第 3 列就是第 1 列和第 2 列的交互作用列。同理可查得第 2 列和第 4 列的交互作用列为第 6 列。因而用 $L_8(2^7)$ 安排试验时,如果因素 A 放在第 1 列,因素 B 放在第 2 列,则 A×B 就必须放在第 3 列。从该表中还可看出,第 1 列和第 2 列的交互作用列是第 3 列,第 5 列和第 6 列的交互作用列也是第 3 列,第 4 列和第 7 列的交互作用列还是第 3 列,这说明不同列的交互作用列有可能在同一列。

② 若不考察交互作用,则各因素可顺序入列或随机安排在各列上。对试验之初不考虑交互作用而选用较大的正交表,空列较多时,最好仍与有交互作用时一样,按规定进行表头设计(即两因素交互作用应认为大致都有存在的可能性,应避免把它安排进与主要因素相同的列)。只不过将有交互作用的列先视为空列。

在进行表头设计时应尽量避免出现混杂现象,即正交表的一列尽量只放一个因素或一个交互作用。若在一列上有两个因素或两个交互作用或一个因素一个交互作用则称为混杂,混杂应该避免,否则数据分析要产生问题。书后附录中各个正交表的表头设计就是考虑尽量避免出现混杂来安排的。

在实际应用中,要完全避免混杂是很困难的,关键是要设计最佳表头,尽量减少混杂。原则上讲,即使有的交互作用影响事先估计不太大,但最好还是不要把它们和单独因素混在一起,而是将所有"不必考虑"的交互作用都凑在与单独因素不同的列上,以免与单独因素效应相混杂。

例 4-4　考察 A、B、C、D 四个二水平因素,同时考察交互作用 A×B、A×C,试进行表头设计。

解　由于每个因素都是二水平,因而选用二水平正交表 $L(2^*)$ 表。又因素与交互作用的自由度之和为

$$f_T' = \sum f_{因素} + \sum f_{交互作用} = (2-1)\times 4 + (2-1)\times(2-1)\times 2 = 6$$

故所选正交表的行数应满足:$n \geqslant 6+1=7$,所以选正交表 $L_8(2^7)$。

由于考察交互作用 A×B、A×C,因而先安排含有交互作用的因素 A、B,可分别放在正交表 $L_8(2^7)$ 的第 1、2 两列,再根据 $L_8(2^7)$ 的交互作用列表,查得第 1、2 列的交互列为第 3 列,即 A×B 放置在第 3 列。然后将 C 因素安排在第 4 列,由 $L_8(2^7)$ 的交互作用列表,可查得第 1、4 列的交互列为第 5 列,即 A×C 放置在第 5 列。剩下 D 因素可任意放在第 6 或第 7 列,本例放在第 7 列(这样可以将所有"不必考虑"的交互作用都凑在与单独因素不同的列上,以免与单独因素效应相混杂)。

表头设计如表 4-11 所示。

表 4-11 例 4-4 表头设计

因素	A	B	A×B	C	A×C		D
列号	1	2	3	4	5	6	7

本例也可直接查书后附录 $L_8(2^7)$ 四因素表头设计进行安排,结果同表 4-11。

例 4-5 考察 A、B、C、D 四个二水平因素,同时考察交互作用 B×C、B×D,试进行表头设计。

解 由附录 $L_8(2^7)$ 四因素表头设计,可直接得到表头设计如表 4-12 所示。

表 4-12 例 4-5 表头设计

因素	A	B		C	B×D	B×C	D
列号	1	2	3	4	5	6	7

或按如下过程安排:由于考察交互作用 B×C、B×D,因而先安排含有交互作用的因素 B、C,可分别放在正交表 $L_8(2^7)$ 的第 1、2 两列,再根据 $L_8(2^7)$ 的交互作用列表,查得第 1、2 列的交互列为第 3 列,即 B×C 放置在第 3 列。然后将 D 因素安排在第 4 列,由 $L_8(2^7)$ 的交互作用列表,可查得第 1、4 列的交互列为第 5 列,即 B×D 放置在第 5 列。剩下 A 因素可任意放在第 6 或第 7 列,本例放在第 7 列。表头设计如表 4-13 所示。

表 4-13 例 4-5 表头设计

因素	B	C	B×C	D	B×D		A
列号	1	2	3	4	5	6	7

从例 4-4 和例 4-5 可知,针对某一具体问题,其表头设计可以有多种,关键是要尽量避免出现混杂现象。

例 4-6 考察 A、B、C、D 四个三水平因素,不考察交互作用,试进行表头设计。

解 由于每个因素都是三水平,因而选用三水平正交表 L(3^*) 表。又因素与交互作用的自由度之和为

$$f_T' = \sum f_{因素} + \sum f_{交互作用} = (3-1) \times 4 + 0 = 8$$

故所选正交表的行数应满足:$n \geqslant 8 + 1 = 9$。可以选择的正交表有 $L_9(3^4)$ 和 $L_{27}(3^{13})$,如果不估计试验误差,进行直观分析,可选正交表 $L_9(3^4)$。由于不考察交互作用,因而四个因素可任意放在正交表 $L_9(3^4)$ 的四列,本例因素依次入列。

表头设计如表 4-14 所示。

表 4-14 例 4-6 表头设计

因素	A	B	C	D
列号	1	2	3	4

由于没有空白列,因而不能估计误差。

如果需要估计试验误差,又不做重复试验,则应选正交表 $L_{27}(3^{13})$。由附录 $L_{27}(3^{13})$ 四因素表头设计,安排如表 4-15 所示。

表 4-15 例 4-6 表头设计

因素	A	B		C				D					
列号	1	2	3	4	5	6	7	8	9	10	11	12	13

在选用正交表 $L_{27}(3^{13})$ 时,由于不考察交互作用,因而因素可以放在 13 列的任意四列中。但由于选择的正交表较大,空列较多,因而最好仍与有交互作用时一样,按规定进行表头设计(即两因素交互作用应认为大致都有存在的可能性,应避免把它安排进与主要因素相同的列),只不过将有交互作用的列先视为空列。

例 4-7 考察 A、B、C、D 四个二水平因素,同时考察交互作用 A×B、C×D,试进行表头设计。

解 由例 4-4 及例 4-5 可知,可以选用正交表 $L_8(2^7)$。但 $L_8(2^7)$ 无法安排这四个因素与两个交互作用,因为不管四个因素放在哪四列上,两个交互作用或一个因素与一个交互作用总会共用一列,从而产生混杂,如表 4-16 所示。

表 4-16 用 $L_8(2^7)$ 安排时出现混杂的表头设计

因素	A	B	A×B C×D	C		D	
列号	1	2	3	4	5	6	7

因此选用正交表 $L_{16}(2^{15})$，查附录 $L_{16}(2^{15})$ 四因素表头设计，安排如表 4-17 所示。

表 4-17 例 4-7 表头设计

因素	A	B	A×B	C				D				C×D			
列号	1	2	3	4	5	6	7	8	9	10	11	12	13	14	15

例 4-8 考察 A、B、C、D 四个二水平因素，并且特别希望分析 A 与 B、C、D 的交互作用，而其他的交互作用很小，试进行表头设计。

解 由于每个因素都是二水平，因而选用二水平正交表 L(2*) 表。又因素与交互作用的自由度之和为

$$f_T' = \sum f_{因素} + \sum f_{交互作用} = (2-1)\times 4 + (2-1)\times 3 = 7$$

故所选正交表的行数应满足：$n \geqslant 7+1=8$。如果不估计误差，可以选择正交表 $L_8(2^7)$。根据 $L_8(2^7)$ 交互作用列表，表头设计如表 4-18 所示。

表 4-18 例 4-8 表头设计

因素	A	B C×D	A×B	C B×D	A×C	D B×C	A×D
列号	1	2	3	4	5	6	7

在此设计中有一些混杂，B 和 C×D 混，C 和 B×D 混，D 和 B×C 混，但由于 C×D、B×D、B×C 已知很小，故不影响结果的分析（由于不考虑，因而在实际表头设计中不要写出）。

例 4-9 考察 A、B、C、D、E 五个三水平因素，同时考察交互作用 A×B，试进行表头设计。

解 由于每个因素都是三水平，因而选用三水平正交表 L(3*) 表。又因素与交互作用的自由度之和为

$$f_T' = \sum f_{因素} + \sum f_{交互作用} = (3-1)\times 5 + (3-1)\times(3-1) = 14$$

故所选正交表的行数应满足：$n \geqslant 14+1=15$，所以选正交表 $L_{27}(3^{13})$。由于考察交互作用 A×B，因而先安排含有交互作用的因素 A、B，可分别放在正交表 $L_{27}(3^{13})$ 的第 1、2 两列，再根据 $L_{27}(3^{13})$ 的交互作用列表，查得第 1、2 列的交互列为第 3、4 列，即 A×B 放置在第 3、4 列。剩下 C、D、E 三个因素可任意放在剩余列中，本例依次放在 5、6、7 三列。表头设计如表 4-19 所示。

表 4-19　例 4-9 表头设计

因素	A	B	(A×B)$_1$	(A×B)$_2$	C	D	E						
列号	1	2	3	4	5	6	7	8	9	10	11	12	13

4. 明确试验方案,进行试验,得到结果

完成了表头设计之后,只要把正交表中各列上的数字 1、2、3 分别看成是该列所填因素在各个试验中的水平数,这样正交表的每一行就对应着一个试验方案,即各因素的水平组合。

例 4-10　某水泥厂为了提高水泥的 28d 抗压强度,需要通过试验选择最好的生产方案,经研究,有 3 个因素影响水泥的强度,这 3 个因素分别为生料中的矿化剂用量、烧成温度、保温时间,每个因素都考虑 3 个水平,不考虑因素间的交互作用。因素水平表如表 4-20 所示,试用正交表进行试验设计。

表 4-20　因素水平表

因素 水平	A 矿化剂用量(%)	B 烧成温度(℃)	C 保温时间(min)
1	6	1400	20
2	4	1450	30
3	2	1350	40

解　本例考察的试验指标是水泥的 28d 抗压强度。由于每个因素都是三水平,因而选用三水平正交表 L(3*) 表。又因素与交互作用的自由度之和为

$$f_T' = \sum f_{因素} + \sum f_{交互作用} = (3-1) \times 3 + 0 = 6$$

故所选正交表的行数应满足:$n \geq 6+1=7$,因而可以选择正交表 $L_9(3^4)$。由于不考察交互作用,因而三个因素可放在任意三列中,本例依次入列。表头设计如表 4-21 所示。

表 4-21　例 4-10 表头设计

因素	A	B	C	
列号	1	2	3	4

把 $L_9(3^4)$ 正交表中安排因素的各列(不包含欲考察的交互作用列)中的每一个数字依次换成该因素的实际水平,就得到一个正交试验方案,如表 4-22 所示。

表 4-22　例 4-10 试验方案

试验号 \ 因素列号	A 矿化剂用量(%) 1	B 烧成温度(℃) 2	C 保温时间(min) 3	4	试验方案	考察指标 28d 抗压强度
1	1(6)	1(1400)	1(20)	1	$A_1B_1C_1$	
2	1	2(1450)	2(30)	2	$A_1B_2C_2$	
3	1	3(1350)	3(40)	3	$A_1B_3C_3$	
4	2(4)	1	2	3	$A_2B_1C_2$	
5	2	2	3	1	$A_2B_2C_3$	
6	2	3	1	2	$A_2B_3C_1$	
7	3(2)	1	3	2	$A_3B_1C_3$	
8	3	2	1	3	$A_3B_2C_1$	
9	3	3	2	1	$A_3B_3C_2$	

例如,对于第 4 号试验,试验方案为 $A_2B_1C_2$,它表示矿化剂用量为 4%,烧成温度为 1 400 ℃,保温时间为 30 min。

在进行试验时,应注意以下几点:

① 分区组。对于一批试验,如果要使用几台不同的机器,或要使用几种原料来进行,为了防止机器或原料的不同而带来误差,从而干扰试验的分析,可在开始做试验之前,用正交表中未排因素和交互作用的一个空白列来安排机器或原料,可以提高试验的精度。

与此类似,若试验指标的检验需要几个人(或几台机器)来做,为了消除不同人(或机器)检验的水平不同给试验分析带来干扰,也可采用在正交表中用一空白列来安排的办法。这种作法叫做分区组法。

② 因素水平表排列顺序的随机化。如果每个因素的水平序号从小到大时,因素水平的数值总是按由小到大或由大到小的顺序排列,那么按正交表做试验时,所有的 1 水平要碰在一起,而这种极端的情况有时是不希望出现的,有时也没有实际意义。因此在排列因素水平表时,最好不要简单地按因素数值由小到大或由大到小的顺序排列。从理论上讲,最好能使用一种叫做随机化的方法。所谓随机化就是采用抽签或查随机数值表的办法,来决定排列的先后顺序。如本例中因素的水平序号从小到大时,因素水平的数值并不是按由小到大或由大到小的顺序排列。

③ 必须严格按照规定的方案完成每一号试验,因为每一号试验都从不同角度提供有用信息,即使其中有某号试验事先根据专业知识可以肯定其试验结果不理

想，但仍然需要认真完成该号试验。

④ 试验进行的次序没有必要完全按照正交表上试验号码的顺序，即先做 1 号试验，再做 2 号试验……可按抽签方法随机决定试验进行的顺序。事实上，试验顺序可能对试验结果有影响（例如，试验中由于先后操作熟练的程度不同带来的误差干扰，以及外界条件所引起的系统误差），把试验顺序打"乱"，有利于消除这一影响。

⑤ 在确定每一个试验的试验条件时，只需考虑所确定的几个因素和分区组该如何取值，而不要（其实也无法）考虑交互作用列和误差列怎么办的问题。交互作用列和误差列的取值问题由试验本身的客观规律来确定，它们对指标影响的大小在方差分析时给出。

⑥ 做试验时，试验条件的控制力求做到十分严格，尤其是在水平的数值差别不大时。例如在例 4-10 中，因素 B 的 $B_1=3\,h, B_2=2\,h, B_3=4\,h$，在以 $B_2=2\,h$ 为条件的某一个试验中，就必须严格认真地让 $B_2=2\,h$，若因为粗心造成 $B_2=2.5\,h$ 或者 $B_2=3\,h$，那就将使整个试验失去正交试验设计的特点，使后续的结果分析丧失了非常必要的前提条件，因而得不到正确的结论。

最后试验结果以试验指标形式给出。

5. 对试验结果进行统计分析

对正交试验结果的分析，通常采用两种方法：一种是直观分析法；另一种是方差分析法。通过试验结果分析可以得到因素主次顺序、因素显著性及最佳方案等有用信息。

6. 进行验证试验，作进一步分析

最佳方案是通过统计分析得出的，还需要进行试验验证，以保证优方案与实际一致，否则还需要进行新的正交试验。

第 5 章　正交试验设计结果的直观分析

对正交试验结果的分析,通常采用两种方法:一种是直观分析法;另一种是方差分析法(又称统计分析法)。本章介绍的是直观分析法,它简单易懂,实用性强,应用广泛。方差分析法的分析精度高,弥补了直观分析法之不足,将在下一章介绍。

根据考察试验结果的指标数量多少,正交试验设计又可分为单指标试验设计(考察指标只有一个)和多指标试验设计(考察指标数≥2)。

5.1　单指标正交试验设计及其结果的直观分析

例 5-1　柠檬酸硬脂酸单甘酯是一种新型的仪器乳化剂,它是柠檬酸与硬脂酸单甘酯在一定的真空度下,通过酯化反应制得,现对其合成工艺进行优化,以提高乳化剂的乳化能力。乳化能力测定方法:将产物加入油水混合物中,经充分地混合、静置分层后,将乳状液层所占的何种百分比作为乳化能力。根据探索性试验,确定的因素与水平如表 5-1 所示。假定因素间无交互作用。

表 5-1　因素水平表

水平＼因素	A 温度(℃)	B 酯化时间(h)	C 催化剂种类
1	130	3	甲
2	120	2	乙
3	110	4	丙

为了避免人为因素导致的系统误差,因素的各水平哪一个定为 1 水平、2 水平、3 水平,本例中没有简单地完全按因素水平数值由小到大或由大到小的顺序排列,而是按"随机化"的方法处理,采用了抽签的方法,最后将酯化时间 3 h 定为 B_1,2 h 定为 B_2,4 h 定为 B_3,其他两因素亦一样进行处理。

解　本题中试验的目的是提高产品的乳化能力,试验的指标为单指标乳化能力,因素和水平是已知的,所以可以从正交表的选取开始来进行试验设计和直观分析。

① 选正交表。

本例是一个 3 水平的试验,因此要选用 $L_n(3^m)$ 型正交表,由于有 3 个因素,且不考虑因素间的交互作用,所以要选一张 $m \geqslant 3$ 的表,而 $L_9(3^4)$ 是满足条件 $m \geqslant 3$ 的最小的 $L_n(3^m)$ 型正交表,故选用正交表 $L_9(3^4)$ 来安排试验。

② 表头设计。

由于不考虑因素间的交互作用,因而 3 个因素可放在任意 3 列上,本例没有依次放入,而是分别放在 1、3、4 三列上,表头设计如表 5-2 所示。

表 5-2 例 5-1 表头设计

因素	A		B	C
列号	1	2	3	4

不放置因素或交互作用的列称为空白列(简称空列),空白列在正交设计的方差分析中也称为误差列,一般最好留至少一个空白列。

③ 明确试验方案。

根据表头设计,将因素放入正交表 $L_9(3^4)$ 相应列,水平对号入座,列出试验方案如表 5-3 所示。

表 5-3 试验方案

试验号 \ 因素 列号	A 温度(℃) 1	空白列 2	B 酯化时间(h) 3	C 催化剂种类 4	试验方案	乳化能力
1	1(130)	1	1(3)	1(甲)	$A_1B_1C_1$	
2	1	2	2(2)	2(乙)	$A_1B_2C_2$	
3	1	3	3(4)	3(丙)	$A_1B_3C_3$	
4	2(120)	1	2	3	$A_2B_2C_3$	
5	2	2	3	1	$A_2B_3C_1$	
6	2	3	1	2	$A_2B_1C_2$	
7	3(110)	1	3	2	$A_3B_3C_2$	
8	3	2	1	3	$A_3B_1C_3$	
9	3	3	2	1	$A_3B_2C_1$	

④ 按规定的方案做试验,得出试验结果。

按正交表的各试验号中规定的水平组合进行试验,本例总共要做9个试验,将试验结果(指标)填写在表的最后一列中,如表5-4所示。

表5-4 试验方案及试验结果分析

因素 列号 试验号	A 温度(℃) 1	空白列 2	B 酯化时间(h) 3	C 催化剂种类 4	乳化能力
1	1(130)	1	1(3)	1(甲)	0.56
2	1	2	2(2)	2(乙)	0.74
3	1	3	3(4)	3(丙)	0.57
4	2(120)	1	2	3	0.87
5	2	2	3	1	0.85
6	2	3	1	2	0.82
7	3(110)	1	3	2	0.67
8	3	2	1	3	0.64
9	3	3	2	1	0.66
K_1	1.87	2.10	2.02	2.07	
K_2	2.54	2.23	2.27	2.23	
K_3	1.97	2.05	2.09	2.08	
k_1	0.623	0.700	0.673	0.690	
k_2	0.847	0.743	0.757	0.743	
k_3	0.657	0.683	0.697	0.693	
极差	0.67	0.18	0.25	0.16	
因素主→次	A B C				
优方案	$A_2 B_2 C_2$				

⑤ 计算极差,确定因素的主次顺序。

首先解释表5-4中引入的三个符号。

K_i:表示任一列上水平号为 i(本例中 $i=1,2$ 或 3)时所对应的试验结果之和。例如,在表5-4中,在B因素所在的第3列上,第1、6、8号试验中B取B_1水平,所以K_1为第1、6、8号试验结果之和,即$K_1=0.56+0.82+0.64=2.02$;第2、4、9号试验中B取B_2水平,所以K_2为第2、4、9号试验结果之和,即$K_2=0.74+0.87+0.66=2.27$;第3、5、7号试验中B取B_3水平,所以K_3为第3、5、7号试验结果之和,

即 $K_3=0.57+0.85+0.67=2.09$。同理可以计算出其他列中的 K_i，结果如表 5-4 所示。

$k_i:k_i=K_i/s$，其中 s 为任一列上各水平出现的次数，所以 k_i 表示任一列上因素取水平 i 时所得试验结果的算术平均值。例如，在本例中 $s=3$，在 A 因素所在的第 1 列中，$k_1=1.87/3=0.623$，$k_2=2.54/3=0.847$，$k_3=1.97/3=0.657$。同理可以计算出其他列中的 k_i，结果如表 5-4 所示。

R：称为极差，在任何一列上 $R=\max\{K_1,K_2,K_3\}-\min\{K_1,K_2,K_3\}$，或 $R=\max\{k_1,k_2,k_3\}-\min\{k_1,k_2,k_3\}$。例如，在第 1 列上，最大的 K_i 为 $K_2(=2.54)$，最小的 K_i 为 $K_1(=1.87)$，所以 $R=2.54-1.87=0.67$，或 $R=0.847-0.623=0.224$。一般试验水平数少且试验水平数相同时，可用 $R=\max\{K_1,K_2,K_3\}-\min\{K_1,K_2,K_3\}$ 作为极差。一般来说，各列的极差是不相等的，这说明各因素的水平改变对试验结果的影响是不相同的，极差越大，表示该列因素的数值在试验范围内的变化会导致试验指标在数值上有更大的变化，所以极差最大的那一列，就是因素的水平对试验结果影响最大的因素，也就是最主要因素。在本例中，由于 $R_A>R_B>R_C$，所以各因素从主到次的顺序为：A（温度），B（酯化时间），C（催化剂种类）。

有时空白列的极差比其他所有因素的极差还要大，这可能有以下几种原因：

第一个原因是试验的误差的影响。空白列的水平均值随着水平数的改变而变化的大小，在没有交互作用时，一般反映了试验误差的影响。如果没有任何试验误差，也没有交互作用，空白列的各个水平均值一般应相等。当某因素对试验结果的影响非常小，而试验误差又很大时，有可能使空白列的极差大于某因素的极差，但这种可能性非常小。

第二个原因是空白列表面上没有安排因素，但实际上存在着一些"因素"，这些"因素"是实际存在的因素的交互作用。如果该原先未考虑的交互作用的影响实际比较大，就有可能使该列的极差大于某因素的极差。

第三个原因是漏掉了对试验结果有重要影响的因素，而在做试验时，各试验方案中该因素未能很好地固定在某一水平，而是发生了变化，这也可能使该列的极差大于某因素的极差。

所以，在进行结果分析时，尤其是对所做的试验没有足够的认知时，最好将空白列的极差一并计算出来，从中也可以得到一些有用的信息。

⑥ 优方案的确定。

优方案是指在所做的试验范围内，各因素较优的水平组合。各优水平的确定与试验指标有关，若指标越大越好，则应选取使指标大的水平，即各列 K_i（或 k_i）中最大的那个值对应的水平；反之，若指标越小越好，则应选取使指标小的那个水平。

在本例中，试验指标是乳化能力，指标越大越好，所以应挑选每个因素的 K_1，K_2，K_3（或 k_1，k_2，k_3）中最大的值对应的那个水平，由于：

A 因素列：$K_2 > K_3 > K_1$

B 因素列：$K_2 > K_3 > K_1$

C 因素列：$K_2 > K_3 > K_1$

所以优方案为 $A_2B_2C_2$，即反应温度为 120 ℃，酯化时间为 2 h，乙种催化剂。

另外，实际确定优方案时，还应区分因素的主次，对于主要因素，一定要按有利于指标的要求选取最好的水平，而对于不重要的因素，由于其水平改变对试验结果的影响较小，则可以根据有利于降低消耗、提高效率等目的来考虑别的水平。例如，本例 C 因素的重要性排在末尾，因此，假设丙种催化剂比乙种催化剂更价廉、易得，则可以将优方案中的 C_2 换为 C_3，于是优方案就变为 $A_2B_2C_3$，这正好是正交表中的第 4 号试验，它是已做过的 9 个试验中乳化能力最好的试验方案，也是比较好的方案。

本例中，通过简单的"看一看"，可得出第 4 号试验方案是 9 次试验中最好的。而通过简单的"算一算"，即直观分析（或极差分析），得到的优方案是 $A_2B_2C_2$，该方案并不包含在正交表中已做过的 9 个试验方案中，这正体现了正交试验设计的优越性（预见性）。

⑦ 进行验证试验，作进一步的分析。

上述优方案是通过直观分析得到的，但它实际上是不是真正的优方案还需要作进一步的验证。首先，将优方案 $A_2B_2C_2$ 与正交表中最好的第 4 号试验 $A_2B_2C_3$ 作对比试验，若方案 $A_2B_2C_2$ 比第 4 号试验的试验结果更好，通常就可以认为 $A_2B_2C_2$ 是真正的优方案，否则第 4 号试验 $A_2B_2C_3$ 就是所需的优方案。若出现后一种情况，一般来说原因可能有三个方面：a) 可能是试验误差过大造成；b) 可能是另有影响因素没有考虑进去或是没有考虑交互作用；c) 可能是因素的水平选择不当。遇到这种情况应分析原因，再做试验，直到得出计算分析最优条件，才能说明考察指标是最优。

上述优方案是在给定的因素和水平的条件下得到的，若不限定给定的水平，有可能得到更好的试验方案，所以当所选的因素和水平不恰当时，该优方案也有可能达不到试验的目的，不是真正意义上的优方案，这时就应该对所选的因素和水平进行适当的调整，以找到新的更优方案。我们可以将因素水平作为横坐标，以它的试验指标的平均值 k_i 为纵坐标，画出因素与指标的关系图——趋势图。

在画趋势图时要注意，对于数量因素（如本例中的温度和时间），横坐标上的点不能按水平号顺序排列,而应按水平的实际大小顺序排列,并将各坐标点连成折线图,这样就能从图中很容易地看出指标随因素数值增大时的变化趋势;如果是属性因素(如本例中的催化剂种类),由于不是连续变化的数值,则可不考虑横坐标顺序,也不用将坐标点连成折线。

图 5-1 是例 5-1 的趋势图,从图中也可以看出,当反应温度为 $A_2=120\ ℃$,酯化时间为 $B_2=2\ h$,乙种催化剂(C_2)时产品的乳化能力最好,即优方案为 $A_2B_2C_2$。从趋势图还可以看出:酯化时间并不是越长越好,当酯化时间少于 3 h 时,产品的乳化能力有随反应时间减少而提高的趋势,所以适当减少酯化时间也许会找到更优的方案。因此,根据趋势图可以对一些重要因素的水平作适当调整,选取更优的水平,再安排一批新的试验。新的正交试验可以只考虑一些主要因素,次要因素则可固定在某个较好的水平上,另外还应考虑漏掉的交互作用或重要因素,所以新一轮正交试验的因素数和水平将会更合理,也会得到更优的试验方案。

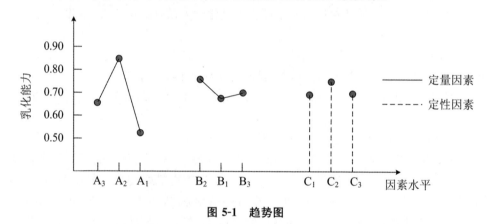

图 5-1 趋势图

例 5-2 某工厂一零件的镗孔工序质量不稳定,经常出现内径偏差较大的质量问题。为了提高镗孔工序的加工质量,改进工艺操作规程,现欲通过对工序进行正交试验,确定各影响因素的主次顺序,以探求较好的工艺条件。

① 明确试验目的,确定试验考察指标。

试验目的:通过试验,寻求较好的工艺条件,改善零件镗孔质量。

试验考察指标:内径偏差量(越小越好)。

② 挑因素,选水平,制订因素水平表。

挑因素:根据生产实践和专业知识,分析造成镗孔质量问题的因素有四个:刀具数量与布局 A、切削速度 B、走刀量 C、刀具种类 D。

选水平:根据以往的生产经验,确定每个因素均取三个水平,因素水平表如表

5-5 所示。

表 5-5 因素水平表

因素\水平	A 刀具数量(把)	B 切削速度(r/min)	C 走刀量(mm/r)	D 刀具种类(型)
1	2	30	0.6	常规刀
2	3	38	0.7	I 型刀
3	4	56	0.47	II 型刀

③ 选正交表。

本例为四因素三水平试验,可选用正交表 $L_9(3^4)$。

④ 表头设计。

本试验把各因素依次入列,表头设计如表 5-6 所示。

表 5-6 表头设计

因素	A	B	C	D
列号	1	2	3	4

⑤ 确定试验方案,做试验,填数据,即因素顺序入列,水平对号入座,列出试验条件。

本例将水平表中的因素和水平填到选用的 $L_9(3^4)$ 正交表上。试验方案如表 5-7 所示。

表 5-7 试验方案及试验结果分析

试验号\列号\因素	A 刀具数量(把) 1	B 切削速度(r/min) 2	C 走刀量(mm/r) 3	D 刀具种类(型) 4	偏差量(mm)
1	1(2)	1(30)	1(0.6)	1(常规)	0.390
2	1	2(38)	2(0.7)	2(I型)	0.145
3	1	3(56)	3(0.47)	3(II型)	0.310
4	2(3)	1	2	3	0.285
5	2	2	3	1	0.335
6	2	3	1	2	0.350
7	3(4)	1	3	2	0.285
8	3	2	1	3	0.050
9	3	3	2	1	0.315

续表 5-7

因素 列号 试验号	A 刀具数量（把） 1	B 切削速度（r/min） 2	C 走刀量（mm/r） 3	D 刀具种类（型） 4	偏差量 （mm）
K_1	0.845	0.960	0.790	1.040	
K_2	0.970	0.530	0.745	0.780	
K_3	0.650	0.975	0.930	0.645	
k_1	0.282	0.320	0.263	0.347	
k_2	0.323	0.176	0.248	0.260	
k_3	0.217	0.325	0.310	0.215	
极差	0.106	0.149	0.062	0.132	
因素主→次	B D A C				
优方案	$B_2 D_3 A_3 C_2$				

⑥ 按规定的方案做试验，得出试验结果。本例将试验数据（偏差量）填入该表的右侧栏，如表 5-7 所示。

⑦ 计算极差，确定因素的主次顺序。

本例因素的主次顺序为：B，D，A，C。

⑧ 优方案的确定。

为直观起见，画出因素与指标的趋势图，如图 5-2 所示。

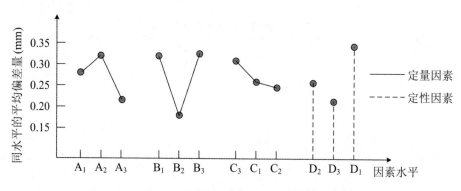

图 5-2 趋势图（因素与指标的关系）

直接分析结果：从表 5-7 偏差量结果中直接分析可知 8 号方案偏差量最小，为 0.050 mm，是这 9 次试验中最好的。即最优水平组合是 $B_2 D_3 A_3 C_1$。

极差分析结果:从表 5-7 的计算结果和图 5-2 的趋势可以看出,偏差量越小越好,所以选取的最优水平组合是 $B_2D_3A_3C_2$。

最终选取最优水平组合:结合因素影响的主次关系,对于次要因素,可以考虑实际生产条件(如生产率、成本、劳动条件等)来选取适当水平,而得到符合生产实际的最优或较优生产条件。对于本例,走刀量不影响生产成本等,故最优生产条件为:$A_3B_2C_2D_3$。

⑨ 进行验证试验,作进一步的分析(试验略)。

由图 5-2 的趋势可以看出,a) 刀具数量越多,偏差量越小,还应进一步试验刀具数量更多的情况(因素 A 影响最大);b) 走刀量越大越好,还应进一步试验走刀量更大的情况(但走刀量因素影响小,再考虑生产效率等可不再试验);c) 将已做过的试验中最好条件 $B_2D_3A_3C_1$ 与极差分析所得到的最优条件同时验证(需要可进行验证)。

对于本例,可只考虑验证 $B_2D_3A_3C_2$ 试验,或考虑增加刀具数量,其他因素固定在最优水平上,即仅对 A 进行单因素寻优试验。

在验证的基础上可以安排第二批、第三批试验(可根据趋势图安排)。当找到最佳生产条件并进行小批量试生产直到纳入技术文件后,才算完成一项正交试验设计的全过程。

5.2 多指标正交试验设计及其结果的直观分析

在实际生产和科学试验中,整个试验结果的好坏往往不是一个指标能全面评判的,所以多指标的试验设计是一类很常见的问题。由于在多指标试验中,不同指标的重要程度常常是不一致的,各因素对不同指标的影响程度也不完全相同,所以多指标试验的结果分析比较复杂一些。下面介绍两种解决多指标正交试验问题的分析方法:综合平衡法和综合评分法。

5.2.1 综合平衡法

综合平衡法是先对每个指标分别进行单指标的直观分析,得到每个指标的影响因素主次顺序和最佳水平组合,然后根据理论知识和实际经验,对各指标的分析结果进行综合比较和分析,得出最优方案。下面通过一个例子来说明这种方法。

例 5-3 柱塞组合件收口强度稳定性试验。

油泵的柱塞组合件是经过机械加工、组合收口、去应力、加工 ΦD 等工序制成的。要求的质量指标是拉脱力 $F \geqslant 1000$ N,轴向游隙 $\delta \leqslant 0.02$ mm,转角 $\alpha \geqslant 20°$。

试验前产品拉脱力波动大,且因拉脱力与转角两指标往往矛盾,不易保证质量。本试验的目的就是为了改进工艺条件,提高产品质量。

① 明确试验目的,确定考察指标。

试验目的:改进工艺条件,提高产品质量。

考察指标有三个:① 拉脱力 $F,F\geqslant 1000$ N;② 轴向游隙 $\delta,\delta\leqslant 0.02$ mm;③ 转角 $\alpha,\alpha\geqslant 20°$。

② 挑因素,选水平,制定因素水平表。

据研究,柱塞头的外径 ΦD、高度 L、倒角 $k\beta$、收口压力 P 等四个因素对指标可能有影响,所以考察这四个因素,每个因素比较三种不同的条件(即取三个水平),据此列出因素水平表(表 5-8)。

表 5-8 因素水平表

水平\因素	A 外径 $\Phi D-0.05$(mm)	B 高度 $L-0.05$(mm)	C 倒角 $k\beta$	D 收口压力 P(MPa)
1	15.1	11.6	1.0×50°	1.5
2	15.3	11.8	1.5×30°	1.7
3	14.8	11.7	1.0×30°	2.0

注:试验条件是固定滚轮机构。滚压时间 t 在保证 α、δ 的前提下由试验决定。

③ 选正交表。

本例为四因素三水平试验,可选用正交表 $L_9(3^4)$。

④ 表头设计。

本试验把各因素依次入列,表头设计如表 5-9 所示。

表 5-9 表头设计

因素	A	B	C	D
列号	1	2	3	4

⑤ 确定试验方案,做试验,填数据,即因素顺序入列,水平对号入座,列出试验条件。

本例将水平表中的因素和水平填到选用的 $L_9(3^4)$ 正交表上。试验方案如表 5-10 所示。

⑥ 按规定的方案做试验,得出试验结果。

表 5-10 试验方案及试验结果分析

试验号	因素列号	A ΦD 1	B L 2	C $k\beta$ 3	D P 4	拉脱力 $F_i' = \frac{7}{10} \times (\overline{F}_i - 900)$	轴向游隙 $\delta_i' = 7000 \times (\overline{\delta}_i - 0.01)$	转角 $\alpha_i' = 7 \times (\overline{\alpha}_i - 20)$
1		1(15.1)	1(11.6)	1(1.0×50°)	1(1.5)	−30	20	25.5
2		1	2(11.8)	2(1.5×30°)	2(1.7)	36	48	−10
3		1	3(11.7)	3(1.0×30°)	3(2.0)	6	27	17.5
4		2(15.3)	1	2	3	−15.5	6	21.5
5		2	2	3	1	51	128	−10.0
6		2	3	1	2	−1	25	26.5
7		3(14.8)	1	3	2	−68	28	18.5
8		3	2	1	3	91	52	0.5
9		3	3	2	1	19	56	−4.5

拉脱力 F'	K_1	12	−113.5	60	40
	K_2	34.5	178	39.5	−33
	K_3	42	24	−11	81.5
	k_1	4	−37.8	20	13.3
	k_2	11.5	59.3	13.17	−11
	k_3	14	8	−3.66	27.16
	极差 R	10	97.1	23.66	38.16
	因素主→次	\multicolumn{4}{c}{B D C A}
	优方案	\multicolumn{4}{c}{$B_2 D_3 C_1 A_3$(拉脱力越大越好)}
轴向游隙 δ'	K_1	95	54	97	204
	K_2	159	228	110	101
	K_3	136	108	183	85
	k_1	31.66	18	32.3	68
	k_2	53	76	36.6	33.6
	k_3	45.3	36	61	28.3
	极差 R	21.34	58	28.7	39.7
	因素主→次	\multicolumn{4}{c}{B D C A}
	优方案	\multicolumn{4}{c}{$B_1 D_3 C_1 A_1$(轴向游隙越小越好)}
转角 α'	K_1	42	65.5	52.5	11
	K_2	38	−10.5	16	44
	K_3	14.5	39.5	26	39.5
	k_1	14	21.83	17.5	3.6
	k_2	12.6	−3.5	5.3	14.6
	k_3	4.82	13.16	8.7	13.10
	极差 R	9.18	25.33	12.2	11
	因素主→次	\multicolumn{4}{c}{B C D A}
	优方案	\multicolumn{4}{c}{$B_1 C_1 D_2 A_1$(转角越大越好)}

注:(1) F_i'、δ_i'、α_i' 均为 7 个数据的平均值;

(2) 表格中的数据处理,如 $F_i' = \frac{7}{10} \times (\overline{F}_i - 900)$ 是为了简化计算,但不影响计算结果。

每个试验条件做 7 次,每次试验都分别对三个指标进行测定并取其平均值,数据填入表 5-10 中。

⑦ 计算极差,确定因素的主次顺序。

本例因素的主次顺序为:

$$\text{主} \longrightarrow \text{次}$$

拉脱力 F:　　　B　　D　　C　　A

轴向游隙 δ:　　B　　D　　C　　A

转角 α:　　　　B　　C　　D　　A

对于转角 α 来说,C 和 D 两因素的极差 R 相差不大,所以综合考虑,四个因素对三个指标的主次顺序为:B,D,C,A。

⑧ 优方案的确定。

为直观起见,画出因素与指标的趋势图,如图 5-3 所示。

a) 初选最优生产条件。

按极差与指标趋势图确定各因素的最优水平组合:

对拉脱力 F 来说:　　$B_2 D_3 C_1 A_3$

对轴向游隙 δ 来说:　$B_1 D_3 C_1 A_1$

对转角 α 来说:　　　$B_1 C_1 D_2 A_1$

b) 综合平衡选取最优生产条件。

因素 B:对三个指标来说,B 均是主要因素,一般情况下应按多数倾向选取 B_1,但因拉脱力 F 是主要指标,故选取 B_2。

因素 D:对 δ 指标来说,D 是较主要因素,且以 D_3 为优;对 α 指标是较次要因素,且 D_3 与 D_2 差不多,故选取 D_3。

因素 C:对三个指标来说,最优水平皆为 C_1,故选取 C_1。

因素 A:对三个指标来说,皆为次要因素,按多数倾向选取 A_1。

通过综合分析平衡后,柱塞组合件最优生产条件为 $B_2 D_3 C_1 A_1$。

⑨ 验证试验。

对选取的最优生产条件 $B_2 D_3 C_1 A_1$ 进行试验,可以达到试验指标的要求。

可见,综合平衡法要对每一个指标都单独进行分析,所以计算分析的工作量大,但是同时也可以从试验结果中获得较多的信息。多指标的综合平衡有时是比较困难的,仅仅依据数学的分析往往得不到正确的结果,所以还要结合专业知识和经验,得到符合实际的优方案。

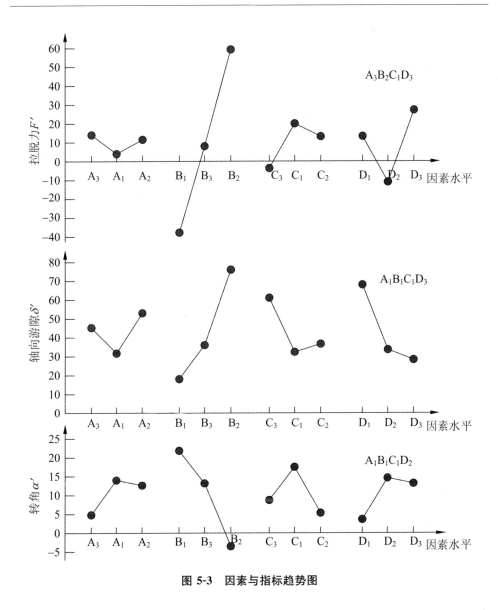

图 5-3　因素与指标趋势图

5.2.2　综合评分法

综合评分法是根据各个指标的重要程度,对得出的试验结果进行分析,给每一个试验评出一个分数,作为这个试验的总指标,然后根据这个总指标(分数),利用单指标试验结果的直观分析法作进一步的分析,确定较好的试验方案。即将多指标转化为单指标,从而得到多指标试验的结论。显然,这个方法的关键是如何评分。综合评分法主要有排队综合评分法、加权综合评分法等。

1. 排队综合评分法

所谓排队评分,就是当几个指标在整个效果中同等重要,因而应当同等看待时,则可根据试验结果的全面情况,综合几个指标,按照效果的好坏,从优到劣排队,然后按规则进行评分(如 100 分制、5 分制、10 分制等)。

例 5-4 提高型砂质量的试验。

型砂的质量好坏直接影响铸件质量的提高,为了提高型砂的透气性、湿强度和保证型砂含水量,欲通过正交试验,探求保证和提高型砂质量的规律。

试验目的:寻找型砂配比,提高型砂质量。

考察指标:① 透气性(要求 $30\sim100\ cm^4/g\cdot min$),② 湿强度(要求 $\geqslant 1\ kg/cm^2$),③ 含水量(要求在 5% 左右)。

选取的因素水平表如表 5-11 所示。

表 5-11 因素水平表

因素 水平	A 红煤粉(kg)	B 红砂(kg)	C 黄砂(kg)
1	8	20	60
2	7	40	40
3	10	60	20

本例为三因素三水平,选取 $L_9(3^4)$ 正交表做试验,单项指标的试验结果填入表 5-12 中。

表 5-12 试验方案及试验结果分析

	试验方案				试验结果			
因素 列号 试验号	A 红煤粉 1	B 红砂 2	3	C 黄砂 4	透气性 ($cm^4/g\cdot min$)	湿强度 (kg/cm^2)	含水量 (%)	综合评分 (分)
1	1(8)	1(20)	1	1(60)	88	0.84	7.2	50
2	1	2(40)	2	2(40)	99	1.16	5.3	100
3	1	3(60)	3	3(20)	80	1.12	5.3	90
4	2(7)	1	2	3	77	0.99	4.4	70
5	2	2	3	1	61	1.16	5.3	80
6	2	3	1	2	75	1.11	5.3	85
7	3(10)	1	3	2	65	1.01	6.0	60

续表 5-12

试验号 \ 因素列号	试验方案 A 红煤粉 1	B 红砂 2	3	C 黄砂 4	试验结果 透气性 (cm⁴/g·min)	湿强度 (kg/cm²)	含水量 (%)	综合评分 (分)
8	3	2	1	3	70	0.88	6.0	55
9	3	3	2	1	67	1.09	5.6	70
K_1	240	180		200				
K_2	235	235		245				
K_3	185	245		215				
k_1	80	60		66.7				
k_2	78.3	78.3		81.7				
k_3	61.7	81.6		71.7				
极差 R	18.3	21.6		15				
因素主→次		B A C						
优方案		$B_2 A_2 C_2$						

现综合三项指标,按照效果好坏,排出顺序,采用百分制评分法对 9 个试验结果评定如下:第一名是 2 号试验,评为 100 分;第二名是 3 号试验,评为 90 分;第三名是 6 号试验,评为 85 分;第四名是 5 号试验,评为 80 分;第 4、9 号试验效果差不多,并列为第五名,评为 70 分;第七名是第 7 号试验,评为 60 分;第八名是第 8 号试验,评为 55 分;第九名是 1 号试验,评为 50 分。于是得到表 5-12 中右边"综合评分"一栏的分数。

画出同水平综合评分与各因素的水平关系图,如图 5-4 所示。

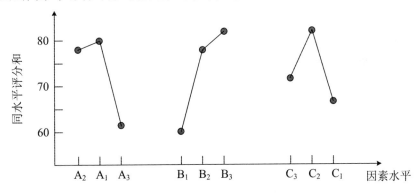

图 5-4 综合评分与因素水平关系图

从表 5-12 及关系图 5-4 可得出下列结论:
① 三个因素的主次顺序是(主→次):B,A,C。
② 从直接分析来看,9 个试验中,第 2 号试验得分最高,水平组合为 $B_2A_1C_2$。
③ 极差分析好的结果是 $B_3A_1C_2$,这个条件在 9 次试验中未做过,应安排此条件的补充试验。根据试验结果,若 $B_3A_1C_2$ 比 $B_2A_1C_2$ 好,则选用 $B_3A_1C_2$;若 $B_3A_1C_2$ 不如 $B_2A_1C_2$ 好,则说明这个试验的现象比较复杂,这时生产上可先采用 $B_2A_1C_2$,同时另安排试验,寻找更好的条件。
④ 三个因素中,B 因素是主要因素,从图 5-4 中可以看出,如果红砂的含量继续增加,有可能找到比 $B_2A_1C_2$(或 $B_3A_1C_2$)更好的组合,同时也应看到,红砂量增加了,经济效果可能受到影响,应做具体估算,从整个产品质量的提高来衡量这种经济性。

排队综合评分法是应用比较广的一种方法,它不仅用于多指标试验,也可用于某些定性的单指标试验,如机器产品的外观、颜色、轻工产品的色、香、味等特性,只能通过手摸、眼看、鼻嗅、耳听和口尝来评定等,这些定性指标的定量化,往往也可利用该方法处理。

2. 加权综合评分法

加权综合评分值 Y_i 的计算公式:
$$Y_i = b_{i1}Y_{i1} + b_{i2}Y_{i2} + \cdots + b_{ij}Y_{ij}$$
式中,b_{ij}——权因子系数,表示各项指标在综合加权评分中应占的权重;
　　　Y_{ij}——考察指标;
　　　i——表示第 i 号试验;
　　　j——表示第 j 考察指标。

如果考察指标的要求趋势相同,则符号取相同;趋势不同,则取负号。例如,三个指标都是越小越好,另有第四个指标越大越好,若前三者取正,则第四项应取负号,即 $-b_{i4}Y_{i4}$。

这种方法的关键在于确定 b_{ij},为尽量做到合理,应依据专业知识、生产经验,集体分析各指标间重要程度而定。

例 5-5 某厂生产一种化工产品,需要检验两个指标:核酸纯度和回收率,这两个指标都是越大越好。有影响的因素有 4 个,各有 3 个水平,具体情况如表5-13 所示。试通过试验分析找出较优方案,使产品的核酸含量和回收率都有所提高。

解 这是 4 因素 3 水平的试验,选用正交表 $L_9(3^4)$,试验方案及试验结果如表 5-14 所示。

第5章 正交试验设计结果的直观分析

表 5-13 因素水平表

因素\水平	A 时间(h)	B 加料中核酸含量	C PH 值	D 加水量
1	25	7.5	5.0	1:6
2	5	9.0	6.0	1:4
3	1	6.0	9.0	1:2

表 5-14 试验方案及试验结果分析

	试验方案				各指标的试验结果		综合评分
因素\列号\试验号	A 时间(h) 1	B 加料中核酸含量 2	C PH 值 3	D 加水量 4	纯度	回收率	
1	1	1	1	1	17.5	30.0	100.0
2	1	2	2	2	12.0	41.2	89.2
3	1	3	3	3	6.0	60.0	84.0
4	2	1	2	3	8.0	24.2	56.2
5	2	2	3	1	4.5	51.0	69.0
6	2	3	1	2	4.0	58.4	74.4
7	3	1	3	2	8.5	31.0	65.0
8	3	2	1	3	7.0	20.5	48.5
9	3	3	2	1	4.5	73.5	91.5
K_1	273.2	221.2	222.9	260.5			
K_2	199.6	206.7	236.9	228.6			
K_3	205.0	249.9	218.0	188.7			
k_1	91.1	73.7	74.3	86.8			
k_2	66.5	68.9	49.0	76.2	$T=677.8$		
k_3	68.3	83.3	72.7	62.9			
极差 R	24.5	14.4	6.3	23.9			
因素主→次	A D B C						
优方案	$A_1 D_1 B_3 C_1$						

根据实践经验,本试验中纯度的重要性比回收率的重要性大,如果化成数量来看,从实际分析可认为纯度是回收率的4倍。也就是说,论重要性若将回收率看成1,纯度就是4,这个4和1就是两个指标的权。由于两个指标均是越大越好,因而符号均取正。按这个权给出每个试验的总分为

$$总分 = 4 \times 纯度 + 1 \times 回收率$$

根据这个计算公式,计算出每个试验的分数,结果列于表5-14的最右边,再根

据这个分数,用直观分析法按指标方法作进一步分析,分析过程如表 5-14 所示。

直接分析结果:从表 5-14 综合评分结果中直接分析可知 1 号方案综合评分最大,为 100.0 分,是这 9 次试验中最好的。即最优水平组合是 $A_1D_1B_1C_1$。

极差分析结果:从表 5-14 的计算结果可以看出,分数越大越好,所以选取的最优水平组合是 $A_1D_1B_3C_1$。这是 9 个试验中没有的,可以按这个方案再试验一次,看能不能得出比 1 号试验更好的结果,从而确定出真正最优的试验方案。

可见,综合评分法是将多指标的问题,通过适当的评分方法,转换成了单指标的问题,使结果的分析计算变得简单方便。但是,结果分析的可靠性,主要取决于评分的合理性,如果评分标准、评分方法不合适,指标的权数不恰当,所得到的结论就不能反映全面情况,所以如何确定合理的评分标准和各指标的权数,是综合评分的关键,它的解决有赖于专业知识、经验和实际要求,单纯从数学上是无法解决的。

在实际应用中,如果遇到多指标的问题,究竟是采用综合平衡法,还是综合评分法,要视具体情况而定,有时可以将两者结合起来,以便比较和参考。

5.3 有交互作用的正交试验设计及其结果的直观分析

在前面讨论的正交试验设计及结果分析,仅考虑了每个因素的单独作用,但是在许多试验中不仅要考虑各个因素对试验指标起作用,而且因素之间还会联合搭配起来对指标产生作用,即需要考虑交互作用。

现举例说明有交互作用的试验方案设计与分析。

例 5-6 消除铸造 $Cr_{17}Ni_2$ 叶片脆性试验。

① 明确试验目的,确定考察指标。

试验目的:寻找生产工艺参数,消除铸造 $Cr_{17}Ni_2$ 叶片脆性。

试验指标:延伸率。

② 挑因素,选水平,制定因素水平表。

本例中固定因素为浇铸速度 3~5 s,模壳预热 1 080 ℃,保温 1 h,需研究的因素及其相应的水平,如表 5-15 所示。

表 5-15 因素水平表

因素 水平	A 含碳量(%)	B 含镍量(%)	C 含铜量(%)	D 出炉温度(℃)	E 冷却方式
1	0.12	2.5	0	1620	不造型冷却
2	0.07	4.0	3.5	1560	造型冷却

该试验除考察以上 5 个因素外,还要求研究交互作用 A×B、A×C、B×E 和 D×E 对指标的影响。

③ 选正交表。

由于是二水平试验,因而除 5 个因素需占 5 个列外,4 个交互作用都各占用 1 列,这样共占正交表 9 个列,因此选用 $L_{16}(2^{15})$ 正交表。

④ 表头设计。

交互作用所占的列是一定的,不能任意排。交互作用所占列的位置,可查 $L_{16}(2^{15})$ 相应的交互作用列表(见附录)。表头设计如表 5-16 所示。

表 5-16 表头设计

因素	A	B	A×B	C	A×C		D×E	D					B×E		E
列号	1	2	3	4	5	6	7	8	9	10	11	12	13	14	15

这里需要指出的是,交互作用不是具体的因素,而是因素间的联合搭配作用,当然也就没有水平。因此,交互作用所占的列,在试验方案中是不起作用(即不起试验参数作用参加试验,但对指标有影响)的。在分析试验结果时,可以把它看成一个单独因素,同样计算它的极差(对于两水平因素),以便反映交互作用的大小。

⑤ 确定试验方案,按规定的方案做试验,得出试验结果。

根据因素水平表及表头设计,在选用的 $L_{16}(2^{15})$ 正交表上,因素顺序上列,水平对号入座,确定试验方案。

按照表 5-17 的试验方案进行试验,并将结果填入表中。

⑥ 计算极差,确定因素的主次顺序。

计算 K_1、K_2 及 R 值,填入表 5-17 中。此时,把交互作用 A×B 等看成是一个单独因素,同样计算它们的 R 值。应当说明,计算 R 时,由于本试验水平数少且水平数相同,故用水平指标总和代替其平均值进行计算。

按 R 的大小排出因素对指标的影响主次顺序为:

D×E　A×B　A×C　A　C　B×E　E　D

由此可见,交互作用 D×E、A×B、A×C 对指标的影响起主要作用,故为选取好的水平组合的主要依据,而因素 A、B、C、D、E 本身对指标的影响作用却都不大,可作参考因素。虽然 A、B、C、D、E 自身的水平可以任取,但 D×E、A×B、A×C 以怎样水平相互搭配是不能任意的。

⑦ 优方案的确定。

那么 D×E、A×B、A×C 如何搭配呢?通常都采用两因素搭配表的方法,来计算各种水平搭配下的数据和,再从中选取最有利的搭配。两因素各种搭配下,对应数据之和所列的表称为搭配表。

表 5-17 试验方案及试验结果

因素 试验号 列号	A	B	A×B	C	A×C		D×E	D				B×E		E	试验结果
	1	2	3	4	5	6	7	8	9	10	11	12	13	14	15	延伸率(%)
1	1	1	1	1	1	1	1	1	1	1	1	1	1	1	1	9.2
2	1	1	1	1	1	1	1	2	2	2	2	2	2	2	2	4.8
3	1	1	1	2	2	2	2	1	1	1	1	2	2	2	2	2.0
4	1	1	1	2	2	2	2	2	2	2	2	1	1	1	1	3.8
5	1	2	2	1	1	2	2	1	1	2	2	1	1	2	2	3.8
6	1	2	2	1	1	2	2	2	2	1	1	2	2	1	1	3.6
7	1	2	2	2	2	1	1	1	1	2	2	2	2	1	1	8.6
8	1	2	2	2	2	1	1	2	2	1	1	1	1	2	2	9.6
9	2	1	2	1	2	1	2	1	2	1	2	1	2	1	2	9.4
10	2	1	2	1	2	1	2	2	1	2	1	2	1	2	1	12.0
11	2	1	2	2	1	2	1	1	2	1	2	2	1	2	1	8.6
12	2	1	2	2	1	2	1	2	1	2	1	1	2	1	2	9.8
13	2	2	1	1	2	2	1	1	2	2	1	1	2	2	1	9.2
14	2	2	1	1	2	2	1	2	1	1	2	2	1	1	2	9.6
15	2	2	1	2	1	1	2	1	2	2	1	2	1	1	2	3.0
16	2	2	1	2	1	1	2	2	1	1	2	1	2	2	1	2.4
K_1	45.4	59.6	44.0	61.6	45.2	59.0	69.4	53.8	57.4	54.4	58.4	57.2	59.6	57.0	57.4	
K_2	64.0	49.8	65.4	47.8	64.2	50.4	40.0	55.6	52.0	55.0	51.0	52.2	49.8	52.4	52.0	
极差 R	18.6	9.8	21.4	13.8	19.0	8.6	29.4	1.8	5.4	0.6	7.4	5.0	9.8	4.6	5.4	
因素主→次					D×E	A×B	A×C	AC	B×E	ED						

表 5-18 为 D、E 的搭配表。将 D 和 E 都取 1 水平的试验数据(表 5-17 中的第

1、7、11、13 号试验数据)相加得 35.6,填入表 5-18 对应的 D_1E_1 栏内;对 D_1E_2、D_2E_1、D_2E_2 三种水平搭配的数据之和,用同样方法求得后填入表内。由于试验指标值越大越好,从搭配表中可以看出,D_1E_1 水平搭配的数据均值最大,因此选取 D_1E_1。

表 5-18 D、E 的搭配表

	E_1	E_2
D_1	9.2+8.6+8.6+9.2=35.6	2.0+3.8+9.4+3.0=18.2
D_2	3.8+3.6+12.0+2.4=21.8	4.8+9.6+9.8+9.6=33.8

表 5-19 为 A、B 的搭配表。由表中可见 A_2B_1 数据均值最大,应选 A_2B_1 的水平搭配。

表 5-19 A、B 的搭配表

	B_1	B_2
A_1	9.2+4.8+2.0+3.8=19.8	3.8+3.6+8.6+9.6=25.6
A_2	9.8+9.4+12.0+8.6=39.8	9.2+9.6+3.0+2.4=24.2

同理可作出 A、C 的搭配表(表 5-20),由表知 A×C 应选 A_1C_2 或 A_2C_1。但由于在 A×B 中 A 已取 A_2,所以这里应决定选 A_2C_1 的水平搭配。

表 5-20 A、C 的搭配表

	C_1	C_2
A_1	9.2+4.8+3.8+3.6=21.4	2.0+3.8+8.6+9.6=24.0
A_2	9.4+12.0+9.2+9.6=40.2	8.6+9.8+3.0+2.4=23.8

对于 E 因素来说,以 D×E 为主,即应选取 E_1。

由上述各搭配水平的分析,便可以得到各因素的最优组合方案 $A_2B_1C_1D_1E_1$。即含碳量 0.07%,含镍量 2.5%,含铜量 0%,出炉温度 1 620 ℃,冷却方式为不造型冷却的生产条件。

⑧ 验证试验。

按照这一生产条件进行验证试验的结果表明,叶片弯曲 90°时仍不会产生裂纹,基本上解决了这种合金的脆性问题。

在实际试验中,并不是所有的交互作用都要予以考虑,而是要运用专业知识决定主要的交互作用来重点考察,允许次要的交互作用同因素间混杂,这样仍然不会影响找到一个合理的最佳方案,但却可以选用较小的正交表,使试验次数尽量减少。

综上所述,正交试验设计及试验结果的直观分析中,在计算分析试验数据,选取优化组合方案时的一般步骤可归纳如下:

① 直接分析:由试验数据直接找出最优方案;
② 计算分析:计算每列各水平下的 K_i、k_i 及 $R(i=1,2,\cdots,m)$;
③ 画出因素与指标关系的趋势图;
④ 按极差大小排出各因素主次顺序;
⑤ 初选最优水平组合方案,由趋势图确定最优方案,并予以展望更好的条件;
⑥ 终选最优水平组合方案;
⑦ 验证试验(第二批试验)。

应该指出,某列极差不大时,并不一定说明该列因素不重要,而只表明就所选水平范围反映不出该因素重要。因此,可以肯定极差大的因素是主要因素,但却不能轻易肯定极差小的因素不重要,必要时可进一步试验判定。

另外,空列没有排因素,按理该列极差应为零,但由于试验中,不可避免地存在误差,所以空列极差往往不为零,其值反映了误差大小。一般情况下,空列极差应比较小。如果某列极差和空列的极差相近,说明该列因素不重要。但是,当空列极差特别大时,则可能有尚未考虑到的重要交互作用,即所排因素间的相互作用有很大影响,应做进一步具体分析和考察。

5.4 混合水平的正交试验设计及其结果的直观分析

前面介绍的正交试验设计中,各因素的水平数都是相同的,但是在实际的问题中,由于具体情况不同,有时各因素的水平数不是完全相同的,这就是混合水平的多因素试验设计问题。这里我们介绍两种解决这类问题的方法:① 直接用混合水平的正交表法;② 拟水平法,即把水平不相同的问题化成水平数相同的问题来处理。下面分别介绍这两种方法的正交试验设计及其结果的直观分析。

5.4.1 直接利用混合水平的正交表

在前面介绍正交表知识时,我们对混合水平的正交表作了简单的介绍。混合水平的正交表就是各因素的水平数不完全相等的正交表,这种正交表有很多,如 $L_8(4^1\times2^4)$,它表示表中有 1 列是 4 水平的,有 4 列是 2 水平的,如表 5-21 所示。

表 5-21　$L_8(4^1\times 2^4)$ 混合水平正交表

试验号 \ 列号	1	2	3	4	5
1	1	1	1	1	1
2	1	2	2	2	2
3	2	1	1	2	2
4	2	2	2	1	1
5	3	1	2	1	2
6	3	2	1	2	1
7	4	1	2	2	1
8	4	2	1	1	2

通过对表 5-21 的观察可知：
① 任一列各水平出现的次数相同；
② 任两列同一横行的有序数对出现的次数相同；
③ 每两列不同水平的搭配的个数是不完全相同的。

由此可以看出，用这张表安排混合水平的试验时，每个因素的各水平之间的搭配是均衡的。

例 5-7　某人造板厂进行胶压板制造工艺的试验，以提高胶压板的性能，因素及水平如表 5-22 所示，胶压板的性能指标采用综合评分的方法，分数越高越好，忽略因素间的交互作用。

表 5-22　因素及水平表

水平 \ 因素	A 压力(atm)	B 温度(℃)	C 时间(min)
1	8	95	9
2	10	90	12
3	11		
4	12		

解　本问题有 3 个因素，一个因素有 4 个水平，另外两个因素都为 2 个水平，可以选用混合水平正交表 $L_8(4^1\times 2^4)$。因素 A 有 4 个水平，应安排在第 1 列；B 和 C 都为 2 个水平，可以放在后 4 列中的任何两列上，本例将 B、C 依次放在第 2、3 列上；第 4、5 列为空列。本例的试验方案、试验结果如表 5-23 所示。

表 5-23　正交试验安排及试验结果表

表头设计　列号　试验号	A　1	B　2	C　3	空列　4	空列　5	得分
1	1(8)	1(95)	1(9)	1	1	2
2	1	2(90)	2(12)	2	2	6
3	2(10)	1	2	2	2	4
4	2	2	1	1	1	5
5	3(11)	1	1	1	2	6
6	3	2	2	2	1	8
7	4(12)	1	2	2	1	9
8	4	2	1	1	2	10
K_1	8	21	24	23	24	
K_2	9	29	26	27	26	
K_3	14					
K_4	19					
k_1	4.0	5.2	6.0	5.8	6.0	
k_2	4.5	7.2	6.5	6.8	6.5	
k_3	7.0					
k_4	9.5					
极差 R	5.5	2.0	0.5	1.0	0.5	
因素→主次	A B C					
最优水平组合	$A_4B_2C_2$ 或 $A_4B_2C_1$					

由于 C 因素是对试验结果影响较小的次要因素，它取不同的水平对试验结果的影响很小，如果从经济的角度考虑可取 9 min，所以优方案也可以为 $A_4B_2C_1$，即压力 12 atm、温度 90 ℃、时间 9 min。

上述的分析计算与前述方法基本相同，但是由于各因素的水平数不完全相同，所以在计算 k_1、k_2、k_3、k_4 时与等水平的正交试验设计不完全相同。例如，A 因素有 4 个水平，每个水平出现 2 次，所以在计算 k_{1A}、k_{2A}、k_{3A}、k_{4A} 时，应当是相应的 K_{1A}、K_{2A}、K_{3A}、K_{4A} 分别除以 2 得到的；而对于因素 B、C，它们都只有 2 个水平，每个水平出现 4 次，所以 k_1、k_2 应当由对应的 K_1、K_2 除以 4 得到。

还应注意，在计算极差时，应该根据 k_i（i 表示水平号）来计算，即 $R=\max(k_i)$

$-\min(k_i)$,不能根据 K_i 计算极差。这是因为,对于 A 因素,K_1、K_2、K_3、K_4 分别是 2 个指标之和;对于因素 B、C,K_1、K_2 分别是 4 个指标之和,所以只有根据平均值 k_i 求出的极差才有可比性。

本例中没有考虑因素间的交互作用,但混合水平正交表也是可以安排交互作用的,只不过表头设计比较麻烦,一般可以直接参考对应的表头设计表。

5.4.2 拟水平法

拟水平法是将混合水平的问题转化成等水平问题来处理的一种方法,下面举例说明。

例 5-8 某制药厂为提高某种药品的合成率,决定对缩合工序进行优化,因素水平表如表 5-24 所示,忽略因素间的交互作用。

表 5-24 因素及水平表

水平\因素	A 温度(℃)	B 甲醇钠量(mL)	C 醛状态	D 缩合剂量(mL)
1	35	3	固	0.9
2	25	5	液	1.2
3	45	4		1.5

分析 这是一个 4 因素的试验,其中 3 个因素是 3 水平,1 个因素是 2 水平,可以套用混合水平正交表 $L_{18}(2^1 \times 3^7)$,需要做 18 次试验。假如 C 因素也有 3 个水平,则本例就变成了 4 因素 3 水平的问题,如果忽略因素间的交互作用,就可以选用等水平正交表 $L_9(3^4)$,只需要做 9 次试验。但是实际上因素 C 只能取 2 个水平,不能够不切实际地安排出第 3 个水平。这时可以根据实际经验,将 C 因素较好的一个水平重复一次,使 C 因素变成 3 水平的因素。在本例中,如果 C 因素的第 2 水平比第 1 水平好,就可将第 2 水平重复一次作为第 3 水平(如表 5-25),由于这个第 3 水平是虚拟的,故称为拟水平。

表 5-25 因素及拟水平表

水平\因素	A 温度(℃)	B 甲醇钠量(mL)	C 醛状态	D 缩合剂量(mL)
1	35	3	固	0.9
2	25	5	液	1.2
3	45	4	液	1.5

解 C因素虚拟出一个水平后,就可以选用正交表 $L_9(3^4)$ 来安排试验,试验结果及分析见表 5-26。

表 5-26 试验方案及试验结果分析

试验号 \ 因素 列号	A 温度(℃) 1	B 甲醇钠量(mL) 2	C 醛状态 3	D 缩合剂量(mL) 4	合成率	合成率 −70
1	1(35)	1(3)	1(固)(1)	1(0.9)	69.2	−0.8
2	1	2(5)	2(液)(2)	2(1.2)	71.8	1.8
3	1	3(4)	3(液)(2)	3(1.5)	78.0	8.0
4	2(25)	1	2(液)(2)	3	74.1	4.1
5	2	2	3(液)(2)	1	77.6	7.6
6	2	3	1(固)(1)	2	66.5	−3.5
7	3(45)	1	3(液)(2)	2	69.2	−0.8
8	3	2	1(固)(1)	3	69.7	−0.3
9	3	3	2(液)(2)	1	78.8	8.8
K_1	9.0	2.5	−4.6	15.6		
K_2	8.2	9.1	29.5	−2.5		
K_3	7.7	13.3		11.8		
k_1	3.0	0.8	−1.5	5.2		
k_2	2.7	3.0	4.9	−0.8		
k_3	2.6	4.4		3.9		
极差 R	0.4	3.6	6.4	6.0		
因素主→次	C D B A					
优方案	$C_2 D_1 B_3 A_1$					

在试验结果的分析中应注意,因素 C 的第 3 水平实际上与第 2 水平是相等的,所以应重新安排正交表第 3 列中的 C 因素的水平,将 3 水平改成 2 水平(结果如表 5-26 所示),于是 C 因素所在的第 3 列只有 1、2 两个水平,其中 2 水平出现 6 次。所以求和时只有 K_1、K_2,求平均值时 $k_1=K_1/3$、$k_2=K_2/6$。其他列的 k_i 均为相应的 K_i 除以 3 得到。

在计算极差时,应该根据 k_i(i 表示水平号)来计算,即 $R=\max(k_i)-\min(k_i)$,不能根据 K_i 计算极差。这是因为,对于 C 因素,K_1 是 3 个指标之和,K_2 是 6 个指标之和,而对于 A、B、D 三因素,K_1、K_2、K_3 分别是 3 个指标之和,所以只有根据平均值 k_i 求出的极差才有可比性。

在确定优方案时,由于合成率是越高越好,因素 A、B、D 的优水平可以根据 K_1、K_2、K_3 或 k_1、k_2、k_3 的大小顺序取较大的 K_i 或 k_i 所对应的水平,但是对于因素 C,就不能根据 K_1、K_2 的大小来选择优水平,而是应根据 k_1、k_2 的大小来选择优水平。所以本例的优方案为 $C_2D_1B_3A_1$,即为液态、缩合剂量 0.9 mL、甲醇钠量4 mL、温度 35 ℃。

由上面的讨论可知,拟水平法不能保证整个正交表均衡搭配,只具有部分均衡搭配的性质。这种方法不仅可以对一个因素虚拟水平,也可以对多个因素虚拟水平,使正交表的选用更方便、灵活。

第6章 正交试验设计结果的方差分析

前面介绍了正交试验设计结果的直观分析法,直观分析法具有简单直观、计算量小等优点,但直观分析法不能估计误差的大小,不能精确地估计各因素的试验结果影响的重要程度,特别是对于水平数大于等于3且要考虑交互作用的试验,直观分析法不便使用,如果对试验结果进行方差分析,就能弥补直观分析法的这些不足。

6.1 正交试验设计方差分析的基本原理

在正交表上进行方差分析的基本步骤如下。

6.1.1 偏差平方和的计算与分解

在因素试验的方差分析中,关键是偏差平方和的分解问题。现以在 $L_4(2^3)$ 正交表上安排试验来说明(如表6-1)。

表6-1 $L_4(2^3)$ 正交表

列号 试验号	1	2	3	试验结果
1	1	1	1	x_1
2	1	2	2	x_2
3	2	1	2	x_3
4	2	2	1	x_4
K_1 K_2	x_1+x_2 x_3+x_4	x_1+x_3 x_2+x_4	x_1+x_4 x_2+x_3	$T=x_1+x_2+x_3+x_4$
k_1 k_2	$\dfrac{x_1+x_2}{2}$ $\dfrac{x_3+x_4}{2}$	$\dfrac{x_1+x_3}{2}$ $\dfrac{x_2+x_4}{2}$	$\dfrac{x_1+x_4}{2}$ $\dfrac{x_2+x_3}{2}$	$\bar{x}=\dfrac{1}{4}(x_1+x_2+x_3+x_4)$

总偏差平方和 S_T 为

$$S_T = \sum_{i=1}^{n}(x_i-\bar{x})^2 = \sum_{i=1}^{4}(x_i-\bar{x})^2 = \sum_{i=1}^{4}\left[x_i-\frac{1}{4}(x_1+x_2+x_3+x_4)\right]^2$$

$$= \frac{1}{16}\sum_{i=1}^{4}(4x_i-x_1-x_2-x_3-x_4)^2$$

化简得

$$S_T = \frac{3}{4}(x_1^2+x_2^2+x_3^2+x_4^2) - \frac{1}{2}(x_1x_2+x_1x_3+x_1x_4+x_2x_3+x_2x_4+x_3x_4)$$

第 1 列各水平的偏差平方和为(r 为水平重复数,m 为水平数)

$$S_1 = r\sum_{p=1}^{m}(k_{p1}-\bar{x})^2 = 2\sum_{p=1}^{2}(k_{p1}-\bar{x})^2$$

$$= 2(k_{11}-\bar{x})^2 + 2(k_{21}-\bar{x})^2 = 2\left[\left(\frac{x_1+x_2}{2}-\bar{x}\right)^2+\left(\frac{x_3+x_4}{2}-\bar{x}\right)^2\right]$$

$$= \frac{1}{8}[(2x_1+2x_2-x_1-x_2-x_3-x_4)^2+(2x_3+2x_4-x_1-x_2-x_3-x_4)^2]$$

$$= \frac{1}{4}(x_1+x_2-x_3-x_4)^2$$

$$= \frac{1}{4}(x_1^2+x_2^2+x_3^2+x_4^2) - \frac{1}{2}(x_1x_3+x_1x_4+x_2x_3+x_2x_4-x_1x_2-x_3x_4)$$

式中 k_{p1} 表示第 1 列 p 水平的试验结果均值。

同理,得第 2 列、第 3 列各水平的偏差平方和分别为

$$S_2 = 2(k_{12}-\bar{x})^2 + 2(k_{22}-\bar{x})^2 = 2\left[\left(\frac{x_1+x_3}{2}-\bar{x}\right)^2+\left(\frac{x_2+x_4}{2}-\bar{x}\right)^2\right]$$

$$= \frac{1}{4}(x_1^2+x_2^2+x_3^2+x_4^2) - \frac{1}{2}(x_1x_2+x_1x_4+x_2x_3+x_3x_4-x_1x_3-x_2x_4)$$

$$S_3 = 2(k_{13}-\bar{x})^2 + 2(k_{23}-\bar{x})^2 = 2\left[\left(\frac{x_1+x_4}{2}-\bar{x}\right)^2+\left(\frac{x_2+x_3}{2}-\bar{x}\right)^2\right]$$

$$= \frac{1}{4}(x_1^2+x_2^2+x_3^2+x_4^2) - \frac{1}{2}(x_1x_2+x_1x_3+x_2x_4+x_3x_4-x_1x_4-x_2x_3)$$

$$S_T = S_1 + S_2 + S_3$$

$$= \frac{3}{4}(x_1^2+x_2^2+x_3^2+x_4^2)$$

$$\quad - \frac{1}{2}(x_1x_2+x_1x_3+x_1x_4+x_2x_3+x_2x_4+x_3x_4) \tag{6-1}$$

式(6-1)是 $L_4(2^3)$ 正交表的总偏差平方和分解公式,即 $L_4(2^3)$ 的总偏差平方

和等于各列偏差平方和之和。

若在 $L_4(2^3)$ 正交表的第 1 列和第 2 列分别安排二水平的 A、B 因素,在不考虑 A、B 两因素间的交互作用的情况下,则第 3 列是误差列。

同样可以证明
$$S_T = S_A + S_B + S_e \tag{6-2}$$

式(6-2)也是偏差平方和的分解公式,它表明总偏差平方和等于各列因素的偏差平方和与误差平方和之和。

一般地,若用正交表安排 N 个因素的试验(包括存在交互作用因素),则有
$$S_T = S_A + S_B + S_{A \times B} + \cdots + S_N + S_e \tag{6-3}$$

今用正交表 $L_n(m^k)$ 来安排试验,则总的试验次数为 n,每个因素的水平数为 m,正交表的列数为 k,设试验结果为 $x_1, x_2, \cdots, x_n$。则总偏差平方和 S_T:
$$S_T = \sum_{i=1}^{n}(x_i - \bar{x})^2 = \sum_{i=1}^{n} x_i^2 - \frac{1}{n}\left(\sum_{i=1}^{n} x_i\right)^2 = Q_T - \frac{1}{n}T^2 \tag{6-4}$$

式中,$Q_T = \sum_{i=1}^{n} x_i^2$ 称各数据平方之和;

$T = \sum_{i=1}^{n} x_i$ 为所有数据之和。

对因素的偏差平方和(如因素 A):设因素 A 安排在正交表的第 j 列,可看作单因素试验,用 k_{pj} 表示 A 的第 $p(p=1, 2, \cdots, m)$ 个水平的 r 个试验结果的平均值。则有
$$S_A = r\sum_{p=1}^{m}(k_{pj} - \bar{x})^2 = \frac{1}{r}\sum_{p=1}^{m} K_{pj}^2 - \frac{1}{n}T^2 = Q_A - \frac{1}{n}T^2 \tag{6-5}$$

误差的偏差平方和 S_e 为
$$S_e = \sum_{i=1}^{n} x_i^2 - \frac{1}{r}\sum_{p=1}^{m}(K_{pj})^2 = Q_T - Q_A \tag{6-6}$$

或者
$$S_e = S_T - \text{各因素(含交互作用)的偏差平方和之和}$$

6.1.2 计算平均偏差平方和与自由度

如前所述,将各偏差平方和分别除以各自相应的自由度,即得到各因素的平均偏差平方和及误差的平均偏差平方和。例如,
$$V_A = \frac{S_A}{f_A},\ V_B = \frac{S_B}{f_B},\ V_e = \frac{S_e}{f_e}$$

对于
$$S_T = S_A + S_B + S_e$$
可有
$$f_T = f_A + f_B + f_e \tag{6-7}$$

式(6-7)称自由度分解公式,即总的自由度等于各列偏差平方和的自由度之和。其中,

$$\left.\begin{array}{l} f_T = 总的试验次数 - 1 = n - 1 \\ f_A = 因素\ A\ 的水平数 - 1 = m - 1 \\ f_B = 因素\ B\ 的水平数 - 1 = m - 1 \\ f_e = f_T - (f_A + f_B) \end{array}\right\} \tag{6-8}$$

若 A、B 两因素存在交互作用,则 $S_{A \times B}$ 的自由度 $f_{A \times B}$ 等于两因素自由度之积,即

$$f_{A \times B} = f_A \times f_B$$

此时,
$$f_e = f_T - (f_A + f_B + f_{A \times B})$$

一般地,对于水平数相同(饱和)的正交表 $L_n(m^k)$ 满足下式:
$$n - 1 = k(m - 1) \tag{6-9}$$

对于混合型正交表 $L_n(m_1^{k_1} \times m_2^{k_2})$,其饱和条件为
$$n - 1 = k_1(m_1 - 1) + k_2(m_2 - 1) \tag{6-10}$$

式(6-9)、(6-10)表明,总偏差平方和的自由度等于各列偏差平方和的自由度之和。

6.1.3 F 值计算及 F 检验

前面已讲过 F 值的计算和 F 分布表的查法,此处不再重复。在进行 F 检验时,显著性水平 α 是指对作出判断大概有 $1 - \alpha$ 的把握。不同的显著性水平,表示在相应的 F 表作出判断时,有不同程度的把握。例如,对因素 A 来说,当 $F_A > F_\alpha(f_1, f_2)$ 时,若 $\alpha = 0.1$,就有 $(1 - \alpha) \times 100\%$ 即 90% 的把握说因素 A 的水平改变对试验结果有显著影响,同时,也表示犯错误的可能性为 10%。其判断标准与前述相同。

在正交表上进行方差分析可以用一定格式的表格计算分析。对于饱和的 $L_n(m^k)$ 正交表可按表 6-2 格式和公式计算;对于混合型 $L_n(m_1^{k_1} \times m_2^{k_2})$ 正交表也适用,但要换上相应的 m、k。

表 6-2　$L_n(m^k)$ 正交表

试验号 \ 因素 列号	A 1	B 2	⋯	⋯	k	试验结果 x_i	x_i^2
1	1	⋯	⋯	⋯	⋯	x_1	x_1^2
2	1	⋯	⋯	⋯	⋯	x_2	x_2^2
⋮	⋮	⋮	⋮	⋮	⋮	⋮	⋮
n	m	⋯	⋯	⋯	⋯	x_n	x_n^2
K_1	K_{11}	K_{12}	⋯	⋯	K_{1k}	$T=\sum_{i=1}^{n} x_i$	$Q_T=\sum_{i=1}^{n} x_i^2$
K_2	K_{21}	K_{22}	⋯	⋯	K_{2k}		
⋮	⋮	⋮			⋮	$S_T = Q_T - \dfrac{1}{n}T^2$	
K_m	K_{m1}	K_{m2}	⋯	⋯	K_{mk}		
K_1^2	K_{11}^2	K_{12}^2	⋯	⋯	K_{1k}^2		
K_2^2	K_{21}^2	K_{22}^2	⋯	⋯	K_{2k}^2		
⋮	⋮	⋮			⋮		
K_m^2	K_{m1}^2	K_{m2}^2	⋯	⋯	K_{mk}^2		
S_j	S_1	S_2			S_k		

表 6-2 中：

K_{pj}——第 j 列数字 p 对应的指标之和（$p=1,2,\cdots,m;j=1,2,\cdots,k$）；

S_j——第 j 列偏差平方和，其计算式为

$$S_j = \frac{1}{r}\sum_{p=1}^{m} K_{pj}^2 - \frac{1}{n}T^2 = \frac{1}{r}(K_{1j}^2 + K_{2j}^2 + \cdots + K_{mj}^2) - \frac{1}{n}T^2 \qquad (6-11)$$

式中，r——水平重复数，$r=n/m$；

　　　n——试验总次数；

　　　m——水平数。

当 $m=2$ 即二水平时，

$$S_j = \frac{1}{r}(K_{1j}^2 + K_{2j}^2) - \frac{1}{n}T^2 = \frac{1}{n}(K_{1j} - K_{2j})^2 \qquad (6-12)$$

当 $m=3$ 即三水平时，

$$S_j = \frac{1}{r}(K_{1j}^2 + K_{2j}^2 + K_{3j}^2) - \frac{1}{n}T^2$$

$$= \frac{1}{n}[(K_{1j} - K_{2j})^2 + (K_{1j} - K_{3j})^2 + (K_{2j} - K_{3j})^2] \qquad (6-13)$$

当 $m=4$ 即四水平时，

$$S_j = \frac{1}{r}(K_{1j}^2 + K_{2j}^2 + K_{3j}^2 + K_{4j}^2) - \frac{1}{n}T^2$$

$$= \frac{1}{n}[(K_{1j} - K_{2j})^2 + (K_{1j} - K_{3j})^2 + (K_{1j} - K_{4j})^2 + (K_{2j} - K_{3j})^2$$

$$+ (K_{2j} - K_{4j})^2 + (K_{3j} - K_{4j})^2] \tag{6-14}$$

经上述计算后,列出方差分析表如表 6-3 所示。进行显著性检验。

表 6-3 方差分析表

方差来源	偏差平方和 S	自由度 f	平均偏差平方和 V	F 值	显著性
A	$S_A = S_1$	$f_A = m-1$	$V_A = S_A/f_A$	$F_A = V_A/V_e$	
B	$S_B = S_2$	$f_B = m-1$	$V_B = S_B/f_B$	$F_B = V_B/V_e$	
A×B	$S_{A\times B} = S_3$	$f_{A\times B} = f_A \times f_B$	$V_{A\times B} = S_{A\times B}/f_{A\times B}$	$F_{A\times B} = V_{A\times B}/V_e$	
⋮	⋮	⋮	⋮	⋮	
误差 e	S_e	f_e	$V_e = S_e/f_e$		
总和 T	S_T	$f_T = n-1$			

注:由 F 分布表查得临界值 F_α,并与表中计算的 F 值(F_A、F_B、$F_{A\times B}$)比较,进行显著性检验。

表 6-3 中:

S_A、S_B 为 A、B 两因素所占列的偏差平方和。

$S_{A\times B}$ 为交互作用所占列的 S 之和。若 $m=2$,交互作用只占一列,例如在 $L_8(2^7)$ 表中,若 A、B 分别占第 1、2 列,则 $S_{A\times B} = S_3$;若 $m=3$,交互作用占二列,例如在 $L_9(3^4)$ 表中,若 A、B 分别占第 1、2 列,则 $S_{A\times B} = S_3 + S_4$。

S_e 为误差所占列的 S 之和。即为除因素(含交互作用)所占列之外的所有空列的 S 之和。

每列的自由度为 $m-1$,各个 S 的自由度等于其所占列的自由度之和。例如,若 $S_{A\times B} = S_3 + S_4$,则 $f_{A\times B} = f_3 + f_4$。

在第 3 章方差分析法中介绍过,S_A 为因素 A 的偏差平方和,它主要是由试验条件改变引起的,由于是用每个水平下的试验数据平均值代表每个水平的真值,平均值受误差的影响要小些,因而其中也包含有试验误差的影响。所以当计算完平均偏差平方和后,如果某因素或交互作用的平均偏差平方和小于或等于误差的平均偏差平方和,此时该因素或交互作用的偏差平方和不再被认为是因素与试验误差共同作用的结果(由随机误差的定义知,没有哪种特殊的处理因素可以使随机误差减小),而是仅由随机误差引起,此时该因素或交互作用的偏差平方和"退化"为误差,因而将它们归入误差,构成新的误差。这样可以更充分利用原始资料蕴涵的信息,提高假设检验的效率,突显其他因素的影响。具体方法见后例。

6.2 相同水平正交试验设计的方差分析

6.2.1 二水平正交试验设计的方差分析

1. 不考虑交互作用的二水平正交试验设计的方差分析

例 6-1 某部件上的〇型密封圈的密封部分漏油,查明其原因是橡胶的压缩永久变形所致。为此,希望知道影响因素的显著性,并选取最佳的条件。选择因素水平表如表 6-4 所示。试验指标为塑性变形与压溃量之比 $x(\%)$,该值越小越好。

表 6-4 因素水平表

水平\因素	A 制造厂	B 橡胶硬度	C 直径	D 压缩率	E 油温	F 油的种类
1	N厂	Hs 70	⌀3.5	15%	80 ℃	I
2	S厂	Hs 90	⌀5.7	25%	100 ℃	II

分析步骤如下:
① 选取正交表,进行表头设计及确定试验方案。
各因素的自由度计算:
$$f_A = f_B = f_C = f_D = f_E = f_F = m - 1 = 2 - 1 = 1$$
$$f_T' = f_A + f_B + f_C + f_D + f_E + f_F = 6$$

要求试验次数 $n > 1 + f_T' = 7$,因此选取 $L_8(2^7)$ 正交表来安排试验。表头设计如表 6-5 所示。试验方案及试验数据如表 6-6 所示。

表 6-5 表头设计

因素	C	B	A	D	E	e	F
列号	1	2	3	4	5	6	7

② 求总和 T 及各水平数据之和(K_{1j}、K_{2j})填入表中。
③ 计算总偏差平方和 S_T 和各列偏差平方和 S_j 及各列自由度。
总偏差平方和:

$$S_T = \sum_{i=1}^{n}(x_i - \bar{x})^2 = \sum_{i=1}^{n} x_i^2 - \frac{1}{n}T^2 = \sum_{i=1}^{8} x_i^2 - \frac{1}{n}T^2 = 3471.06$$

亦可由 $S_T = \sum_{j=1}^{k} S_j$ 求得。

对各列偏差平方和，由

$$S_j = \frac{1}{r}(K_{1j}^2 + K_{2j}^2) - \frac{1}{n}T^2 = \frac{1}{n}(K_{1j} - K_{2j})^2$$

得

$$S_1 = \frac{1}{8}(265.9 - 219.7)^2 = 266.81$$

……

$$S_7 = \frac{1}{8}(239.2 - 246.4)^2 = 6.48$$

自由度：

$$f_A = f_B = f_C = f_D = f_E = f_F = m - 1 = 2 - 1 = 1$$
$$f_e = f_6 = 2 - 1 = 1$$
$$f_T = n - 1 = 8 - 1 = 7$$

将各列的 S_j 填入表 6-6 中。

表 6-6 试验方案与计算分析

试验号 \ 因素 列 号	C	B	A	D	E	e	F	试验结果 测量值 $x(\%)$
	1	2	3	4	5	6	7	
1	1($\varnothing$3.5)	1(Hs70)	1(N厂)	1(15%)	1(80℃)	1	1(Ⅰ)	40.2
2	1	1	1	2(25%)	2(100℃)	2	2(Ⅱ)	82.5
3	1	2(Hs90)	2(S厂)	1	1	2	2	53.2
4	1	2	2	2	2	1	1	90.0
5	2($\varnothing$5.7)	1	2	1	2	1	2	71.1
6	2	1	2	2	1	2	1	31.8
7	2	2	1	1	2	2	1	77.2
8	2	2	1	2	1	1	2	39.6
K_{1j}	265.9	225.6	239.5	241.7	164.8	240.9	239.2	$T=485.6$
K_{2j}	219.7	260.0	246.1	243.9	320.8	244.7	246.4	
极差	46.2	34.4	6.6	2.2	156.0	3.8	7.2	
S_j	266.81	147.92	5.45	0.61	3042.0	1.81	6.48	

④ 计算平均偏差平方和。

由于各因素的自由度均为1，所以它们的平均偏差平方和应该等于它们各自的偏差平方和。即：

$$V_C = S_C = 266.81$$

……

$$V_F = S_F = 6.48$$

误差的平均偏差平方和为

$$V_e = \frac{S_e}{f_e} = \frac{1.81}{1} = 1.81$$

计算到这里，发现因素 D 的均方比误差均方小，因而将它归入误差，这样误差的偏差平方和、自由度和均方都会随之发生变化。

新误差偏差平方和：

$$S_e' = S_D + S_e = 0.61 + 1.81 = 2.42$$

新误差自由度：

$$f_e' = f_D + f_e = 1 + 1 = 2$$

新误差平均偏差平方和：

$$V_e' = \frac{S_e'}{f_e'} = \frac{2.42}{2} = 1.21$$

⑤ 计算 F 值：

$$F_A = \frac{V_A}{V_e'} = \frac{5.45}{1.21} = 4.50$$

$$F_B = \frac{V_B}{V_e'} = \frac{147.92}{1.21} = 122.25$$

$$F_C = \frac{V_C}{V_e'} = \frac{266.81}{1.21} = 220.50$$

$$F_E = \frac{V_E}{V_e'} = \frac{3042.0}{1.21} = 2514.05$$

$$F_F = \frac{V_F}{V_e'} = \frac{6.48}{1.21} = 5.36$$

由于因素 D 已经并入误差，所以不需要计算它对应的 F 值。

⑥ 列方差分析表（表6-7），进行因素显著性检验。

查 F 分布表：

$$F_{0.10}(1,2) = 8.53, \ F_{0.05}(1,2) = 18.51, \ F_{0.01}(1,2) = 98.503$$

由于 $F_{0.01}(1,2) = 98.503 < F_A = 220.50$，所以因素 C 水平的改变对试验指标

有高度显著影响。

由于 $F_{0.01}(1,2)=98.503 < F_B = 122.25$，所以因素 B 水平的改变对试验指标有高度显著影响。

由于 $F_{0.01}(1,2)=98.503 < F_E = 2514.05$，所以因素 E 水平的改变对试验指标有高度显著影响。

因素 F、A、D 对试验指标无显著性影响。

⑦ 优方案的确定。

由表 6-7 中平均偏差平方和可知，各因素的主次顺序为：

$$E\quad C\quad B\quad F\quad A\quad D$$
主 ——————————→ 次

因素的主次顺序由表 6-6 中极差 R 值的大小可以得出同样结论。

由于指标值越小越好，由 K_{pj} 值可知好的条件为 $E_1C_2B_1F_1A_1D_1$，由于因素 F、A、D 对指标无显著影响，所以最优条件可取油温 E_1(80 ℃)，直径 C_2(⌀5.7)，硬度 B_1(H_S70)，其余因素视具体情况而定。

表 6-7 方差分析表

方差来源	偏差平方和 S	自由度 f	平均偏差平方和 V	F 值	临界值	显著性
C	266.81	1	266.81	220.50		**
B	147.92	1	147.92	122.25		**
A	5.44	1	5.45	4.50	$F_{0.10}(1,2)=8.53$	—
D	0.61	1	0.61		$F_{0.05}(1,2)=18.51$	—
E	3042.0	1	3042.0	2514.05	$F_{0.01}(1,2)=98.503$	**
F	6.48	1	6.48	5.36		—
误差 e	1.80	1	1.81			
e′(D e)	2.42	2	1.21			
总和 T	3471.06	7				

2. 考虑交互作用的二水平正交试验设计的方差分析

因素间交互作用在多因素试验中是经常碰到的，因此，在正交试验设计的方差分析中也要考虑因素间的交互作用。现举例说明。

例 6-2 某厂拟采用化学吸收法，用填料塔吸收废气中的 SO_2。为了使废气中的 SO_2 的浓度达到排放标准，通过正交试验对吸收工艺条件进行了摸索，试验的因素与水平如表 6-8 所示。需要考虑交互作用 A×B、B×C。如果将 A、B、C 放在正交表的 1、2、4 列,试验结果(SO_2 摩尔分数(%))依次为:0.15,0.25,0.03,0.02,0.09,0.16,0.19,0.08。试进行方差分析($\alpha=0.05$)。

表 6-8 因素水平表

水平\因素	A 碱浓度(%)	B 操作温度(℃)	C 填料种类
1	5	40	甲
2	10	20	乙

解 ① 选取正交表,进行表头设计及确定试验方案。见表 6-9。

表 6-9 试验方案与计算分析

试验号\列号\因素	A	B	A×B	C	空列	B×C	空列	SO_2 摩尔分数 ×100
	1	2	3	4	5	6	7	
1	1(5)	1(40)	1	1(甲)	1	1	1	15
2	1	1	1	2(乙)	2	2	2	25
3	1	2(20)	2	1	1	2	2	3
4	1	2	2	2	2	1	1	2
5	2(10)	1	2	1	2	1	2	9
6	2	1	2	2	1	2	1	16
7	2	2	1	1	2	2	1	19
8	2	2	1	2	1	1	2	8
K_{1j}	45	65	67	46	42	34	52	$T=97$
K_{2j}	52	32	30	51	55	63	45	
极差	7	33	37	5	13	29	7	
S_j	6.125	136.125	171.125	3.125	21.125	105.125	6.125	

② 求总和 T 及各水平数据之和(K_{1j}、K_{2j})填入表中。
③ 计算总偏差平方和 S_T 和各列偏差平方和 S_j 及各列自由度。
总偏差平方和:

$$S_T = \sum_{i=1}^{n}(x_i - \bar{x})^2 = \sum_{i=1}^{n}x_i^2 - \frac{1}{n}T^2 = \sum_{i=1}^{8}x_i^2 - \frac{1}{n}T^2 = 448.875$$

亦可由 $S_T = \sum_{j=1}^{p} S_j$ 求得。

对各列偏差平方和，由

$$S_j = \frac{1}{r}(K_{1j}^2 + K_{2j}^2) - \frac{1}{n}T^2 = \frac{1}{n}(K_{1j} - K_{2j})^2$$

得

$$S_A = S_1 = \frac{1}{8}(45 - 52)^2 = 6.125$$

……

$$S_7 = \frac{1}{8}(52 - 45)^2 = 6.125$$

误差平方和：

$$S_e = S_5 + S_7 = 21.125 + 6.125 = 27.250$$

各因素自由度：

$$f_A = f_B = f_C = m - 1 = 2 - 1 = 1$$

交互作用自由度：

$$f_{A \times B} = f_A \times f_B = 1 \times 1 = 1$$

或

$$f_{A \times B} = f_3 = m - 1 = 2 - 1 = 1$$

同理，

$$f_{B \times C} = f_B \times f_C = 1 \times 1 = 1$$

总自由度：

$$f_T = n - 1 = 8 - 1 = 7$$

误差自由度：

$$f_e = f_5 + f_7 = 1 + 1 = 2$$

或

$$f_e = f_T - (f_A + f_B + f_{A \times B} + f_C + f_{B \times C}) = 7 - (1 + 1 + 1 + 1 + 1) = 2$$

④ 计算均方（平均偏差平方和）。

由于各因素的自由度均为1，所以它们的均方应该等于它们各自的偏差平方和。即：

$$V_A = S_A = 6.125$$

……

$$V_{B \times C} = S_{B \times C} = 105.125$$

误差的平均偏差平方和为

$$V_e = \frac{S_e}{f_e} = \frac{27.250}{2} = 13.625$$

计算到这里,发现因素 $V_A<V_e,V_C<V_e$,这说明因素 A、C 对试验结果的影响较小,为次要因素,所以可以将它们都归入误差,这样误差的偏差平方和、自由度和均方都会随之发生变化。

新误差偏差平方和:
$$S_e' = S_e + S_A + S_C = 27.250 + 6.125 + 3.125 = 36.500$$

新误差自由度:
$$f_e' = f_e + f_A + f_C = 2 + 1 + 1 = 4$$

新误差平均偏差平方和:
$$V_e' = \frac{S_e'}{f_e'} = \frac{36.500}{4} = 9.125$$

⑤ 计算 F 值:
$$F_B = \frac{V_B}{V_e'} = \frac{136.125}{9.125} = 14.92$$

$$F_{A\times B} = \frac{V_{A\times B}}{V_e'} = \frac{171.125}{9.125} = 18.75$$

$$F_{B\times C} = \frac{V_{B\times C}}{V_e'} = \frac{105.125}{9.125} = 11.52$$

由于因素 A、C 已经并入误差,所以不需要计算它们对应的 F 值。

⑥ 列方差分析表(表 6-10),进行因素显著性检验。

查 F 分布表:
$$F_{0.05}(1,4) = 7.71$$

对于给定的显著性水平 $\alpha=0.05$:

由于 $F_{0.05}(1,4)=7.71<F_B=14.92$,所以因素 B 水平的改变对试验指标有显著影响。

由于 $F_{0.05}(1,4)=7.71<F_{A\times B}=18.75$,所以交互作用 A×B 对试验指标有显著影响。

由于 $F_{0.05}(1,4)=7.71<F_{B\times C}=11.52$,所以交互作用 B×C 对试验指标有显著影响。

因素 A、C 对试验指标无显著性影响。

最后将分析结果列于方差分析表中(表 6-10)。

从表 6-10 中 F 值的大小(或均方的大小)也可以看出因素的主次顺序是:A×B,B,B×C,这与极差分析的结果是一致的。

⑦ 优方案的确定。

交互作用 A×B、B×C 都对试验指标有显著影响,所以因素 A、B、C 优水平的确定应依据 A、B 水平搭配表(表6-11)和 B、C 水平搭配表(表6-12)。由于指标(废气中 SO_2 摩尔分数)值越小越好,所以因素 A、B 优水平搭配为 A_1B_2,因素 B、C 优水平搭配为 B_2C_2。于是,最后确定的优方案为 $A_1B_2C_2$,即碱浓度 5%,操作温度 20℃,填料选择乙。

表 6-10　方差分析表

方差来源	偏差平方和 S	自由度 f	平均偏差平方和 V	F 值	临界值	显著性
A	6.125	1	6.125			—
B	136.125	1	136.125	14.92		*
A×B	171.125	1	171.125	18.75	$F_{0.05}(1,4)=7.71$	*
C	3.125	1	3.125			—
B×C	105.125	1	105.125	11.52		*
误差 e	27.250	2	27.250			
e'(A C e)	36.500	4	9.125			
总和 T	448.875					

表 6-11　因素 A、B 水平搭配表

因素	A_1	A_2
B_1	15+25=40	9+16=25
B_2	3+2=5	19+8=27

表 6-12　因素 B、C 水平搭配表

因素	C_1	C_2
B_1	15+9=24	25+16=41
B_2	3+19=22	2+8=10

6.2.2　三水平正交试验设计的方差分析

1. 不考虑交互作用的三水平正交试验设计的方差分析

例 6-3　弹簧回火工艺试验。

试验目的:某厂在弹簧生产中,有时发生弹簧断裂现象,因而增加了废品损失。为了提高弹簧的弹性,减少断裂现象,决定用正交试验法安排弹簧回火试验,寻求最佳的回火工艺条件。

试验考察指标:弹性(越大越好)。

本例的因素水平表如表 6-13 所示。

表 6-13 因素水平表

水平\因素	A 回火温度(℃)	B 保温时间(h)	C 工件重量(kg)
1	440	3	7.5
2	460	4	9
3	500	5	10.5

① 选取正交表,进行表头设计及确定试验方案。

这是一个三因素三水平的试验,选用 $L_9(3^4)$ 正交表。表头设计、试验方案、试验结果见表 6-14。

表 6-14 试验方案与计算分析

试验号\列号\因素	A 1	B 2	C 3	e 4	试验结果 x_i=原数据-320
1	1(440)	1(3)	1(7.5)	1	57
2	1	2(4)	2(9)	2	71
3	1	3(5)	3(10.5)	3	42
4	2(460)	1	2	3	30
5	2	2	3	1	10
6	2	3	1	2	0
7	3(500)	1	3	2	6
8	3	2	1	3	-18
9	3	3	2	1	-2
K_{1j}	170	93	39	65	
K_{2j}	40	63	99	77	
K_{3j}	-14	40	58	54	
K_{1j}^2	28900	8649	1521	4225	$T=196$
K_{2j}^2	1600	3969	9801	5929	$\frac{1}{9}T^2=4268.44$
K_{3j}^2	196	1600	3364	2916	
极差	184	53	60	23	
S_j	5963.56	470.89	626.89	88.23	

第6章 正交试验设计结果的方差分析

② 求总和 T 及各水平数据之和 (K_{1j}、K_{2j}) 填入表中。
③ 计算总偏差平方和 S_T 和各列偏差平方和 S_j 及各列自由度。
总偏差平方和：

$$S_T = \sum_{i=1}^{n}(x_i - \bar{x})^2 = \sum_{i=1}^{n}x_i^2 - \frac{1}{n}T^2 = \sum_{i=1}^{9}x_i^2 - \frac{1}{9}T^2 = 7149.56$$

亦可由 $S_T = \sum_{j=1}^{p} S_j$ 求得。

对各列偏差平方和，由

$$S_j = \frac{1}{r}(K_{1j}^2 + K_{2j}^2 + K_{3j}^2)^2 - \frac{1}{n}T^2$$

$$= \frac{1}{n}[(K_{1j} - K_{2j})^2 + (K_{2j} - K_{3j})^2 + (K_{3j} - K_{1j})^2]$$

得

$$S_A = S_1 = \frac{1}{3}(28900 + 1600 + 196) - \frac{1}{9} \times 196^2 = 5963.56$$

……

$$S_4 = \frac{1}{3}(4225 + 5929 + 2916) - \frac{1}{9} \times 196^2 = 88.23$$

误差平方和：

$$S_e = S_4 = 88.23$$

各因素自由度：

$$f_A = f_B = f_C = m - 1 = 3 - 1 = 2$$

总自由度：

$$f_T = n - 1 = 9 - 1 = 8$$

误差自由度：

$$f_e = f_4 = 2$$

或

$$f_e = f_T - (f_A + f_B + f_C) = 8 - (2 + 2 + 2) = 2$$

④ 计算均方（平均偏差平方和）：

$$V_A = \frac{S_A}{f_A} = \frac{5963.56}{2} = 2981.78$$

$$V_B = \frac{S_B}{f_B} = \frac{470.89}{2} = 235.45$$

$$V_C = \frac{S_C}{f_C} = \frac{626.89}{2} = 313.45$$

误差的平均偏差平方和为

$$V_e = \frac{S_e}{f_e} = \frac{88.23}{2} = 44.12$$

⑤ 计算 F 值：

$$F_A = \frac{V_A}{V_e} = \frac{2981.78}{44.12} = 67.58$$

$$F_B = \frac{V_B}{V_e} = \frac{235.45}{44.12} = 5.34$$

$$F_C = \frac{V_C}{V_e} = \frac{313.45}{44.12} = 7.10$$

⑥ 列方差分析表（表 6-15），进行因素显著性检验。
查 F 分布表：

$$F_{0.10}(2,2) = 9, F_{0.05}(2,2) = 19, F_{0.01}(2,2) = 99$$

由于 $F_{0.05}(2,2) = 19 < F_A = 67.58 < F_{0.01}(2,2) = 99$，所以因素 A 水平的改变对试验指标有显著影响。

因素 B、C 对试验指标无显著性影响。

表 6-15　方差分析表

方差来源	偏差平方和 S	自由度 f	平均偏差平方和 V	F 值	临界值	显著性
A	5963.56	2	2981.78	67.58	$F_{0.10}(2,2)=9$	＊
B	470.89	2	235.45	5.34	$F_{0.05}(2,2)=19$	—
C	626.89	2	313.45	7.10	$F_{0.01}(2,2)=99$	—
误差 e	88.23	2	44.12			
总和 T	7149.56	8				

⑦ 优方案的确定。

由表 6-15 中 F 值的大小，可以确定因素的主次顺序是：A、C、B。由于指标（弹性）值越大越好，所以最优条件可取 A_1CB。因素 B、C 对试验指标无显著影响，不进行优选，视具体情况而定。

2. 考虑交互作用的三水平正交试验设计的方差分析

例 6-4　为了提高某产品的产量，需要考察 3 个因素：反应温度、反应压力和溶液浓度，每个因素都取 3 个水平，具体数值如表 6-16 所示。同时考察因素间所有的一级交互作用，试进行方差分析确定所考察因素对试验指标产品产量的影响规律。

表 6-16 因素水平表

水平 \ 因素	A 反应温度(℃)	B 反应压力($\times 10^5$ Pa)	C 反应溶液(%)
1	60	2.0	0.5
2	65	2.5	1.0
3	70	3.0	2.0

解 ① 选取正交表,进行表头设计及确定试验方案。

这是 3 因素 3 水平,同时考察因素间所有的一级交互作用的正交试验,由于

$$f_A = f_B = f_C = m - 1 = 3 - 1 = 2$$

$$f_{A\times B} = f_{A\times C} = f_{B\times C} = (m-1)(m-1) = (3-1)(3-1) = 4$$

$$f_T' = f_A + f_B + f_C + f_{A\times B} + f_{A\times C} + f_{B\times C} = 18$$

试验次数 n 应大于 $1 + f_T'$,选取 3 水平的正交表 $L_{27}(9^{13})$ 最合适。正交表的表头设计、试验结果及相关计算结果列于表 6-17。

② 求总和 T 及各水平数据之和(K_{1j}、K_{2j})填入表中。

③ 计算总偏差平方和、各列偏差平方和 S_j 和各列自由度。

$$S_T = \sum_{i=1}^{n}(x_i - \bar{x})^2 = \sum_{i=1}^{n} x_i^2 - \frac{1}{n}T^2 = \sum_{i=1}^{27} x_i^2 - \frac{1}{27}T^2 = 161.20$$

由

$$S_j = \frac{1}{r}(K_{1j}^2 + K_{2j}^2 + K_{3j}^2) - \frac{1}{n}T^2$$

$$= \frac{1}{n}[(K_{ij} - K_{2j})^2 + (K_{2j} - K_{3j})^2 + (K_{3j} - K_{1j})^2]$$

得

$$S_A = S_1 = \frac{1}{9}(36.73^2 + 30.70^2 + 33.21^2) - \frac{1}{27}\times 100.64^2 = 2.04$$

$S_B = S_2 = 1.17$

$S_{A\times B} = S_3 + S_4 = 1.32$

$S_C = S_5 = 155.87$

$S_{A\times C} = S_6 + S_7 = 0.28$

$S_{B\times C} = S_8 + S_{11} = 0.18$

$S_9 = 0.10$

$S_{10} = 0.12$

$S_{12} = 0.07$

$$S_{13} = \frac{1}{9}(33.28^2 + 33.25^2 + 34.11^2) - \frac{1}{27} \times 100.64^2 = 0.05$$

表 6-17 试验方案与计算分析

因素列\试验号	A	B	(AB)$_1$	(AB)$_2$	C	(AC)$_1$	(AC)$_2$	(BC)$_1$			(BC)$_2$			试验结果
	1	2	3	4	5	6	7	8	9	10	11	12	13	
1	1	1	1	1	1	1	1	1	1	1	1	1	1	1.30
2	1	1	1	1	2	2	2	2	2	2	2	2	2	4.65
3	1	1	1	1	3	3	3	3	3	3	3	3	3	7.23
4	1	2	2	2	1	1	1	2	2	2	3	3	3	0.50
5	1	2	2	2	2	2	2	3	3	3	1	1	1	3.67
6	1	2	2	2	3	3	3	1	1	1	2	2	2	6.23
7	1	3	3	3	1	1	1	3	3	3	2	2	2	1.37
8	1	3	3	3	2	2	2	1	1	1	3	3	3	4.73
9	1	3	3	3	3	3	3	2	2	2	1	1	1	7.07
10	2	1	2	3	1	2	3	1	2	3	1	2	3	0.47
11	2	1	2	3	2	3	1	2	3	1	2	3	1	3.47
12	2	1	2	3	3	1	2	3	1	2	3	1	2	6.13
13	2	2	3	1	1	2	3	2	3	1	3	1	2	0.33
14	2	2	3	1	2	3	1	3	1	2	1	2	3	3.40
15	2	2	3	1	3	1	2	1	2	3	2	3	1	5.80
16	2	3	1	2	1	2	3	3	1	2	2	3	1	0.63
17	2	3	1	2	2	3	1	1	2	3	3	1	2	3.97
18	2	3	1	2	3	1	2	2	3	1	1	2	3	6.50
19	3	1	3	2	1	3	2	1	3	2	1	3	2	0.03
20	3	1	3	2	2	1	3	2	1	3	2	1	3	3.40
21	3	1	3	2	3	2	1	3	2	1	3	2	1	6.80
22	3	2	1	3	1	3	2	2	1	3	3	2	1	0.57
23	3	2	1	3	2	1	3	3	2	1	1	3	2	3.97
24	3	2	1	3	3	2	1	1	3	2	2	1	3	6.83

续表 6-17

因素列\试验号	A	B	(AB)₁	(AB)₂	C	(AC)₁	(AC)₂	(BC)₁			(BC)₂		试验结果
	1	2	3	4	5	6	7	8	9	10	11	12	13	
25	3	3	2	1	1	3	2	3	2	1	2	1	3	1.07
26	3	3	2	1	2	1	3	1	3	2	3	2	1	3.97
27	3	3	2	1	3	2	1	2	1	3	1	3	2	6.57
K_{1j}	36.73	33.46	35.63	34.30	6.27	32.94	34.21	33.33	32.96	34.40	32.98	33.77	33.28	
K_{2j}	30.70	31.30	32.08	31.73	35.21	34.66	33.13	33.04	34.30	33.21	33.43	33.96	33.25	$T=$
K_{3j}	33.21	35.88	32.93	34.61	59.16	33.04	33.30	34.27	33.38	33.03	34.23	32.91	34.11	100.64
极差	0.67	0.51	0.40	0.32	5.87	0.19	0.12	0.14	0.15	0.15	0.14	0.11	0.10	
S_j	2.04	1.17	0.76	0.56	155.87	0.21	0.08	0.09	0.10	0.12	0.09	0.07	0.05	

误差平方和：
$$S_e = S_9 + S_{10} + S_{12} + S_{13} = 0.10 + 0.12 + 0.07 + 0.05 = 0.34$$

或
$$S_e = S_T - S_A - S_B - S_C - S_{A\times B} - S_{A\times C} - S_{B\times C} = S_9 + S_{10} + S_{12} + S_{13} = 0.34$$

各因素自由度：
$$f_A = f_B = f_C = m - 1 = 3 - 1 = 2$$

交互作用自由度：
$$f_{A\times B} = f_{A\times C} = f_{B\times C} = (m-1)(m-1) = (3-1)(3-1) = 4$$

总自由度：
$$f_T = n - 1 = 27 - 1 = 26$$

误差自由度：
$$f_e = f_9 + f_{10} + f_{12} + f_{13} = 2 + 2 + 2 + 2 = 8$$

或
$$f_e = f_T - f_A - f_B - f_C - f_{A\times B} - f_{A\times C} - f_{B\times C} = 8$$

④ 计算均方（平均偏差平方和）：
$$V_A = \frac{S_A}{f_A} = 1.02$$

$$V_B = \frac{S_B}{f_B} = 0.58$$

$$V_C = \frac{S_C}{f_C} = 77.93$$

$$V_{A\times B} = \frac{S_{A\times B}}{f_{A\times B}} = 0.33$$

$$V_{A\times C} = \frac{S_{A\times C}}{f_{A\times C}} = 0.07$$

$$V_{B\times C} = \frac{S_{B\times C}}{f_{B\times C}} = 0.05$$

误差的平均偏差平方和为

$$V_e = \frac{S_e}{f_e} = 0.04$$

⑤ 计算 F 值：

$$F_A = \frac{V_A}{V_e} = \frac{1.02}{0.04} = 25.5$$

$$F_B = \frac{V_B}{V_e} = \frac{0.58}{0.04} = 14.5$$

$$F_{A\times B} = \frac{V_{A\times B}}{V_e} = \frac{0.33}{0.04} = 8.25$$

$$F_C = \frac{V_C}{V_e} = \frac{77.93}{0.04} = 1948.25$$

$$F_{A\times C} = \frac{V_{A\times C}}{V_e} = \frac{0.07}{0.04} = 1.75$$

$$F_{B\times C} = \frac{V_{B\times C}}{V_e} = \frac{0.05}{0.04} = 1.25$$

⑥ 列方差分析表（表 6-18），进行因素显著性检验。
查 F 分布表：

$$F_{0.10}(2,8) = 3.11, F_{0.05}(2,8) = 4.46, F_{0.01}(2,8) = 8.65$$

$$F_{0.10}(4,8) = 2.81, F_{0.05}(4,8) = 3.84, F_{0.01}(4,8) = 7.01$$

由于 $F_{0.01}(2,8) = 8.65 < F_A = 25.5$，所以因素 A 水平的改变对试验指标有高度显著影响。

由于 $F_{0.01}(2,8) = 8.65 < F_B = 14.5$，所以因素 B 水平的改变对试验指标有高度显著影响。

由于 $F_{0.01}(2,8) = 8.65 < F_C = 1948.25$，所以因素 C 水平的改变对试验指标有高度显著影响。

由于 $F_{0.01}(4,8) = 7.01 < F_{A\times B} = 8.25$，所以交互作用 A×B 对试验指标有高度显著影响。

A×C、B×C 对试验指标无显著性影响。

表 6-18　方差分析表

方差来源	偏差平方和 S	自由度 f	平均偏差平方和 V	F 值	临界值	显著性
A	2.04	2	1.02	25.5	$F_{0.10}(2,8)=3.11$	**
B	1.17	2	0.58	14.5	$F_{0.05}(2,8)=4.46$	**
A×B	1.32	4	0.33	8.25	$F_{0.01}(2,8)=8.65$	*
C	155.87	2	77.93	1948.25		**
A×C	0.28	4	0.07	1.75	$F_{0.10}(4,8)=2.81$	—
B×C	0.18	4	0.05	1.25	$F_{0.05}(4,8)=3.84$	—
误差 e	0.34	8	0.04		$F_{0.01}(4,8)=7.01$	
总和 T	161.20	26				

⑦ 优方案的确定。

由于三水平正交试验设计的交互作用占两列，因此采用极差法很难对因素的主次地位进行排序，这里采用 F 值（或平均偏差平方和）进行排序，由表 6-18 中的 F 值的大小顺序可以确定其主次顺序为：

$$C \quad A \quad B \quad A \times B \quad A \times C \quad B \times C$$

主 ──────────────→ 次

由方差分析可知，对于因素 C 来说，取 3 水平时的产品产量大于其他 2 个水平时的产品产量，因此取 C_3；对于因素 A 来说，取 1 水平时的产品产量大于其他 2 个水平时的产品产量，因此取 A_1；对于因素 B 来说，取 3 水平时的产品产量大于其他 2 个水平时的产品产量，因此取 B_3；由于因素 A 与 B 的交互作用对试验指标的影响高度显著，因此需要作因素 A 与 B 的交互作用搭配表，由于因素的水平数都为 3，所以总共有 9 种搭配，如表 6-19 所示。通过计算发现 A 与 B 的最佳搭配为 A_1B_1 或 A_1B_3，考虑到因素的最好水平，取 A_1B_3。因此，因素各水平的最佳搭配为 $A_1B_3C_3$。

表 6-19　因素 A、B 水平搭配表

因素	B_1	B_2	B_3
A_1	1.30+4.65+7.23=13.18	0.50+3.67+6.23=10.40	1.37+4.73+7.07=13.17
A_2	0.47+3.47+6.13=10.07	0.33+3.40+5.80=9.53	0.63+3.97+6.50=11.10
A_3	0.03+3.40+6.80=10.23	0.57+3.97+6.83=11.37	1.07+3.97+6.57=11.61

注意，如果交互作用对试验结果影响程度不及单因素，则可不用考虑交互作用，只由单因素考虑优方案即可。

6.3 不同水平正交试验设计的方差分析

第 5 章介绍了对不同水平利用混合正交表和拟水平法进行正交试验设计及其结果的直观分析,在此介绍这两种方法试验结果的方差分析。

6.3.1 混合水平正交表法正交试验设计的方差分析

例 6-5 某农科站进行品种试验,考察四个因素,因素及水平见表 6-20。

表 6-20 因素及水平表

水平＼因素	A 品种	B 氮肥量 (kg)	C 氮、磷、钾肥用量比例	D 规格
1	甲	2.5	3∶3∶1	6×6
2	乙	3.0	2∶1∶2	7×7
3	丙			
4	丁			

试验指标为产量,其值越大越好。试用混合水平正交表安排试验并进行方差分析,找出最好的试验方案。

解 ① 选取正交表,进行表头设计及确定试验方案。

这是一个 4 因素,其中因素 A 为 4 水平,其余 3 因素为 2 水平的正交试验设计。

由于

$$f_T' = f_A + f_B + f_C + f_D = (4-1) + (2-1) \times 3 = 6$$

试验次数 n 应大于 $1 + f_T'$,显然选用 $L_8(4^1 \times 2^4)$ 混合水平正交表较为合理。表头设计及试验结果见表 6-21。

② 求总和 T 及各水平数据之和 (K_{1j}、K_{2j}、K_{3j}、K_{4j}) 填入表中。

③ 计算各列偏差平方和 S_j 和各列自由度。

计算总偏差平方和:

$$S_T = \sum_{i=1}^{n}(x_i - \bar{x})^2 = \sum_{i=1}^{n} x_i^2 - \frac{1}{n}T^2 = \sum_{i=1}^{8} x_i^2 - \frac{1}{8}T^2 = 1471.88$$

计算因素的偏差平方和:

$$S_j = \frac{1}{r}\sum_{p=1}^{m} K_{pj}^2 - \frac{1}{n}T^2$$

$$S_A = S_1 = \frac{1}{2}\sum_{p=1}^{4} K_{p1}^2 - \frac{1}{n}T^2$$
$$= \frac{1}{2}[0^2 + 45^2 + 25^2 + (-25)^2] - \frac{1}{8} \times 45^2 = 1384.38$$
$$S_B = S_2 = \frac{1}{4}\sum_{p=1}^{2} K_{p2}^2 - \frac{1}{n}T^2 = 78.13$$
$$S_C = S_3 = \frac{1}{4}\sum_{p=1}^{2} K_{p3}^2 - \frac{1}{n}T^2 = 3.13$$
$$S_D = S_4 = \frac{1}{4}\sum_{p=1}^{2} K_{p4}^2 - \frac{1}{n}T^2 = 3.13$$
$$S_5 = \frac{1}{4}\sum_{p=1}^{2} K_{p5}^2 - \frac{1}{n}T^2 = 3.13$$

表 6-21　正交试验安排及试验结果表

试验号 \ 因素列号	A 1	B 2	C 3	D 4	5	试验指标 (kg)	试验指标 −200
1	1	1	1	1	1	195	−5
2	1	2	2	2	2	205	5
3	2	1	2	2	2	220	20
4	2	2	1	1	1	225	25
5	3	1	1	1	2	210	10
6	3	2	2	2	1	215	15
7	4	1	2	2	1	185	−15
8	4	2	1	1	2	190	−10
K_{1j}	0	10	20	20	20		
K_{2j}	45	35	25	25	25		
K_{3j}	25						
K_{4j}	−25						
k_{1j}	0	2.5	5.0	5.0	5.0		
k_{2j}	22.5	8.8	6.3	6.3	6.3	$T=45$	
k_{3j}	12.5						
k_{4j}	−12.5						
极差 R	35.0	6.3	1.3	1.3	1.3		
S_j	1384.38	78.13	3.13	3.13	3.13		

计算试验误差的平方和：
$$S_e = S_5 = 3.13$$

总自由度：
$$f_T = 总的试验次数 - 1 = 8 - 1 = 7$$

因素自由度：
$$f_A = 4 - 1 = 3$$
$$f_D = f_B = f_C = 水平数 - 1 = 2 - 1 = 1$$

误差自由度：
$$f_e = f_5 = 2 - 1 = 1$$

④ 计算平均偏差平方和：
$$V_A = \frac{S_A}{f_A} = \frac{1384.38}{3} = 461.46$$

$$V_B = \frac{S_B}{f_B} = 78.13$$

$$V_C = \frac{S_C}{f_C} = 3.13$$

$$V_D = \frac{S_D}{f_D} = 3.13$$

$$V_e = \frac{S_e}{f_e} = 3.13$$

计算到这里，发现因素 V_C、V_D 和 V_e 相等，这说明了因素 C、D 对试验结果的影响较小，为次要因素，所以可以将它们都归入误差，这样误差的偏差平方和、自由度和均方都会随之发生变化。

新误差偏差平方和：
$$S_e' = S_e + S_C + S_D = 3.13 + 3.13 + 3.13 = 9.39$$

新误差自由度：
$$f_e' = f_e + f_C + f_D = 1 + 1 + 1 = 3$$

新误差平均偏差平方和：
$$V_e' = \frac{S_e'}{f_e'} = \frac{9.39}{3} = 3.13$$

⑤ 计算 F 值：
$$F_A = \frac{V_A}{V_e'} = \frac{461.46}{3.13} = 153.82$$

$$F_B = \frac{V_B}{V_e'} = \frac{78.13}{3.13} = 26.04$$

由于因素 C、D 已经并入误差,所以不需要计算它们对应的 F 值。

⑥ 列方差分析表(表 6-22),进行因素显著性检验。

查 F 分布表:

$F_{0.10}(3,3) = 5.39, F_{0.05}(3,3) = 9.28, F_{0.01}(3,3) = 29.46$

$F_{0.10}(1,3) = 5.54, F_{0.05}(1,3) = 10.13, F_{0.01}(1,3) = 34.12$

由于 $F_{0.01}(3,3) = 29.46 < F_A = 153.82$,所以因素 A 水平的改变对试验指标有高度显著影响。

由于 $F_{0.05}(1,3) = 10.13 < F_B = 26.04 < F_{0.01}(1,3) = 34.12$,所以因素 B 水平的改变对试验指标有显著影响。

因素 C、D 对试验指标无显著性影响。

表 6-22 方差分析表

方差来源	偏差平方和 S	自由度 f	平均偏差平方和 V	F 值		显著性
A	1384.38	3	461.46	153.82	$F_{0.10}(3,3) = 5.39$	**
B	78.13	1	78.13	26.04	$F_{0.05}(3,3) = 9.28$	*
C	3.13	1	3.13		$F_{0.01}(3,3) = 29.46$	—
D	3.13	1	3.13		$F_{0.10}(1,3) = 5.54$	—
误差 e	3.13	1	3.13		$F_{0.05}(1,3) = 10.13$	
e'(C,D,e)	9.39	3	3.13		$F_{0.01}(1,3) = 34.12$	
总和 T	1471.88	7				

⑦ 确定最优条件。

由表 6-22 中平均偏差平方和值的大小可知,各因素的主次顺序为:

A B C D
主————→次

根据试验指标的特点及表 6-21 中试验结果比较可知,其最优方案为 A_2B_2CD。因素 C、D 对试验指标无显著影响,不进行优选,视具体情况而定。

6.3.2 混合水平的拟水平正交试验设计的方差分析

例 6-6 设某试验需考察 A、B、C、D 四个因素,其中 C 是 2 水平的,其余 3 个因素都是 3 水平的,具体数值见表 6-23。试验指标越大越好,试安排试验并对试验结果进行方差分析,找出最好的试验方案。

表 6-23　因素及水平表

水平＼因素	A	B	C	D
1	350	5	60	65
2	250	15	80	75
3	300	10	80（虚拟）	85

解　这是一个 4 因素，其中 C 因素为 2 水平，其余因素为 3 水平的正交试验设计。计算因素的总自由度为 $f_T' = f_A + f_B + f_C + f_D = (2-1) + (3-1) \times 3 = 7$，显然选用 $L_9(3^4)$ 较为合理，但其完全是 3 水平的，无法进行这个试验的设计，又没有合适的混合水平的正交表，为此采用拟水平法。

具体方法：从 C 因素的两个水平中根据实际经验选取一个好的水平让它重复一次作为第三水平，这个重复的水平称为虚拟水平（表中阴影部分），此例选 C_2 即 80。

表头设计及试验结果见表 6-24。

① 试验设计及直观分析结果见表 6-24。

② 计算偏差平方和。

总偏差平方和：

$$S_T = \sum_{i=1}^{n}(x_i - \bar{x})^2 = \sum_{i=1}^{n} x_i^2 - \frac{1}{n}T^2 = \sum_{i=1}^{9} x_i^2 - \frac{1}{9}T^2 = 2224$$

因素的偏差平方和：

$$S_j = \frac{1}{r}\sum_{p=1}^{m} K_{pj}^2 - \frac{1}{n}T^2$$

$$S_A = S_1 = \frac{1}{3}\sum_{p=1}^{3} K_{p1}^2 - \frac{1}{9}T^2 = \frac{1}{3}(93^2 + 70^2 + 62^2) - \frac{1}{9} \times 225^2 = 172.67$$

$$S_B = S_2 = \frac{1}{3}\sum_{p=1}^{3} K_{p2}^2 - \frac{1}{9}T^2 = 20.67$$

$$S_C = S_3 = \frac{1}{3}K_1^2 + \frac{1}{6}K_2^2 - \frac{1}{9}T^2 = \frac{1}{3} \times 65^2 + \frac{1}{6} \times 160^2 - \frac{1}{9} \times 225^2 = 50$$

$$S_D = S_4 = \frac{1}{3}\sum_{p=1}^{3} K_{p4}^2 - \frac{1}{9}T^2 = 1764.67$$

误差的偏差平方和：

$$S_e = S_T - S_A - S_B - S_C - S_D = 216$$

注意，对于拟水平法，虽然没有空白列，但误差的偏差平方和与自由度都不为零。

表 6-24 试验方案及试验结果分析

试验号	因素列号	A 1	B 2	C 3	D 4	试验结果 x_i
1		1(350)	1(5)	1(60)(1)	1(65)	45
2		1	2(15)	2(80)(2)	2(75)	36
3		1	3(10)	3(80)(2)	3(85)	12
4		2(250)	1	2(80)(2)	3	15
5		2	2	3(80)(2)	1	40
6		2	3	1(60)(1)	2	15
7		3(300)	1	3(80)(2)	2	10
8		3	2	1(60)(1)	3	5
9		3	3	2(80)(2)	1	47
K_1		93	70	65	132	
K_2		70	81	160	61	
K_3		62	74		32	
k_1		31.0	23.3	21.7	44.0	$T=225$
k_2		23.3	27.0	26.7	20.3	
k_3		20.7	24.7		10.7	
极差		10.3	3.7	5.0	33.3	
S_i		172.67	20.67	50	1764.67	

③ 计算自由度。

总自由度：
$$f_T = 总的试验次数 - 1 = 9 - 1 = 8$$

因素自由度：
$$f_C = 2 - 1 = 1$$
$$f_A = f_B = f_D = 水平数 - 1 = 3 - 1 = 2$$

误差自由度：
$$f_e = f_T - f_A - f_B - f_D - f_C = 8 - 1 - 2 - 2 - 2 = 8 - 7 = 1$$

④ 计算平均偏差平方和。
$$V_A = \frac{S_A}{f_A} = \frac{172.67}{2} = 86.33$$

$$V_B = \frac{S_B}{f_B} = 10.33$$

$$V_C = \frac{S_C}{f_C} = 50$$

$$V_D = \frac{S_D}{f_D} = 882.33$$

$$V_e = \frac{S_e}{f_e} = 216$$

由于 $V_A < V_e$，$V_B < V_e$，$V_C < V_e$，这说明因素 A、B、C 对试验结果的影响较小，为次要因素，所以可以将它们都归入误差，这样误差的偏差平方和、自由度和均方都会随之发生变化。

新误差偏差平方和：
$$S_e' = S_e + S_A + S_B + S_C = 216 + 172.67 + 20.67 + 50 = 459.34$$

新误差自由度：
$$f_e' = f_e + f_A + f_B + f_C = 1 + 2 + 2 + 1 = 6$$

新误差平均偏差平方和：
$$V_e' = \frac{S_e'}{f_e'} = \frac{459.34}{6} = 76.56$$

⑤ 计算 F 值：
$$F_D = \frac{V_D}{V_e'} = \frac{882.33}{76.56} = 11.52$$

由于因素 A、B、C 已经并入误差，所以不需要计算它们对应的 F 值。

⑥ 列方差分析表（表 6-25），进行因素显著性检验。

表 6-25　方差分析表

方差来源	偏差平方和 S	自由度 f	平均偏差平方和 V	F 值	临界值	显著性
A	172.67	2	86.33			—
B	20.67	2	10.33		$F_{0.10}(2,6) = 3.46$	—
C	50.00	1	50.00		$F_{0.05}(2,6) = 5.14$	—
D	1764.67	2	882.33	11.52	$F_{0.01}(2,6) = 10.92$	**
误差 e	216	1	216			
e'(A,B,C,e)	459.34	6	76.56			
总和 T	1471.88	8				

查 F 分布表：

$F_{0.10}(2,6) = 3.46, F_{0.05}(2,6) = 5.14, F_{0.01}(2,6) = 10.92$

因为 $F_{0.01}(2,6) = 10.92 < F_D = 11.52$，所以因素 D 水平的改变对试验指标有高度显著的影响。因素 A、B、C 对试验指标无显著性影响。

⑦ 确定最优条件。

由表 6-25 中平均偏差平方和值的大小可知，各因素的主次顺序为：

$$D\quad A\quad C\quad B$$
主 ————→ 次

根据试验指标的特点及表 6-24 中试验结果比较可知，其最优方案为 D_1ACB。因素 A、B、C 对试验指标无显著影响，不进行优选，视具体情况而定。

6.4 重复试验与重复取样的正交试验设计的方差分析

6.4.1 基本概念

① 重复试验：在同一试验室中，由同一个操作者，用同一台仪器设备在相同的试验方法和试验条件下，对同一试样在短期内(一般不超过 7 天)进行连续两次或多次分析的试验。

如在不同配比的熟料、石膏、矿渣磨制成的水泥 28d 抗压强度试验中，设 1 号试验为：熟料 20 kg、石膏 20 kg、矿渣 60 kg，按该配比磨制成水泥后，按 GB/T17671—1999《水泥胶砂强度检验方法(ISO 法)》制得水泥试块，测其 28d 抗压强度。该试验过程包括：称重、粉磨、加水及标准砂并进行搅拌、制水泥试块、养护、脱模、对水泥试块测强度，该试验重复做了 4 次，则可测得 4 个 28d 抗压强度值(即第 1 次称取熟料 20 kg、石膏 20 kg、矿渣 60 kg，磨制成水泥，并按标准制得水泥试块，测得第 1 个 28d 抗压强度值；第 2 次再称取熟料 20 kg、石膏 20 kg、矿渣 60 kg，磨制成水泥，并按标准制得水泥试块，测得第 2 个 28d 抗压强度值……)。

② 重复取样：若在一个试验中，得出的产品是多个，则可对产品重复抽取样品分别进行测试，得到若干个测试的数据，叫做重复取样。

如上例中，按 GB/T17671—1999 法制水泥试验块时，使用的是三联试模，即一次试验可以制得三块水泥试块。对这 3 块水泥试块，可采用重复取样方法，取 2 块或 3 块，共测得 2 个或 3 个 28d 抗压强度值。

③ 做重复试验(取样)的原因：

a) 正交表各列已被因素及交互作用占满，没有空白列也无经验误差(由以往的经验确定)，这时为了估计试验误差进行方差分析，一般除选用更大的正交表外，还可作重复试验(取样)。

b) 虽然因素没有占满正交表的所有列,即尚有少数空白列,但由于试验的原因做了重复试验(取样)(为了提高试验精度,减少试验误差的干扰)。

④ 重复试验与重复取样误差的区别:

a) 重复试验需要增加试验次数;而重复取样不增加试验次数,只是对一次试验的多个产品分别进行测试。

b) 若试验过程简单、成本低,没有时间限制,可选择重复试验;若试验过程复杂、成本高,且一个试验得出的产品是多个,可选择重复取样。

c) 重复试验误差包括所有干扰的因素,反映的是整体误差,重复试验次数多了,可能把所有的因素都包括进去了;而重复取样反映的是产品的不均匀性与试验的测量误差(称为局部误差)。因而一般来说,重复试验误差大于重复取样误差。

6.4.2　误差平方和的分类及其使用方法

1. 分类

① 第一类误差:从正交表空白列计算出来的误差 S_{e1} 称为第一类误差,其自由度

$$f_{e1} = 正交表的空白列自由度总和$$

② 第二类误差:将不同条件的重复试验(取样)所得的试验结果内部的偏差平方和汇总得到 S_{e2},其自由度

$$f_{e2} = q(p-1)$$

其中 p 为各号试验的重复次数,q 为试验号总数。

2. 使用方法

① 重复试验:

a) 正交表上无空白列时,S_{e1} 不存在,则 $S_e = S_{e2}$,$f_e = f_{e2}$。

b) 正交表上有空白列时,S_{e1} 存在,则 $S_e = S_{e1} + S_{e2}$,$f_e = f_{e1} + f_{e2}$。

② 重复取样:

a) 正交表上无空白列时,S_{e1} 不存在,用 S_{e2} 代替 S_e 进行检验,此时 $f_e = f_{e2}$,若检验结果有一半以上的因素及交互作用不显著时,用 S_{e2} 代替 S_e 是合理的,否则用 S_{e2} 代替 S_e 是不合理的(注:这是由于 S_{e2} 较小,不能用它来检验各因素水平之间是否存在差异,若要进行方差分析,必需选用更大的正交表或者重新做试验)。

b) 正交表上有空白列时,S_{e1} 存在,计算 $F_比 = \dfrac{S_{e1}/f_{e1}}{S_{e2}/f_{e2}}$。

当 $F_比 \geq F_{0.05}(f_{e1}, f_{e2})$ 时,舍去 S_{e2},此时 $S_e = S_{e1}$,$f_e = f_{e1}$;

当 $F_\text{比} < F_{0.05}(f_{e1}, f_{e2})$ 时，$S_e = S_{e1} + S_{e2}$，$f_e = f_{e1} + f_{e2}$。

6.4.3 重复试验的正交试验设计方差分析

例 6-7 硅钢带取消空气退火工艺试验，空气退火能脱除一部分碳，但同时钢带表面会生成一层很厚的氧化皮，增加酸洗的困难。欲取消这道工序，为此要做试验，试验指标是钢带的磁性，看一看取消这道工序后钢带磁性有没有大的变化。本试验考察的因素及水平如表 6-26。

试通过正交试验设计及方差分析确定是否可以取消空气退火这道工序。

表 6-26 因素及水平表

水平\因素	A 退火工艺	B 成品厚度（mm）
1	空气退火	0.20
2	取消空气退火	0.35

解 这是 2 因素 2 水平的每号试验重复 5 次的正交试验，经计算 $f_T = f_A + f_B = 2$，选取 2 水平的正交表 $L_4(2^3)$ 最合适。正交表的表头设计、试验结果及相关计算结果列于表 6-27。

表 6-27 正交试验安排及试验结果表

试验号\因素列号	A 1	B 2	3	试验结果 $x_{ij}\left(\dfrac{原数}{100}-184\right)$ $i=1,2,3,4; j=1,2,3,4,5$					合计
1	1	1	1	2.0	5.0	1.5	2.0	1.0	11.5
2	1	2	2	8.0	5.0	3.0	7.0	2.0	25.0
3	2	1	2	4.0	7.0	0	5.0	6.5	22.5
4	2	2	1	7.5	7.0	5.0	4.0	1.5	25.0
K_1	36.5	34.0	36.5						
K_2	47.5	50.0	47.5						
k_1	18.25	17.0	18.25	$T=84$ $\dfrac{1}{n}T^2 = \dfrac{1}{20}\times 84^2 = 352.8$					
k_2	23.75	25.0	23.75						
极差	5.5	8.0	5.5						
S_j	6.05	12.8	6.05						

试验结果的方差分析：

① 计算偏差平方和。

计算总偏差平方和：

$$S_T = \sum_{i=1}^{q}\sum_{j=1}^{p}(x_{ij}-\bar{x})^2 = \sum_{i=1}^{q}\sum_{j=1}^{p}x_{ij}^2 - \frac{1}{n}T^2$$

$$= \sum_{i=1}^{4}\sum_{j=1}^{5}x_{ij}^2 - \frac{1}{20}T^2 = 468 - 352.8 = 115.2$$

其中，q 表示试验方案个数（$=4$）；

p 表示每个试验方案下的重复试验次数（$=5$）；

n 表示试验总次数（$=q\times p=20$）；

x_{ij} 表示第 i 次试验方案的第 j 次重复试验结果。

这里 S_T 应由三部分组成：因素偏差平方和（条件变差），第一类误差，第二类误差。

计算因素偏差平方和：

$$S_j = \frac{1}{pr}\sum_{i=1}^{n}K_{ij}^2 - \frac{1}{n}T^2$$

其中，r 表示全部试验方案中水平重复次数（$=2$）；

m 表示因素水平个数（$=2$）；

S_j 表示第 j 列偏差平方和。

$$S_A = S_1 = \frac{1}{pr}\sum_{i=1}^{m}K_{i1}^2 - \frac{1}{n}T^2 = \frac{1}{5\times 2}\sum_{i=1}^{2}K_{i1}^2 - \frac{1}{n}T^2 = 358.85 - 352.8 = 6.05$$

$$S_B = S_2 = \frac{1}{pr}\sum_{i=1}^{m}K_{i2}^2 - \frac{1}{n}T^2 = \frac{1}{5\times 2}\sum_{i=1}^{2}K_{i2}^2 - \frac{1}{n}T^2 = 365.6 - 352.8 = 12.80$$

$$S_{e1} = S_3 = \frac{1}{pr}\sum_{i=1}^{m}K_{i3}^2 - \frac{1}{n}T^2 = \frac{1}{5\times 2}\sum_{i=1}^{2}K_{i3}^2 - \frac{1}{n}T^2 = 358.85 - 352.8 = 6.05$$

我们知道在此例中存在两种误差，第一和第二类误差。第一类误差已经求出，下面我们来求第二类误差。

第二类误差有两种求法：

a) 根据第二类误差的定义，同一号试验我们重复做了 5 次，5 个数据间的差异反映了随机误差的影响。因此如果用 $\bar{x}_i$ 表示第 i 号试验的 5 个数据的算术平均值（$\bar{x}_i = \frac{1}{5}\sum_{j=1}^{5}x_{ij}$），那么第 i 号试验 5 个数据的内部误差平方和为 $\Delta_i = \sum_{j=1}^{5}(x_{ij}-\bar{x}_i)^2$，则

$$S_{e2} = \sum_{i=1}^{4}\Delta_i = 90.3。$$

b) 令 $S_T' = p\sum_{i=1}^{4}(\bar{x_i}-\bar{x})^2 = 24.9$，它相当于没有重复试验的正交试验设计中的总偏差平方和，应该包括两部分，一部分是第一类误差，另一部分是因素偏差平方和（条件变差），由于我们已经求出了总偏差平方和，它包括三部分：第一类误差、第二类误差和因素偏差平方和。所以

$$S_{e2} = S_T - S_T' = 90.3$$
$$S_e = S_{e1} + S_{e2} = 96.35$$

② 计算自由度：

$$f_T = 总的试验次数 - 1 = 20 - 1 = 19$$
$$f_A = f_B = 水平数 - 1 = 2 - 1 = 1$$
$$f_{e1} = f_3 = 2 - 1 = 1$$
$$f_{e2} = q(p-1) = 4 \times 4 = 16$$
$$f_e = f_{e1} + f_{e1} = 16 + 1 = 17$$

③ 计算平均偏差平方和：

$$V_A = \frac{S_A}{f_A} = 6.05$$

$$V_B = \frac{S_B}{f_B} = 12.8$$

$$V_e = \frac{S_e}{f_e} = 5.67$$

④ 求 $F_{比}$：

$$F_A = \frac{V_A}{V_e} = 1.067$$

$$F_B = \frac{V_B}{V_e} = 2.257$$

⑤ 显著性检验。

查 F 分布表：

$$F_{0.10}(1,17) = 3.03, F_{0.05}(1,17) = 4.45, F_{0.01}(1,17) = 8.40$$

因为 F_A、F_B 均小于 $F_{0.10}(1,17) = 3.03$，所以因素 A、B 对试验指标无显著性影响。

⑥ 列出方差分析表（表 6-28）。

⑦ 确定最优条件。

由于被考察的因素均不显著，因此不进行选优。

表 6-28 方差分析表

方差来源	偏差平方和	自由度	均方	统计量	临界值	显著性
A	6.05	1	6.05	1.067		
B	12.8	1	12.8	2.257	$F_{0.10}(1,17)=3.03$	
e_1	6.05	1			$F_{0.05}(1,17)=4.45$	
e_2	90.3	16			$F_{0.01}(1,17)=8.40$	
e	96.35	17	5.67			
总和 T	115.2	19				

6.4.4 重复取样的正交试验设计方差分析

例 6-8 用烟灰和煤矸石作原料制砖的试验研究,试验指标是干坯的抗压力(10^5Pa),考察 4 个因素,每个因素 3 个水平。具体情况如表 6-29。

每号试验生产出若干块干坯,采用重复取样的方法,每号试验取 3 块。试通过正交试验设计及方差分析确定生产烟灰砖的最优生产条件。

表 6-29 因素及水平表

水平\因素	A 成形水分 (%)	B 碾压时间 (min)	C 料重 (kg/盘)	D 成形压力 (t/m²)
1	9	8	330	2
2	10	10	360	3
3	11	12	400	4

解 这是 4 因素 3 水平的每号试验重复取样 3 次的正交试验,经计算 $f_T' = f_A + f_B + f_C + f_D = 8$,选取 3 水平的正交表 $L_9(3^4)$ 最合适。正交表的表头设计、试验结果及相关计算结果列于表 6-30。

试验结果的方差分析:

① 计算偏差平方和。

计算总偏差平方和:

$$S_T = \sum_{i=1}^{q}\sum_{j=1}^{p}(x_{ij}-\bar{x})^2 = \sum_{i=1}^{q}\sum_{j=1}^{p}x_{ij}^2 - \frac{1}{n}T^2 = \sum_{i=1}^{9}\sum_{j=1}^{3}x_{ij}^2 - \frac{1}{27}T^2$$

$$= 167750 - 166773.5$$

$$= 976.5$$

其中,q 表示试验方案个数(=9);

p 表示每个试验方案下的重复取样次数(=3);

n 表示试验总次数 ($=q \times p = 27$);

x_{ij} 表示第 i 次试验方案的第 j 次重复取样试验结果。

表 6-30　正交试验安排及试验结果表

试验号	因素 列号	A 1	B 2	C 3	D 4	试验结果 x_{ij} $i=1,2,\cdots,9; j=1,2,3$			合计	平均值 $\bar{x}_i$
1		1	1	1	1	60	75	71	206	68.67
2		1	2	2	2	80	80	79	239	79.67
3		1	3	3	3	87	86	84	257	85.67
4		2	1	2	3	73	74	70	217	72.33
5		2	2	3	1	78	76	76	230	76.67
6		2	3	1	2	83	80	81	244	81.33
7		3	1	3	2	79	75	75	229	76.33
8		3	2	1	3	82	81	78	241	80.33
9		3	3	2	1	89	85	85	259	86.33
K_1		702	652	691	695					
K_2		691	710	715	712					
K_3		729	760	716	715					
k_1		234	217.3	230.3	231.7	$T=2122$				
k_2		230.3	236.7	238.3	237.3	$\frac{1}{n}T^2 = \frac{1}{27}T^2 = 166773.5$				
k_3		243	253.3	238.7	238.3					
极差		12.7	36	8.4	6.6					
S_i		85	650	45	26					

计算因素偏差平方和:

$$S_j = \frac{1}{pr}\sum_{i=1}^{m}K_{ij}^2 - \frac{1}{n}T^2$$

其中, r 表示全部试验方案中水平重复次数 ($=3$);

m 表示因素水平个数 ($=3$);

S_j 表示第 j 列偏差平方和。

$$S_A = S_1 = \frac{1}{pr}\sum_{i=1}^{m}K_{i1}^2 - \frac{1}{n}T^2 = \frac{1}{3\times 3}\sum_{i=1}^{3}K_{i1}^2 - \frac{1}{n}T^2$$
$$= 166858.4 - 166773.5 = 85.0$$

$$S_B = S_2 = \frac{1}{pr}\sum_{i=1}^{m} K_{i2}^2 - \frac{1}{n}T^2 = \frac{1}{3\times 3}\sum_{i=1}^{3} K_{i2}^2 - \frac{1}{n}T^2$$
$$= 167422.7 - 166773.5 = 649.2$$

$$S_C = S_3 = \frac{1}{pr}\sum_{i=1}^{m} K_{i3}^2 - \frac{1}{n}T^2 = \frac{1}{3\times 3}\sum_{i=1}^{3} K_{i3}^2 - \frac{1}{n}T^2$$
$$= 166818 - 166773.5 = 44.5$$

$$S_D = S_4 = \frac{1}{pr}\sum_{i=1}^{m} K_{i4}^2 - \frac{1}{n}T^2 = \frac{1}{3\times 3}\sum_{i=1}^{3} K_{i4}^2 - \frac{1}{n}T^2$$
$$= 166799.3 - 166773.5 = 25.9$$

计算第二类误差及误差平方和：

令

$$S_T' = p\sum_{i=1}^{9}(\bar{x}_i - \bar{x})^2 = 3\sum_{i=1}^{9}(\bar{x}_i - \bar{x})^2 = 805$$

所以

$$S_{e2} = S_T - S_T' = 173$$
$$S_e = S_{e2} = 173$$

② 计算自由度：

$$f_T = 总的试验次数 - 1 = 27 - 1 = 26$$
$$f_A = f_B = f_C = f_D = 水平数 - 1 = 3 - 1 = 2$$
$$f_{e2} = q(p-1) = 9\times 2 = 18 = f_e$$

③ 计算平均偏差平方和：

$$V_A = \frac{S_A}{f_A} = 42.5$$

$$V_B = \frac{S_B}{f_B} = 325$$

$$V_C = \frac{S_C}{f_C} = 22.5$$

$$V_D = \frac{S_D}{f_D} = 13$$

$$V_e = \frac{S_e}{f_e} = 9.6$$

④ 求 $F_{比}$：

$$F_A = \frac{V_A}{V_e} = 4.45$$

$$F_{\mathrm{B}} = \frac{V_{\mathrm{B}}}{V_{\mathrm{e}}} = 34.0$$

$$F_{\mathrm{C}} = \frac{V_{\mathrm{C}}}{V_{\mathrm{e}}} = 2.35$$

$$F_{\mathrm{D}} = \frac{V_{\mathrm{D}}}{V_{\mathrm{e}}} = 1.36$$

⑤ 显著性检验。

查 F 分布表：

$F_{0.10}(2,18) = 2.62, F_{0.05}(2,18) = 3.55, F_{0.01}(2,18) = 6.01$

因为 $F_{0.05}(2,18) = 3.55 < F_{\mathrm{A}} = 4.45 < F_{0.01}(2,18) = 6.01$，所以因素 A 水平的改变对试验指标干坯的抗压力有显著性影响；

因为 $F_{0.01}(2,18) = 6.01 < F_{\mathrm{B}} = 34.0$，所以因素 B 水平的改变对试验指标干坯的抗压力有高度显著性影响；

因为 $F_{\mathrm{C}} = 2.35, F_{\mathrm{D}} = 1.36$ 均小于 $F_{0.10}(2,18) = 2.62$，所以因素 C 和 D 水平的改变对试验指标干坯的抗压力没有显著性影响。

⑥ 列出方差分析表（见表 6-31）。

⑦ 确定最优条件及主次顺序。

根据表 6-31 中 F 值的大小可知四个因素的主次地位为：

B　A　C　D

主————→次

由于 A 和 B 对试验指标的影响显著，而且试验结果越大越好，从表 6-30 的数据可知应取 A_3 和 B_3，C 和 D 不显著，可根据情况而定。

表 6-31　方差分析表

方差来源	偏差平方和	自由度	均方	F 值	临界值	显著性
A	85	2	42.5	4.45		*
B	650	2	325	34.0		**
C	45	2	22.5	2.35	$F_{0.10}(2,18) = 2.62$	
D	26	2	13	1.36	$F_{0.05}(2,18) = 3.55$	
e_1	0	0	0	0	$F_{0.01}(2,18) = 6.01$	
e_2	173	18	9.56	9.56		
e	173	18				
总和 T	978	26				

第7章 正交表在正交试验设计中的灵活运用

前面介绍了正交试验的直观分析法和方差分析法,为了满足科研和生产中复杂问题解决的需要,本章将讨论如何灵活运用正交表安排试验及其统计方法。

7.1 并 列 法

当遇到水平数不相同的正交试验,而没有现成的混合正交表供使用时,并且水平数较少的因素占多数,可以选用水平数较少的正交表改造成能安排水平数不相同的混合正交表进行试验,称为并列法。

例7-1 污水去锌试验,为了寻找应用沉淀进行一级处理的良好条件,用正交试验设计安排试验。考察指标为处理后废水含锌量(mg/L)越高越好。考察因素为 A、B、C、D(内容略),其中因素 A 选四个水平,属于重点因素,B、C、D 各选两个水平。

① 计算自由度并选取要改造的正交表。

本例是 $4^1 \times 2^3$ 的因素试验,各因素的自由度分别为:

$$f_A = m - 1 = 4 - 1 = 3$$
$$f_B = f_C = f_D = m - 1 = 2 - 1 = 1$$
$$f_T' = f_A + f_B + f_C + f_D = 6$$

由公式 $f_T = n - 1$ 知最少试验次数 $n = f_T' + 1 = 7$,故选用 $L_8(2^7)$ 正交表进行改造。

② 并列与表头设计。

四水平因素,其自由度为 3,而 $L_8(2^7)$ 每一列的自由度是 1,所以因素 A 在 $L_8(2^7)$ 表上应占 3 列,因此,可取 $L_8(2^7)$ 表上的三列,改造为一个四水平新列,一般是任取两列再加上这两列的交互作用列,这可通过并列来实现。

在 $L_8(2^7)$ 表中任取两列,如取第 1、2 两列,将此两列同一横行水平数看成有序数对 (1,1),(1,2),(2,1),(2,2),再将每一种有序数对分别对应一个水平,在此,规定对应关系为

$$(1,1) \rightarrow 1$$

第 7 章 正交表在正交试验设计中的灵活运用

$$(1,2) \to 2$$
$$(2,1) \to 3$$
$$(2,2) \to 4$$

于是第 1、2 两列就变成了具有四水平的一列,再将 1、2 两列的交互作用列(第 3 列)从正交表中划去,这样就等于将第 1、2、3 三列合并成新的一个四水平列,可以安排一个四水平因素,从而将 $L_8(2^7)$ 改造成为 $L_8(4^1 \times 2^4)$ 的正交表。

表 $L_8(4^1 \times 2^4)$ 仍然满足正交表的两个数学性质:

a) 每一列不同字码出现的次数是相等的;
b) 任两列字码间的搭配是均衡的。

本例表头设计如表 7-1 所示。

表 7-1　表头设计

因素	A	B	C	D	空列
原正交表的列	1　2　3	4	5	6	7
改造后正交表的列	1′	4	5	6	7

③ 试验方案、试验结果及计算如表 7-2 所示。

表 7-2　试验方案、试验结果及计算

试验号 \ 因素 列号	合并列 (1 2 3)→	A 1′	B 4	C 5	D 6	e 7	试验结果 x_i	数据处理 $y_i = x_i - 90$
1	(1 1 1)→	1	1	1	1	1	86	−4
2	(1 1 1)→	1	2	2	2	2	95	5
3	(1 2 2)→	2	1	1	2	2	91	1
4	(1 2 2)→	2	2	2	1	1	94	4
5	(2 1 2)→	3	1	2	1	2	91	1
6	(2 1 2)→	3	2	1	2	1	96	6
7	(2 2 1)→	4	1	2	2	1	83	−7
8	(2 2 1)→	4	2	1	1	2	88	−2

续表 7-2

因素＼列号＼试验号	合并列 (1 2 3)→	A 1'	B 4	C 5	D 6	e 7	试验结果 x_i	数据处理 $y_i = x_i$ -90
K_{1j}		1	−9	1	−1	−1		
K_{2j}		5	13	3	5	5		
K_{3j}		7						
K_{4j}		−9						
k_{1j}		0.50	−2.25	0.25	−0.25	−0.25	$T=4$	
k_{2j}		2.50	3.25	0.75	1.25	1.25	$\frac{1}{n}T^2 = \frac{1}{8} \times 4^2 = 2$	
k_{3j}		3.50						
k_{4j}		−4.50						
极差 R		8.00	5.50	0.50	1.50	1.50		
S_j		76.0	60.5	0.5	4.5	4.5		

④ 计算偏差平方和。

总偏差平方和：

$$S_T = \sum_{i=1}^{n}(x_i - \overline{x})^2 = \sum_{i=1}^{n} x_i^2 - \frac{1}{n}T^2 = \sum_{i=1}^{8} x_i^2 - \frac{1}{8}T^2 = 146$$

因素的偏差平方和：

$$S_j = \frac{1}{r}\sum_{p=1}^{m} K_{pj}^2 - \frac{1}{n}T^2$$

$$S_A = S_1 = \frac{1}{2}\sum_{p=1}^{4} K_{p1}^2 - \frac{1}{8}T^2 = \frac{1}{2}[1^2 + 5^2 + 49^2 + (-9)^2] - 2 = 76.0$$

$$S_B = S_4 = \frac{1}{4}\sum_{p=1}^{2} K_{p4}^2 - \frac{1}{8}T^2 = 60.5$$

$$S_C = S_5 = \frac{1}{4}\sum_{p=1}^{2} K_{p5}^2 - \frac{1}{8}T^2 = 0.5$$

$$S_D = S_6 = \frac{1}{4}\sum_{p=1}^{2} K_{p6}^2 - \frac{1}{8}T^2 = 4.5$$

误差的偏差平方和：

$$S_e = S_T - S_A - S_B - S_C - S_D = 4.5$$

或

$$S_e = S_7 = \frac{1}{4}\sum_{p=1}^{2} K_{p7}^2 - \frac{1}{8}T^2 = 4.5$$

⑤ 计算自由度。

总自由度：
$$f_T = 总的试验次数 - 1 = 8 - 1 = 7$$

因素自由度：
$$f_A = 4 - 1 = 3$$
$$f_B = f_C = f_D = 水平数 - 1 = 2 - 1 = 1$$

误差自由度：
$$f_e = f_T - f_A - f_B - f_D - f_C = 7 - 3 - 1 - 1 - 1 = 7 - 6 = 1$$

或
$$f_e = f_7 = m - 1 = 2 - 1 = 1$$

⑥ 计算平均偏差平方和：
$$V_A = \frac{S_A}{f_A} = \frac{76.0}{3} = 25.33$$

$$V_B = \frac{S_B}{f_B} = 60.50$$

$$V_C = \frac{S_C}{f_C} = 0.50$$

$$V_D = \frac{S_D}{f_D} = 4.50$$

$$V_e = \frac{S_e}{f_e} = 4.50$$

由于 $V_C < V_e$，$V_D \leqslant V_e$，这说明因素 C、D 对试验结果的影响较小，为次要因素，所以可以将它们都归入误差，这样误差的偏差平方和、自由度和均方都会随之发生变化。

新误差偏差平方和：
$$S_e' = S_e + S_C + S_D = 4.5 + 0.5 + 4.5 = 9.5$$

新误差自由度：
$$f_e' = f_e + f_C + f_D = 1 + 1 + 1 = 3$$

新误差平均偏差平方和：
$$V_e' = \frac{S_e'}{f_e'} = \frac{9.5}{3} = 3.17$$

⑦ 计算 F 值：
$$F_A = \frac{V_A}{V_e'} = \frac{25.33}{3.17} = 7.99$$

$$F_B = \frac{V_B}{V_e'} = \frac{60.50}{3.17} = 19.08$$

由于因素 C、D 已经并入误差,所以不需要计算它们对应的 F 值。

⑧ 列方差分析表(表 7-3),进行因素显著性检验。

查 F 分布表:

$$F_{0.10}(3,3) = 5.39, F_{0.05}(3,3) = 9.28, F_{0.01}(3,3) = 29.46$$

$$F_{0.10}(1,3) = 5.54, F_{0.05}(1,3) = 10.13, F_{0.01}(1,3) = 34.12$$

因为 $F_{0.10}(3,3) = 5.39 < F_A = 7.99 < F_{0.05}(3,3) = 9.28$,所以因素 A 水平的改变对试验指标有一定的影响。

因为 $F_{0.05}(1,3) = 10.13 < F_B = 19.08 < F_{0.01}(1,3) = 34.12$,所以因素 B 水平的改变对试验指标的影响显著。

因素 C、D 对试验指标无显著性影响。

表 7-3 方差分析表

方差来源	偏差平方和 S	自由度 f	平均偏差平方和 V	F 值	临界值	显著性
A	76.0	3	25.33	7.99	$F_{0.10}(3,3)=5.39$	(*)
B	60.5	1	60.50	19.08	$F_{0.05}(3,3)=9.28$	*
C	0.5	1	0.5		$F_{0.01}(3,3)=29.46$	—
D	4.5	1	4.5		$F_{0.10}(1,3)=5.54$	—
误差 e	4.5	1	4.5		$F_{0.05}(1,3)=10.13$	
e'(C、D、e)	9.5	3	3.17		$F_{0.01}(1,3)=34.12$	
总和 T	146	7				

⑨ 确定最优条件。

由表 7-3 中 F 值的大小可知,各因素的主次顺序为:

B　A　D　C
主─────→次

根据试验指标的特点及表 7-2 中试验结果比较可知,其最优方案为 B_2A_3DC。因素 C、D 对试验指标无显著影响,不进行优选,视具体情况而定。

同样,还可以将 $L_{16}(2^{15})$ 改造成可安排部分四水平因素的正交表,如表 $L_{16}(4^1 \times 2^{12})$、$L_{16}(4^2 \times 2^9)$、$L_{16}(4^3 \times 2^6)$、$L_{16}(4^4 \times 2^3)$,掌握了这种关系,就知道在 $L_{16}(2^{15})$ 中可安排几个四水平因素(其余为二水平因素),同样对 $L_{32}(2^{31})$ 也可以进行类似的改造。

7.2 拟水平法

当遇到水平数不相同的正交试验,而没有现成的混合正交表供使用,并且水平数较多的因素占多数时,可以选用水平数较多的正交表,将水平数较少的因素虚拟一些水平,使之能安排在水平数较多的正交表中进行试验,称为拟水平法。具体见前面介绍。

7.3 部分追加法

通过正交表做完一批试验后,发现某一因素对试验指标的影响有某种趋势,需要进一步考察,这时,可以对该因素添加若干个新的水平,追加几个试验,以便对它的影响有全面的了解,这种方法称为部分追加法。

例 7-2 为了选择好的无机盐凝聚剂及其用量用于煤泥水的处理,现在有两种无机盐凝聚剂三氯化铁和明矾,同时考察两种凝聚剂的用量,考察的因素及水平如表 7-4 所示。试验指标为澄清水的透光率。试通过正交试验设计确定因素的主次地位和最优方案。

表 7-4 因素及水平表

水平 \ 因素	A 凝聚剂	B 用量 (kg/m³)
1	氯化铁	0.15
2	明矾	0.20
3		0.10(追加)

解 这是一个 2 因素 2 水平的试验,显然选用 $L_4(2^3)$ 较为合理。表头设计及试验结果见表 7-5 所示。

表 7-5 试验用正交表及试验结果

试验号 \ 列号 \ 因素	A 1	B 2	3	试验结果 x_k
1	1	1	1	89
2	1	2	2	84
3	2	1	2	95
4	2	2	1	90

从上面的试验结果看,对因素 B 来说,用量小试验结果好,为了减少药剂用量,现在把因素 B 增加一个水平,见表 7-4 中的阴影部分。

具体方法是将正交表 $L_4(2^3)$ 的第二列的 1 水平变为 $0.1\,\text{kg/m}^3$ 的用量,并设其为 3 水平(亦可将正交表 $L_4(2^3)$ 的第二列的 2 水平作为 3 水平进行追加试验),试验安排及试验结果见表 7-6。

表 7-6　追加试验用正交表及试验结果

试验号 \ 因素 列号	A	B		试验结果 x_k
	1	2	3	
1	1	3	1	90
2	1	2	2	84
3	2	3	2	96
4	2	2	1	90

由上面的安排可以看出,2 号和 4 号试验是照抄表 7-5 中的 2 号和 4 号试验,即只要做 1 号和 3 号试验,因此可以将总的试验安排及试验结果综合成表 7-7。

表 7-7　试验用正交表及试验结果

试验号 \ 因素 列号	A	B		试验结果 x_k
	1	2	3	
1	1	1	1	86
2	1	2	2	84
3	2	1	2	95
4	2	2	1	90
5	1	3	1	90
6	1	2	2	84
7	2	3	2	96
8	2	2	1	90
K_{1j}	344	181	356	
K_{2j}	371	348	359	$T=715$
K_{3j}		186		
k_{1j}	86	90.5	89	$\dfrac{1}{n}T^2=\dfrac{1}{8}\times 544^2=63903.13$
k_{2j}	92.75	87	89.75	
k_{3j}		93		$\sum\limits_{i=1}^{n}x_i^2=\sum\limits_{i=1}^{8}x_i^2=64049$
极差 R	6.75	6	0.75	
S_j	91.125	51.375	1.125	

表 7-7 中第 1 到 4 号试验为表 7-5 中的 4 次试验,第 5 到 8 号试验为表 7-6 中的 4 次试验,第 5、7 号试验为追加的 2 次试验,第 6、8 号试验为原 4 次试验中的 2、4 号试验。

试验结果的方差分析:

① 计算偏差平方和。

计算总偏差平方和:

$$S_T = \sum_{i=1}^{n}(x_i - \bar{x})^2 = \sum_{i=1}^{n} x_i^2 - \frac{1}{n}T^2 = 64049 - 63903.13 = 145.875$$

计算因素的偏差平方和:

$$S_j = \frac{1}{r}\sum_{p=1}^{m} K_{pj}^2 - \frac{1}{n}T^2$$

由此可以分别计算出:

$$S_A = S_1 = \frac{1}{4}\sum_{p=1}^{2} K_{p1}^2 - 63093.13 = 91.125$$

$$S_B = S_2 = \frac{1}{2} \times 181^2 + \frac{1}{4} \times 348^2 + \frac{1}{2} \times 186^2 - 63903.13 = 51.375$$

$$S_3 = \frac{1}{4}\sum_{p=1}^{2} K_{p3}^2 - 63093.13 = 1.125$$

计算试验误差的平方和:

$$S_e = S_T - S_A - S_B = 3.375 \neq S_3$$

注意,由于部分追加试验造成因素水平的不等重复,试验误差的平方和不等于正交表空白列的偏差平方和。

② 计算自由度。

总自由度:

$$f_T = 总的试验次数 - 1 = 6 - 1 = 5$$

因素自由度:

$$f_A = 2 - 1 = 1$$
$$f_B = 3 - 1 = 2$$

误差自由度:

$$f_e = f_T - f_A - f_B = 5 - 1 - 2 = 2$$

③ 计算平均偏差平方和:

$$V_A = \frac{S_A}{f_A} = 91.125$$

$$V_B = \frac{S_B}{f_B} = 25.6875$$

$$V_e = \frac{S_e}{f_e} = 1.6875$$

④ 求 F 值：

$$F_A = \frac{V_A}{V_e} = 54.00$$

$$F_B = \frac{V_B}{V_e} = 15.22$$

⑤ 显著性检验。

查 F 分布表：

$$F_{0.10}(1,2) = 8.5, F_{0.05}(1,2) = 18.5, F_{0.01}(1,2) = 98.5$$

$$F_{0.10}(2,2) = 9.0, F_{0.05}(1,2) = 19.0, F_{0.01}(1,2) = 99.0$$

$$F_{0.05}(1,2) = 18.5 < F_A = 54 < F_{0.01}(1,2) = 98.5$$

$$F_{0.10}(2,2) = 9.0 < F_B = 15.22 < F_{0.05}(1,2) = 19.0$$

所以因素 A 水平的改变对试验结果有显著影响，因素 B 水平的改变对试验指标有一定的影响。

⑥ 列出方差分析表。

方差分析结果汇总于表 7-8。

表 7-8　方差分析表

方差来源	偏差平方和	自由度	方差	F 值	临界值	显著性
A	91.125	1	91.125	54.00	$F_{0.05}(1,2)=18.5$	*
B	51.375	2	25.6875	15.22	$F_{0.01}(1,2)=98.5$	(*)
误差	3.375	2	1.6875		$F_{0.10}(2,2)=9.0$	
总和	145.875	5			$F_{0.05}(1,2)=19.0$	

⑦ 确定最优条件。

根据表 7-8 中方差的大小可以知其主次顺序为：

　　　　　A　　B

　　　　主──→次

由表 7-7 的计算结果可知，最优方案为 A_2B_3。

7.4 直 积 法

在某些试验中,所考察的因素有配方因素,如原料种类、物料的配比等,还要考察工艺条件因素,如加工时间、加工温度。这两类因素的性质各不相同,而试验的目的,既要寻求较佳的配方,又要寻找适合这种配方的较好的工艺条件,因此常常需要较多地考察这两类因素的交互作用,此时,通常要采用直积法。

下面通过一个实例来介绍直积法。

例 7-3 某化工厂为提高某产品的收率的试验。

1. 试验设计

① 因素和水平的确定。

配方因素:A 为两种原料总量,B 为两种原料的克分子比,C 为催化剂种类,它们均为三水平;

工艺条件因素:D 为反应时间,E 为反应温度,它们均为二水平。

这两类因素内部的交互作用可以忽略,而它们之间的交互作用 A×D、A×E、B×D、B×E 需要考察。

因素水平表如表 7-9 所示。

表 7-9 因素及水平表

水平\因素	配方因素			工艺条件因素	
	A 两种原料总量	B 两种原料的克分子比	C 催化剂种类	D 反应时间	E 反应温度
1	A_1	1:1	甲	短	E_1
2	A_2	1:1.5	乙	长	E_2
3	A_3	1:2	丙		

② 选择正交表,进行表头设计。

选用正交表 $L_9(3^4)$,对因素 A、B、C 进行表头设计,如表 7-10 所示。

表 7-10 $L_9(3^4)$ 表头设计

因素	A	B	C	
列号	1	2	3	4

得出 9 种配方。

再选用正交表 $L_4(2^3)$,对因素 D、E 进行表头设计,如表 7-11 所示。

表 7-11　$L_4(2^3)$ 表头设计

因素	D		E
列号	1	2	3

得出 4 种工艺条件。

在进行试验时,让 9 种配方和 4 种工艺条件进行全搭配,一共做 $9 \times 4 = 36$ 个工艺条件试验,试验结果用表 7-12 所示的形式表示出来。

表 7-12　试验结果

$L_9(3^4)$	A	B	C		1 1 1 1	2 1 2 2	3 2 1 2	4 2 2 1	$L_4(2^3)$ 1 2 3	D E
	1	2	3	4						
1	1	1	1	1	−41	−40	−39	−30		
2	1	2	2	2	−4	−10	−8	0		
3	1	3	3	3	−3	−4	−19	−10		
4	2	1	2	3	−13	−15	−13	−7		
5	2	2	3	1	7	9	−5	3		
6	2	3	1	2	−3	−2	−5	−5		
7	3	1	3	2	−36	−35	−15	−21		
8	3	2	1	3	−6	−17	−7	−10		
9	3	3	2	1	−7	1	−15	−9		

表中所列数据是产品收率减去 80%,如第一行第一列数据为"−41",就是试验条件为 $A_1B_1C_1D_1E_1$ 下产品的收率减 80。

从以上试验安排上可以看出,用直积法安排试验的特点是:两类因素的组合条件比较少,但每个第一类因素的水平组合与每个第二类因素的水平组合都碰过头,因而可以分析两类因素之间的交互作用。在操作上又比较简单。

2. 试验结果的统计分析

① $L_9(3^4)$ 计算。

把 $L_9(3^4)$ 表的同一号试验条件下的 4 次试验看成是重复试验,列表计算,如表 7-13 所示。

第7章 正交表在正交试验设计中的灵活运用

表 7-13 $L_9(3^4)$ 试验计算结果

因素 列号 试验号	A 1	B 2	C 3	4	收率(%) （原始数据－80）				合计
1	1	1	1	1	−41	−40	−39	−30	−150
2	1	2	2	2	−4	−10	−8	0	−22
3	1	3	3	3	−3	−4	−19	−10	−36
4	2	1	2	3	−13	−15	−13	−7	−48
5	2	2	3	1	7	9	−5	3	14
6	2	3	1	2	−3	−2	−5	−5	−15
7	3	1	3	2	−36	−35	−15	−21	−107
8	3	2	1	3	−6	−17	−7	−10	−40
9	3	3	2	1	−7	1	−15	−9	−30
K_1	−208	−305	−205	−166					
K_2	−49	−48	−100	−144	$T=-434$				
K_3	−177	−81	−129	−124	$\frac{1}{n}T^2=\frac{1}{36}\times(-434)^2=5232.11$				
S_j	1 184.06	3 258.72	490.06	73.56					

因素偏差平方和及自由度计算：

$$S_A = S_1 = \frac{1}{pr}\sum_{i=1}^{m}K_{i1}^2 - \frac{1}{n}T^2 = \frac{1}{4\times 3}\sum_{i=1}^{m}K_{i1}^2 - \frac{1}{n}T^2$$
$$= 6416.16 - 5232.11 = 1184.06$$
$$f_A = 3-1 = 2$$

$$S_B = S_2 = \frac{1}{pr}\sum_{i=1}^{m}K_{i2}^2 - \frac{1}{n}T^2 = \frac{1}{4\times 3}\sum_{i=1}^{m}K_{i2}^2 - \frac{1}{n}T^2$$
$$= 8490.83 - 5232.11 = 3258.72$$
$$f_B = 3-1 = 2$$

$$S_C = S_3 = \frac{1}{pr}\sum_{i=1}^{m}K_{i3}^2 - \frac{1}{n}T^2 = \frac{1}{4\times 3}\sum_{i=1}^{m}K_{i3}^2 - \frac{1}{n}T^2$$
$$= 5722.17 - 5232.11 = 490.06$$
$$f_C = 3-1 = 2$$

② $L_4(2^3)$ 计算。

把 $L_4(2^3)$ 表的同一号试验条件下的 9 次试验看成是重复试验，列表计算，如表 7-14 所示。

表 7-14 $L_4(2^3)$ 试验计算结果

因素 列 试验号	D 1	2	E 3	收率(%) （原始数据-80）									合计
1	1	1	1	-41	-4	-3	-13	7	-3	-36	-6	-7	-106
2	1	2	2	-40	-10	-4	-15	9	-2	-35	-17	1	-113
3	2	1	2	-39	-8	-19	-13	-5	-5	-15	-7	-15	-126
4	2	2	1	-30	0	-10	-7	3	-5	-21	-10	-9	-89
K_1	-219	-232	-195	$T=-434$									
K_2	-215	-202	-239	$\frac{1}{n}T^2=\frac{1}{36}\times(-434)^2=5232.11$									
S_j	0.44	25.00	53.78										

因素偏差平方和及自由度计算：

$$S_D = S_1 = \frac{1}{pr}\sum_{i=1}^{m}K_{i1}^2 - \frac{1}{n}T^2 = \frac{1}{9\times 2}\sum_{i=1}^{2}K_{i1}^2 - \frac{1}{n}T^2$$

$$= 5232.55 - 5232.11 = 0.44$$

$$f_D = 2-1 = 1$$

$$S_E = S_3 = \frac{1}{pr}\sum_{i=1}^{m}K_{i3}^2 - \frac{1}{n}T^2 = \frac{1}{9\times 2}\sum_{i=1}^{2}K_{i3}^2 - \frac{1}{n}T^2$$

$$= 5257.11 - 5232.11 = 25.00$$

$$f_E = 2-1 = 1$$

③ 交互作用平方和及自由度计算。

交互作用 A×D 的计算：列出 A 与 D 的搭配数据和，如表 7-15 所示。表中，
$A_1D_1 = (-41)+(-4)+(-3)+(-40)+(-10)+(-4) = -102$

$$S_{A\times D} = \frac{1}{3\times 2}[(-102)^2+(-17)^2+(-100)^2+(-106)^2+(-32)^2+(-77)^2]$$

$$-S_A - S_D - \frac{1}{n}T^2$$

$$= 63.72$$

$$f_{A\times D} = f_A \times f_D = 2\times 1 = 2$$

表 7-15 因素 A、D 水平搭配表

因素	A_1	A_2	A_3
D_1	-102	-17	-100
D_2	-106	-32	-77

交互作用 A×E 的计算:列出 A 与 E 的搭配数据和,如表 7-16 所示。

表 7-16　因素 A、E 水平搭配表

因素	A_1	A_2	A_3
E_1	−88	−18	−89
E_2	−120	−31	−88

$$S_{A\times E} = \frac{1}{3\times 2}[(-88)^2+(-17)^2+(-89)^2+(-120)^2+(-31)^2+(-88)^2]$$
$$-S_A - S_E - \frac{1}{n}T^2$$
$$= 45.72$$
$$f_{A\times E} = f_A \times f_E = 2\times 1 = 2$$

交互作用 B×D 的计算:列出 B 与 D 的搭配数据和,如表 7-17 所示。

表 7-17　因素 B、D 水平搭配表

因素	B_1	B_2	B_3
D_1	−180	−21	−18
D_2	−125	−27	−63

$$S_{B\times D} = \frac{1}{3\times 2}[(-180)^2+(-21)^2+(-18)^2+(-125)^2+(-27)^2+(-63)^2]$$
$$-S_B - S_D - \frac{1}{n}T^2$$
$$= 423.39$$
$$f_{B\times D} = f_B \times f_D = 2\times 1 = 2$$

交互作用 B×E 的计算:列出 B 与 E 的搭配数据和,如表 7-18 所示。

表 7-18　因素 B、E 水平搭配表

因素	B_1	B_2	B_3
E_1	−148	−10	−37
E_2	−157	−38	−44

$$S_{B\times E} = \frac{1}{3\times 2}[(-148)^2+(-10)^2+(-37)^2+(-157)^2+(-30)^2+(-44)^2]$$
$$-S_B - S_E - \frac{1}{n}T^2$$
$$= 22.39$$

$$f_{B\times E} = f_B \times f_E = 2 \times 1 = 2$$

④ 误差的计算。

由表 7-13 可求得第一类误差的平方和及自由度：

$$S_{e1} = S_4 = \frac{1}{pr}\sum_{i=1}^{3} K_{i4}^2 - \frac{1}{n}T^2 = \frac{1}{4\times 3}\sum_{i=1}^{m} K_{i4}^2 - \frac{1}{n}T^2$$
$$= 5305.67 - 5232.11 = 73.56$$
$$f_{e1} = 3-1 = 2$$

S_{e1} 为第一类误差平方和，它反映了整个试验过程的误差。

计算第二类误差平方和及自由度：

总偏差平方和及自由度：

$$S_T = \sum_{i=1}^{9}\sum_{j=1}^{4} x_{ij}^2 - \frac{1}{36}T^2$$
$$= (-41)^2 + (-4)^2 + \cdots + (-9)^2 - 5232.11 = 5991.89$$
$$f_T = 36 - 1 = 35$$

第一张正交表 $L_9(3^4)$ 的总偏差平方和及自由度：

$$S_{T1} = \sum_{i=1}^{4} S_j = 5006.40$$
$$f_{T1} = 9 - 1 = 8$$

根据下列公式求出第二类误差平方和及自由度：

$S_{e2} = S_T - S_{T1} -$（第二张正交表 $L_4(2^3)$ 所排因素的偏差平方和之和）
  －（必须考察的两类因素间交互作用的偏差平方和之和）
$= S_T - S_{T1} - (S_D + S_E) - (S_{A\times D} + S_{A\times E} + S_{B\times D} + S_{B\times E}) = 376.05$

$f_{e2} = f_T - f_{T1} - (f_D + f_E) - (f_{A\times D} + f_{A\times E} + f_{B\times D} + f_{B\times E}) = 17$

⑤ 计算平均偏差平方和：

$$V_A = \frac{S_A}{f_A} = \frac{1184.06}{2} = 592.03$$

$$V_B = \frac{S_B}{f_B} = \frac{3258.72}{2} = 1269.36$$

$$V_C = \frac{S_C}{f_C} = \frac{490.06}{2} = 245.03$$

$$V_D = \frac{S_D}{f_D} = \frac{0.44}{1} = 0.44$$

$$V_E = \frac{S_E}{f_E} = \frac{53.78}{1} = 53.78$$

$$V_{A\times D} = \frac{S_{A\times D}}{f_{A\times D}} = \frac{63.72}{2} = 31.86$$

$$V_{A\times E} = \frac{S_{A\times E}}{f_{A\times E}} = \frac{45.72}{2} = 22.86$$

$$V_{B\times D} = \frac{S_{B\times D}}{f_{B\times D}} = \frac{423.39}{2} = 211.70$$

$$V_{B\times E} = \frac{S_{B\times E}}{f_{B\times E}} = \frac{22.39}{2} = 11.19$$

$$V_{e1} = \frac{S_{e1}}{f_{e1}} = \frac{73.56}{2} = 36.78$$

$$V_{e2} = \frac{S_{e2}}{f_{e2}} = \frac{376.05}{17} = 22.12$$

在进行显著性检验时,原则是用 V_{e1} 去检验第一张正交表中的因素 A、B、C 的显著性,用 V_{e2} 去检验第二张正交表中的因素 D、E 及交互作用 A×D、A×E、B×D、B×E 的显著性。但如果存在关系式:

$$F = \frac{V_{e1}}{V_{e2}} < F_\alpha(f_{e1}, f_{e2})$$

则两者可合并使用,用来检验各因素及交互作用的显著性。

在本例中,

$$F = \frac{V_{e1}}{V_{e2}} = \frac{36.78}{22.12} = 1.66 < F_{0.05}(2,17) = 3.59$$

因而两者合并使用,即

$$S_e = S_{e1} + S_{e2} = 73.56 + 376.05 = 449.61$$
$$f_e = f_{e1} + f_{e2} = 2 + 17 = 19$$
$$V_e = \frac{S_e}{f_e} = \frac{449.1}{19} = 23.66$$

由于 $V_D < V_e, V_{A\times E} < V_e, V_{B\times E} < V_e$,这说明因素 D 及交互作用 A×E、B×E 对试验结果的影响较小,所以可以将它们都归入误差,这样误差的偏差平方和、自由度和均方都会随之发生变化。

新误差偏差平方和:
$$S_e' = S_e + S_D + S_{A\times E} + S_{B\times E} = 449.61 + 0.44 + 45.72 + 22.39 = 518.17$$

新误差自由度:
$$f_e' = f_e + f_D + f_{A\times E} + f_{B\times E} = 19 + 1 + 2 + 2 = 24$$

新误差平均偏差平方和:

$$V_e' = \frac{S_e'}{f_e'} = \frac{518.17}{24} = 21.59$$

⑥ 计算 F 值：

$$F_A = \frac{V_A}{V_e'} = \frac{592.03}{21.59} = 27.42$$

$$F_B = \frac{V_B}{V_e'} = \frac{1269.36}{21.59} = 58.79$$

$$F_C = \frac{V_C}{V_e'} = \frac{245.03}{21.59} = 11.35$$

$$F_E = \frac{V_E}{V_e'} = \frac{53.78}{21.59} = 2.49$$

$$F_{A\times D} = \frac{V_{A\times D}}{V_e'} = \frac{31.86}{21.59} = 1.48$$

$$F_{B\times D} = \frac{V_{B\times D}}{V_e'} = \frac{211.70}{21.59} = 9.81$$

由于因素 D 及交互作用 A×E、B×E 已经并入误差，所以不需要计算它们对应的 F 值。

⑦ 列方差分析表（表 7-19），进行因素显著性检验。

表 7-19　方差分析表

方差来源	偏差平方和 S	自由度 f	均方 V	F 值	临界值	显著性
A	1184.06	2	592.03	27.42		＊＊
B	3258.72	2	1269.36	58.79	$F_{0.10}(1,24)=2.93$	＊＊
C	490.06	2	245.03	11.35	$F_{0.05}(1,24)=4.26$	＊＊
D	0.44	1	0.44		$F_{0.01}(1,24)=7.82$	—
E	53.78	1	53.78	2.49		
A×D	63.72	2	31.86	1.48	$F_{0.10}(2,24)=2.54$	—
A×E	45.72	2	22.86		$F_{0.05}(2,24)=3.40$	—
B×D	423.39	2	211.69	9.81	$F_{0.01}(2,24)=5.61$	＊＊
B×E	22.39	2	11.19			—
e_1	73.56	2				
e_2	376.05	17				
e	449.61	19	23.66			
e'(D、A×E、B×E、e)	518.17	24	21.59			
总和 T	1 471.88	8				

查 F 分布表：

$F_{0.10}(1,24) = 2.93, F_{0.05}(1,24) = 4.26, F_{0.01}(1,24) = 7.82$

$F_{0.10}(2,24) = 2.54, F_{0.05}(2,24) = 3.40, F_{0.01}(2,24) = 5.61$

因为 $F_{0.01}(2,24)=5.61 < F_A=27.42$，所以因素 A 水平的改变对试验指标有高度显著的影响。

因为 $F_{0.01}(2,24)=5.61 < F_B=58.79$，所以因素 B 水平的改变对试验指标有高度显著的影响。

因为 $F_{0.01}(2,24)=5.61 < F_C=11.35$，所以因素 C 水平的改变对试验指标有高度显著的影响。

因为 $F_{0.01}(2,24)=5.61 < F_{B \times D}=9.81$，所以交互作用 B×D 对试验指标有高度显著的影响。

因素 D、E 及交互作用 A×D、A×E、B×E 对试验指标无显著性影响。

⑧ 确定最优条件。

由表 7-19 中均方 V 的大小可以知其主次顺序为：

    B A C B×D E A×D A×E B×E D

    主————————————————————→次

收率越大越好，因为因素 A、C 高度显著，由表 7-13 可知其最优水平应取 A_2、C_2；因素 B 及交互作用 B×D 高度显著，由表 7-13 及 B、D 搭配表 7-17 可知，B_2D_1、B_2D_2、B_3D_1 三个组合较好；因素 E 不显著，可根据实际情况选取。综合考虑，最优生产条件为 $B_2A_2C_2ED_1$ 或 $B_2A_2C_2ED_2$ 或 $B_3A_2C_2ED_1$。

第8章 回归分析

8.1 基本概念

在生产过程和科学实验中,经常会遇到多个因素(变量)之间存在一种相互制约、相互联系的关系,即它们之间存在着相互关系,这种相互关系可以分为两种类型:函数关系和相关关系。

函数关系是指若干变量之间存在着完全确定的关系,即一个变量(因变量 y)能被一个(自变量 x)或若干个其他变量按某种规律唯一地确定。例如欧姆定律,在电阻 R 一定的电路中,通过的电流 I 与加在该电器两端的电压 U 就有确定的函数关系,即

$$I = \frac{U}{R}$$

由上式可知,当电压 U 确定后,电流强度 I 也就确定了,反之亦然。

相关关系是一种统计关系,当一个(自变量 x)或几个相互联系的变量取一定数值时,与之相对应的另一变量(因变量 y)的值虽然不确定,但它仍按某种规律在一定的范围内变化,变量间的这种相互关系,称为相关关系。例如,粮食产量与施肥量之间的关系就属于这种关系。一般来说,施肥多产量就高,但是它们之间的规律很难用一个确定的函数式来准确表达,因为即使是在相邻的地块,采用同样的种子,施相同的肥料,粮食产量仍会有所差异。因而粮食产量与施肥量两者之间存在相关关系。

函数关系和相关关系的区别在于:函数关系是由 x 确定 y 的取值,相关关系是由 x 的取值决定 y 值的概率分布。在实际问题中,函数关系常常通过相关关系表现出来。

变量之间的函数关系和相关关系,在一定的条件下是可以相互转换的。本来具有函数关系的,当存在试验误差时,其函数关系往往以相关的形式表现出来。相关关系虽然是不确定的,却是一种统计关系,在大量的观察下,往往会呈现出一定的规律性,这种规律性可以通过大量试验值的散点图反映出来,也可以借助相应的函数式表达出来,这种函数称为回归函数或回归方程。

回归分析是一种处理变量之间相关关系最常用的统计方法,它以对一种变量

同其他变量相互关系的过去的观察值为基础,并在某种精确度下,预测未知变量的值。用它可以寻找隐藏在随机性后面的统计规律。回归分析研究的主要内容有：确定变量之间的相关关系和相关程度,建立回归模型,检验变量之间的相关程度,应用回归模型进行估计和预测等。

在讨论回归分析时,通常都是假定因变量是服从正态分布的。如果影响因素(自变量)只有一个,则称为一元回归或单回归。一元回归可分为一元线性回归和一元非线性回归,前者是指相关关系可用直线描述,后者是指相关关系用曲线描述。如果自变量有两个或两个以上,称为多元回归或复回归,它也可分为多元线性回归和多元非线性回归。

8.2 一元线性回归

8.2.1 概述

一元线性回归分析又称直线拟合,是处理两个变量之间关系的最简单模型。一元线性回归分析虽然简单,但非常重要,是回归分析的基础,从中可以了解回归分析方法的基本思想、方法和应用。

假设 x 为自变量,y 为因变量,现经过试验得到了 n 对数据 (x_i, y_i) $(i=1,2,\cdots,n)$,把各个数据点画在坐标纸上,如果各点的分布近似一条直线,则可考虑采用一元线性回归,参见图 8-1。

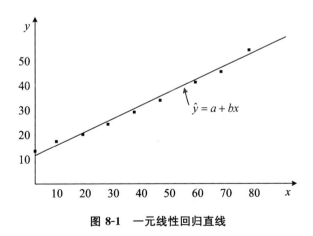

图 8-1　一元线性回归直线

一元线性回归的理论方程可表达为

$$\hat{y} = a + bx \tag{8-1}$$

式中,$\hat{y}$ 为根据回归方程得到的因变量 y 的计算值,称为回归值;a,b 为回归方程中的系数,称为回归系数;x 为自变量。

8.2.2 最小二乘原理估计回归直线中的系数

由于测定结果中不可避免地会带有试验误差,并且回归直线并不一定能完全反映出客观规律,因此所得到的回归直线一般不能通过所有的测量数据点,即函数计算值 $\hat{y}_i$ 与试验值 y_i 不一定相等。如果将 $\hat{y}_i$ 与 y_i 之间的偏差称为残差,用 e_i 表示,则有

$$e_i = y_i - \hat{y}_i \tag{8-2}$$

所有测量数据的残差平方和为

$$S_e = \sum_{i=1}^{n} e_i^2 = \sum_{i=1}^{n} (y_i - \hat{y}_i)^2 = \sum_{i=1}^{n} [y_i - (a + bx_i)]^2 \tag{8-3}$$

显然,只有残差平方和最小时,回归方程与试验值的拟合程度最好。为使 S_e 值达到极小,根据极值原理,只要将上式分别对 a、b 求偏导数 $\frac{\partial S_e}{\partial a}$、$\frac{\partial S_e}{\partial b}$,并令其等于零,即可求得 a、b 之值,这就是最小二乘法原理。

根据最小二乘法,可以得到

$$\begin{cases} \dfrac{\partial S_e}{\partial a} = -2 \sum_{i=1}^{n} (y_i - a - bx_i) = 0 \\ \dfrac{\partial S_e}{\partial b} = -2 \sum_{i=1}^{n} (y_i - a - bx_i) x_i = 0 \end{cases} \tag{8-4}$$

即

$$\begin{cases} na + b \sum_{i=1}^{n} x_i = \sum_{i=1}^{n} y_i \\ a \sum_{i=1}^{n} x_i + b \sum_{i=1}^{n} x_i^2 = \sum_{i=1}^{n} x_i y_i \end{cases} \tag{8-5}$$

或等价于

$$\begin{bmatrix} n & \sum_{i=1}^{n} x_i \\ \sum_{i=1}^{n} x_i & \sum_{i=1}^{n} x_i^2 \end{bmatrix} \begin{pmatrix} a \\ b \end{pmatrix} = \begin{bmatrix} \sum_{i=1}^{n} y_i \\ \sum_{i=1}^{n} x_i y_i \end{bmatrix} \tag{8-6}$$

上述方程组称为正规方程组。对方程组求解,即可得到回归系数 a、b 的计算式:

第 8 章 回归分析

$$a = \bar{y} - b\bar{x} \tag{8-7}$$

$$b = \frac{\sum_{i=1}^{n} x_i y_i - n\bar{x}\bar{y}}{\sum_{i=1}^{n} x_i^2 - n(\bar{x})^2} \tag{8-8}$$

式中，$\bar{x}$、$\bar{y}$ 分别为试验值 x_i、y_i $(i=1,2,\cdots,n)$ 的算术平均值。由式(8-7)可以看出，回归直线通过点 $(\bar{x},\bar{y})$。为了方便计算，令

$$L_{xx} = \sum_{i=1}^{n}(x_i - \bar{x})^2 = \sum_{i=1}^{n} x_i^2 - n(\bar{x})^2 \tag{8-9}$$

$$L_{xy} = \sum_{i=1}^{n}(x_i - \bar{x})(y_i - \bar{y}) = \sum_{i=1}^{n} x_i y_i - n\bar{x}\bar{y} \tag{8-10}$$

于是式(8-8)可以简化为

$$b = \frac{L_{xy}}{L_{xx}} \tag{8-11}$$

例 8-1 根据表 8-1 中的数据，计算得到回归方程。

表 8-1 试验数据

x	0.20	0.21	0.25	0.30	0.35	0.40	0.50
y	0.015	0.020	0.050	0.080	0.105	0.130	0.200

解 ① 根据给定的试验数据，作 $x \sim y$ 散点图，如图 8-2 所示。

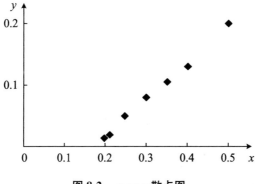

图 8-2 $x \sim y$ 散点图

② 从图 8-2 可以看出，$x \sim y$ 基本呈线性关系，故可设其回归方程为 $y = a + bx$。

③ 由式(8-7)、(8-11)，列表计算各值，如表 8-2 所示。

表 8-2 一元线性回归计算表

项目 序号	x	y	x_i^2	y_i^2	$x_i y_i$
1	0.20	0.015	0.040	0.0002	0.0030
2	0.21	0.020	0.044	0.0004	0.0042
3	0.25	0.050	0.063	0.0025	0.0125
4	0.30	0.080	0.090	0.0064	0.0240
5	0.35	0.105	0.123	0.0110	0.0368
6	0.40	0.130	0.160	0.0169	0.0520
7	0.50	0.200	0.250	0.0400	0.1000
$\sum_{i=1}^{n}$	2.2100	0.6000	0.7691	0.0775	0.2325
$\frac{1}{n}\sum_{i=1}^{n}$	0.3157	0.0857	0.1099	0.0111	0.0332

④ 计算统计量 L_{xx}, L_{xy}：

$$L_{xx} = \sum_{i=1}^{n}(x_i - \bar{x})^2 = \sum_{i=1}^{n} x_i^2 - n(\bar{x})^2 = 0.769 - 7 \times 0.316^2 = 0.0714$$

$$L_{xy} = \sum_{i=1}^{n}(x_i - \bar{x})(y_i - \bar{y}) = \sum_{i=1}^{n} x_i y_i - n\bar{x}\bar{y}$$

$$= 0.2325 - 7 \times 0.316 \times 0.086 = 0.0430$$

⑤ 求回归系数：

$$b = \frac{L_{xy}}{L_{xx}} = \frac{0.0430}{0.0714} = 0.6028$$

$$a = \bar{y} - b\bar{x} = 0.0857 - 0.6000 \times 0.3157 = -0.1046$$

则回归方程为

$$\hat{y} = -0.1046 + 0.6028x$$

可见，根据试验数据建立回归方程，可采用最小二乘法，基本步骤为：
① 根据试验数据画出散点图；
② 确定经验公式的函数类型；
③ 求解由最小二乘法得到的回归方程组，得到回归方程的表达式。

8.2.3 回归方程的显著性检验

最小二乘法的原则是使回归值与测量值的残差平方和最小，但它不能肯定所得到的回归方程是否能够反映实际情况,是否具有实用价值。为了解决这些问题,尚需进行统计检验,下面介绍几种检验方法。

1. 方差检验法

检验自变量和因变量之间的线性关系是否显著。具体方法是将回归平方和(S_R)同残差平方和(S_e)加以比较,应用 F 检验来分析二者之间的差别是否显著,如果是显著的,两个变量之间存在线性关系;如果不显著,两个变量之间不存在线性关系。

① 偏差平方和。

试验值 $y_i(i=1,2,\cdots,n)$ 之间存在差异,这种差异可用试验值 y_i 与其算术平均值 $\bar{y}$ 的偏差平方和来表示,称为总偏差平方和,即:

$$S_T = \sum_{i=1}^{n}(y_i - \bar{y})^2 = L_{yy} \tag{8-12}$$

$$L_{yy} = \sum_{i=1}^{n}(y_i - \bar{y})^2 = \sum_{i=1}^{n}y_i^2 - n(\bar{y})^2 \tag{8-13}$$

试验值 y_i 的这种波动是由两个因素造成的:一个是由于 x 的变化而引起 y 相应的变化,它可以用回归平方和来表达,即:

$$S_R = \sum_{i=1}^{m}(\hat{y}_i - \bar{y})^2 \tag{8-14}$$

它表示的是回归值 $\hat{y}_i$ 与 y_i 的算术平均值 $\bar{y}$ 之间的偏差平方和;另一个因素是随机误差,它可以用残差平方和(式(8-3))来表示,即 $S_e = \sum_{i=1}^{n}(y_i - \hat{y}_i)^2$,它表示的是试验值 y_i 与对应的回归值 $\hat{y}_i$ 之间偏差的平方和。显然,这三种平方和之间有下述关系:

$$S_T = S_R + S_e \tag{8-15}$$

回归平方和 S_R 与残差平方和 S_e 的计算,通常按下式计算:

将 $\hat{y}_i = a + bx_i, \bar{y} = a + b\bar{x}$ 代入式(8-14)和(8-3),整理可得

$$S_R = \sum_{i=1}^{m}(\hat{y}_i - \bar{y})^2 = bL_{xy} \tag{8-16}$$

$$S_e = \sum_{i=1}^{n}(y_i - \hat{y}_i)^2 = L_{yy} - bL_{xy} \tag{8-17}$$

② 平均偏差平方和与自由度。

总偏差平方和 S_T 的自由度为

$$f_T = n - 1 \tag{8-18}$$

回归平方和的自由度为
$$f_R = 1 \tag{8-19}$$
残差平方和的自由度为
$$f_e = n - 2 \tag{8-20}$$
显然，三种自由度之间的关系为
$$f_T = f_R + f_e \tag{8-21}$$
因而，各平均偏差平方和为
$$V_R = \frac{S_R}{f_R} = S_R \tag{8-22}$$
$$V_e = \frac{S_e}{f_e} = \frac{S_e}{n-2} \tag{8-23}$$

③ 用 F 检验法进行显著性检验：
$$F_R = \frac{V_R}{V_e} \tag{8-24}$$

F 服从自由度为 $(1, n-2)$ 的 F 分布。在给定的显著性水平 α 下，从 F 分布表中查得 $F_\alpha(1, n-2)$。α 一般取 0.05 或 0.01，$1-\alpha$ 表示检验的可靠程度。若 $F < F_{0.05}(1, n-2)$，则称 x 与 y 没有明显的线性关系，回归方程不可信；若 $F_{0.01}(1, n-2) \geqslant F \geqslant F_{0.05}(1, n-2)$，则称 x 与 y 有显著的线性关系，用"*"表示；若 $F > F_{0.01}(1, n-2)$，则称 x 与 y 有十分显著的线性关系，用"**"表示。后两种情况说明 y 的变化主要是由于 x 的变化造成的。最后将计算结果列成方差分析表（表8-3）。

表8-3　一元线性回归方差分析表

方差来源	偏差平方和	自由度	方差（均方）	F 比	显著性
回归	S_R	1	$V_R = S_R$	$F_R = \dfrac{V_R}{V_e}$	
残差	S_e	$n-2$	$V_e = \dfrac{S_e}{n-2}$		
总和	S_T	$n-1$			

如果通过 F 检验发现所作的回归方程是不显著的，则可能有如下几种原因：
a) 影响 y 的因素，除 x 之外至少还有一个不可忽略的因素；
b) y 和 x 不是线性相关；
c) y 和 x 无关，或者说根本不相关。

例 8-2　试用 F 检验法对例 8-1 中所求的回归直线进行显著性检验。

解　由例 8-1 可求得

$L_{xy} = 0.0430, L_{xx} = 0.0714, L_{yy} = 0.0260, b = 0.6028$

$S_T = L_{yy} = 0.0260$

$S_R = b \times L_{xy} = 0.6028 \times 0.0430 = 0.0259$

$S_e = S_T - S_R = 0.0260 - 0.0259 = 0.0001$

列出方差分析表,如表 8-4 所示。

表 8-4 方差分析表

方差来源	偏差平方和	自由度	方差	F 比	$F_{0.01}(1,5)$	显著性
回归	0.0259	1	0.0259	1458.9	16.26	**
残差	0.0001	5	0.000018			
总和	0.0260	6				

所以,例 8-1 所建立的回归直线具有十分显著的线性关系。

2. 相关系数检验法

相关系数用于描述变量 x 与 y 的线性相关关系的密切程度,常用 γ 来表示,其计算式为

$$\gamma = \sqrt{\frac{S_R}{S_T}} = \frac{L_{xy}}{\sqrt{L_{xx}L_{yy}}} = b\sqrt{\frac{L_{xx}}{L_{yy}}} \tag{8-25}$$

由于

$$F = \frac{\frac{S_R}{f_R}}{\frac{S_e}{f_e}} = \frac{S_R}{\frac{S_e}{n-2}} = \frac{S_R(n-2)}{S_e} \tag{8-26}$$

将式(8-25)及 $S_T = S_R + S_e$ 代入上式并整理可得

$$F = \frac{S_R(n-2)}{S_e} = \frac{S_R(n-2)}{S_T - S_R} = \frac{n-2}{\frac{S_T}{S_R} - 1} = \frac{n-2}{\frac{1}{\gamma^2} - 1} \tag{8-27}$$

故

$$\gamma = \left(\frac{n-2}{F} + 1\right)^{-\frac{1}{2}} \tag{8-28}$$

因此,当 $F \geqslant F_\alpha(1, n-2)$ 时,

$$\gamma \geqslant \left(\frac{n-2}{F_\alpha(1, n-2)} + 1\right)^{-\frac{1}{2}}$$

令 $\gamma_{\alpha, n-2} = \left(\frac{n-2}{F_\alpha(1, n-2)} + 1\right)^{-\frac{1}{2}}$,因此,当 $\gamma > \gamma_{0.01, n-2}$ 时,x 与 y 有十分显著的线性

关系;当 $\gamma_{0.01,n-2} \geqslant \gamma \geqslant \gamma_{0.05,n-2}$ 时,x 与 y 有显著的线性关系;当 $\gamma < \gamma_{0.05,n-2}$ 时,x 与 y 没有明显的线性关系,回归方程不可信。

$$\gamma_{a,n-2} = \left(\frac{n-2}{F_a(1,n-2)}+1\right)^{-\frac{1}{2}}$$ 可通过查得 $F_a(1,n-2)$ 的值后计算得到,也可直接查附录 3 得到。附录 3 列出了 $\gamma_{a,f}$ 与 f 值的关系,查表时,根据 n 值计算出 $f=n-2$。

由式(8-25)可知,相关系数 γ 具有以下特点:

① $|\gamma| \leqslant 1$。

② 如果 $|\gamma|=1$,则表明 x 与 y 完全线性相关,这时 x 与 y 有精确的线性关系。

③ 大多数情况下 $0<|\gamma|<1$,即 x 与 y 之间存在着一定的线性关系。当 $\gamma>0$ 时,称 x 与 y 正线性相关,这时直线的斜率为正值,y 随着 x 的增加而增加;当 $\gamma<0$ 时,称 x 与 y 负线性相关,这时直线的斜率为负值,y 随 x 的增加而减小。相关系数 γ 越接近 1,x 与 y 的线性相关程度越高。

④ $\gamma=0$ 时,则表明 x 与 y 没有线性关系,但并不意味着 x 与 y 之间不存在其他类型的关系,所以相关系数更精确的说法应该是线性相关系数。

图 8-3 为不同的相关系数所代表的试验测量数据点分布情况。

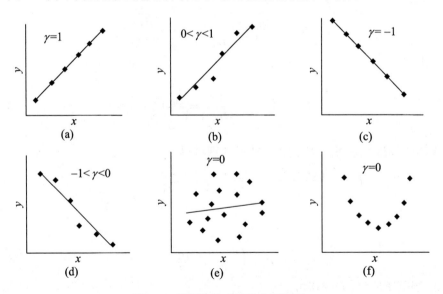

图 8-3　不同相关系数散点意义图

例 8-3　试用相关系数检验法对例 8-1 中所求的回归直线进行显著性检验。

解　由例 8-1 可求得

$$L_{xy} = 0.0430, L_{xx} = 0.0714, L_{yy} = 0.0260$$

$$\gamma = \sqrt{\frac{S_R}{S_T}} = \frac{L_{xy}}{\sqrt{L_{xx}L_{yy}}} = \frac{0.0430}{\sqrt{0.0714 \times 0.0260}} = 0.9983$$

因 $n=7$，查相关系数检验表可得 $\gamma_{0.01, n-2} = \gamma_{0.01, 5} = 0.0874$。由于 $\gamma = 0.9983 > \gamma_{0.01, 5} = 0.0874$，故所得到的回归直线高度显著。

3. 残差分析

$\hat{y}_i$ 与 y_i 之间的偏差称为残差，表示为 $e_i = y_i - \hat{y}_i$，它能提供许多有用的信息。表 8-5 给出了例 8-1 的 7 个预测值和残差，其中预测值是指根据回归方程得到的计算值 $\hat{y}_i$，也就是回归值。

表 8-5 残差表

i	预测	残差	i	预测	残差	i	预测	残差
1	0.016	−0.001	4	0.076	0.004	7	0.196	0.004
2	0.022	−0.002	5	0.106	−0.001			
3	0.046	0.004	6	0.136	−0.006			

根据残差表，可以计算出残差的标准偏差 $\hat{S}$：

$$\hat{S} = \sqrt{\frac{S_e}{n-2}} = \sqrt{\frac{1}{n-2}\sum_{i=1}^{n} e_i^2} \tag{8-29}$$

根据例 8-2 知，$S_e = 0.0004$，代入上式可得例 8-1 的残差标准偏差：

$$\hat{S} = \sqrt{\frac{S_e}{n-2}} = \sqrt{\frac{0.0004}{7-2}} = 0.0089$$

如果试验的随机误差服从正态分布，则试验值 y_i 落在 $\hat{y}_i \pm \hat{S}$ 之内的概率为 68.27%。对于例 8-1，7 个 y_i 都落在了 $\hat{y}_i \pm 0.0089$ 之内。可见残差标准偏差 $\hat{S}$ 越小，说明曲线拟合得越好。

最后指出，无论使用哪一种方法检验回归方程是否有意义，都是一种统计上的辅助方法，关键还是要用专业知识来判断。

8.3 多元线性回归

8.3.1 多元线性回归方程

在解决实际问题时，往往是多个因素都对试验结果有影响，这时可以通过多元回归分析求出试验指标（因变量）y 与多个试验因素（自变量）$x_i (i=1,2,\cdots,m)$ 之间的近似函数 $y = f(x_1, x_2, \cdots, x_m)$。多元线性回归分析基本原理和方法与一元线性回归分析相同,也是根据最小二乘法原理,但计算量比较大。

设因变量为 y,自变量共有 m 个,记为 $x_i(i=1,2,\cdots,m)$,假设已通过试验测得 n 组数据为

$$(x_{11},x_{21},\cdots,x_{i1},\cdots,x_{m1},y_1)$$
$$(x_{12},x_{22},\cdots,x_{i2},\cdots,x_{m2},y_2)$$
$$\cdots\cdots$$
$$(x_{1j},x_{2j},\cdots,x_{ij},\cdots,x_{mj},y_j)$$
$$\cdots\cdots$$
$$(x_{1n},x_{2n},\cdots,x_{in},\cdots,x_{mn},y_n)$$

则多元线性回归方程可表示为

$$\hat{y}=a+b_1x_1+b_2x_2+\cdots+b_mx_m \tag{8-30}$$

式中,a 为常数项,$b_i(i=1,2,\cdots,m)$ 称为 y 对 $x_i(i=1,2,\cdots,m)$ 的偏回归系数。与一元线性回归相似,根据最小二乘法原理,令多元线性回归方程的残差平方和最小,可求得 a 和 $b_i(i=1,2,\cdots,m)$。

多元线性回归方程的残差平方和可以表示为

$$S_e=\sum_{j=1}^{n}(y_i-\hat{y}_i)^2=\sum_{j=1}^{n}(y_i-a-b_1x_1-b_2x_2-\cdots-b_mx_m)^2 \tag{8-31}$$

将残差平方和分别对 a 和 $b_i(i=1,2,\cdots,m)$ 求偏导数可得

$$\frac{\partial S_e}{\partial a}=-2\sum_{j=1}^{n}(y_j-a-b_1x_{1j}-b_2x_{2j}-\cdots-b_mx_{mj})=0 \tag{8-32}$$

$$\frac{\partial S_e}{\partial b_i}=-2\sum_{j=1}^{n}x_{ij}(y_j-a-b_1x_{1j}-b_2x_{2j}-\cdots-b_mx_{mj})$$
$$=0 \quad (i=0,1,\cdots,m) \tag{8-33}$$

由此可得到如下正规方程组:

$$\begin{cases} na+(\sum_{j=1}^{n}x_{1j})b_1+(\sum_{j=1}^{n}x_{2j})b_2+\cdots+(\sum_{j=1}^{n}x_{mj})b_m = \sum_{j=1}^{n}y_j \\ (\sum_{j=1}^{n}x_{1j})a+(\sum_{j=1}^{n}x_{1j}^2)b_1+(\sum_{j=1}^{n}x_{1j}x_{2j})b_2+\cdots+(\sum_{j=1}^{n}x_{1j}x_{mj})b_m = \sum_{j=1}^{n}x_{1j}y_j \\ (\sum_{j=1}^{n}x_{2j})a+(\sum_{j=1}^{n}x_{2j}x_{1j})b_1+(\sum_{j=1}^{n}x_{2j}^2)b_2+\cdots+(\sum_{j=1}^{n}x_{2j}x_{mj})b_m = \sum_{j=1}^{n}x_{2j}y_j \\ \cdots\cdots \\ (\sum_{j=1}^{n}x_{mj})a+(\sum_{j=1}^{n}x_{mj}x_{1j})b_1+(\sum_{j=1}^{n}x_{mj}x_{2j})b_2+\cdots+(\sum_{j=1}^{n}x_{mj}^2)b_m = \sum_{j=1}^{n}x_{mj}y_j \end{cases}$$

$$(8-34)$$

解此正规方程组,即可求得 a 和 $b_i(i=1,2,\cdots,m)$。

显然,方程组的解就是式(8-34)中的系数 $a,b_1,b_2,\cdots,b_m$。注意,为了使正规方程组有解,要求 $m \leqslant n$,即自变量的个数应不大于试验次数。

如果令

$$\bar{x}_i = \frac{1}{n}\sum_{j=1}^{n} x_{ij} \quad (i=1,2,\cdots,m) \tag{8-35}$$

$$\bar{y} = \frac{1}{n}\sum_{j=1}^{n} y_j \quad (j=1,2,\cdots,n) \tag{8-36}$$

$$L_{ik} = L_{ki} = \sum_{j=1}^{n}(x_{ij}-\bar{x}_i)(x_{kj}-\bar{x}_k) = \sum_{j=1}^{n} x_{ij}x_{kj} - \frac{1}{n}\sum_{j=1}^{n} x_{ij}\sum_{j=1}^{n} x_{kj}$$
$$(i,k=1,2,\cdots,m) \tag{8-37}$$

$$L_{iy} = \sum_{j=1}^{n}(x_{ij}-\bar{x}_i)(y_j-\bar{y}) = \sum_{j=1}^{n} x_{ij}y_j - \frac{1}{n}\sum_{j=1}^{n} x_{ij}\sum_{j=1}^{n} y_j \quad (i=1,2,\cdots,m) \tag{8-38}$$

则上述正规方程组可以变为(证明略)

$$a = \bar{y} - b_1\bar{x}_1 - b_2\bar{x}_2 - \cdots - b_m\bar{x}_m \tag{8-39}$$

$$\begin{cases} L_{11}b_1 + L_{12}b_2 + \cdots + L_{1m}b_m = L_{1y} \\ L_{21}b_1 + L_{22}b_2 + \cdots + L_{2m}b_m = L_{2y} \\ \cdots\cdots \\ L_{m1}b_1 + L_{m2}b_2 + \cdots + L_{mm}b_m = L_{my} \end{cases} \tag{8-40}$$

若以矩阵形式表示式(8-40):

$$L = \begin{pmatrix} L_{11} & L_{12} & \cdots & L_{1m} \\ L_{21} & L_{22} & \cdots & L_{2m} \\ \vdots & \vdots & & \vdots \\ L_{m1} & L_{m2} & \cdots & L_{mm} \end{pmatrix}, B = \begin{pmatrix} b_1 \\ b_2 \\ \vdots \\ b_m \end{pmatrix}, F = \begin{pmatrix} L_{1y} \\ L_{2y} \\ \vdots \\ L_{my} \end{pmatrix}$$

则

$$L \cdot B = F, \ B = L^{-1}F \tag{8-41}$$

若将矩阵 L^{-1} 元素记为 $c_{ik}(i,k=1,2,\cdots,m)$,则回归系数:

$$b_i = \sum_{k=1}^{m} c_{ik}L_{ky} \tag{8-42}$$

8.3.2 多元线性回归的显著性检验

1. 方差检验法

① 偏差平方和。

总偏差平方和：

$$S_T = L_{yy} = \sum_{j=1}^{n}(y_j - \bar{y})^2 = \sum_{j=1}^{n} y_j^2 - n(\bar{y})^2 \tag{8-43}$$

回归平方和：

$$S_R = \sum_{j=1}^{n}(\hat{y}_j - \bar{y})^2 = \sum_{i=1}^{m} b_i L_{iy} \tag{8-44}$$

残差平方和：

$$S_e = \sum_{j=1}^{n}(y_j - \hat{y}_j)^2 = L_{yy} - \sum_{i=1}^{m} b_i L_{iy} \tag{8-45}$$

② 平均偏差平方和与自由度。

总偏差平方和 S_T 的自由度为

$$f_T = n - 1 \tag{8-46}$$

回归平方和 S_R 的自由度为

$$f_R = m \tag{8-47}$$

残差平方和 S_e 的自由度为

$$f_e = n - m - 1 \tag{8-48}$$

显然，三种自由度之间的关系为

$$f_T = f_R + f_e \tag{8-49}$$

因而，各平均偏差平方和为

$$V_R = \frac{S_R}{f_R} = \frac{S_R}{m} \tag{8-50}$$

$$V_e = \frac{S_e}{f_e} = \frac{S_e}{n-m-1} \tag{8-51}$$

③ 用 F 检验法进行显著性检验：

$$F_R = \frac{V_R}{V_e} \tag{8-52}$$

F 服从自由度为 $(m, n-m-1)$ 的 F 分布。在给定的显著性水平 α 下，从 F 分布表中查得 $F_\alpha(m, n-m-1)$。当 $F > F_{0.01}(m, n-m-1)$ 时，所建立的回归方程是高度显著的，用"＊＊"表示；当 $F_{0.01}(m, n-m-1) \geqslant F \geqslant F_{0.05}(m, n-m-1)$ 时，所建立的回归方程是显著的，用"＊"表示；当 $F_{0.05}(m, n-m-1) \geqslant F \geqslant F_{0.1}(m, n-m-1)$

时,所建立的回归方程在 0.1 水平下显著,用"(*)"表示;当 $F<F_{0.1}(m,n-m-1)$ 时,所建立的回归方程不显著。最后将计算结果列成方差分析表(表 8-6)。

表 8-6　多元线性回归方差分析表

方差来源	偏差平方和	自由度	方差(均方)	F 比	显著性
回归	S_R	m	$V_R=\dfrac{S_R}{m}$	$F_R=\dfrac{V_R}{V_e}$	
残差	S_e	$n-m-1$	$V_e=\dfrac{S_e}{n-m-1}$		
总和	S_T	$n-1$			

2. 相关系数检验法

类似于一元线性回归的相关系数 γ,在多元线性回归分析中,复相关系数 R 反映了一个变量 y 与多个变量 $x_i(i=1,2,\cdots,m)$ 之间的线性相关程度。复相关系数的定义式如下:

$$R=\sqrt{\frac{S_R}{S_T}}=\sqrt{1-\frac{S_e}{S_T}}=\sqrt{\frac{\sum_{i=1}^{m}b_i L_{iy}}{L_{yy}}} \tag{8-53}$$

如果 $R>\gamma_{a,n-m-1}$,则在显著性水平 α 下,回归方程显著。

显然,当 $|R|$ 接近于 1 时,说明因变量与各个自变量组成的线性方程线性关系密切;反之,线性关系不密切甚至不存在线性关系。

由于复相关系数不能明确指出每个变量的作用,而且 R 不仅与试验数据数量有关,而且与自变量的数量有关,使用时没有一元线性方程的相关系数方便,而理论上又可以证明复相关系数检验方法实质上与 F 检验法相同,因此在多元回归分析中一般用 F 检验法检验回归方程的显著性。

8.3.3　因素对试验结果影响的判断

1. 因素影响的主次顺序

多元线性回归方程中,$x_i(i=1,2,\cdots,m)$ 对试验结果 y 都有影响,但在这 m 个因素中,哪个是主要因素,哪个是次要因素,可用标准回归系数比较法来判断。定义

$$b_i'=|b_i|\sqrt{\frac{L_{ii}}{L_{yy}}} \quad (i=1,2,\cdots,m) \tag{8-54}$$

式中,b_i' 为 y 对因素 x_i 的标准回归系数。该系数越大,所对应的因素 x_i 的影响就

越大。

2. 因素影响的显著性

设 S_R 为 m 个变量所引起的回归平方和，S_i 为剔除变量 x_i 后，其余 $m-1$ 个变量所引起的回归平方和，把回归平方和的减少量记为 P_i，则：

$$P_i = S_R - S_i \tag{8-55}$$

P_i 称为变量 x_i 的偏回归平方和。P_i 可按下式计算：

$$P_i = \frac{b_i^2}{C_{ii}} \tag{8-56}$$

式中，b_i 为原回归方程中变量 x_i 的偏回归系数；C_{ii} 为原来 m 元线性回归分析的正规方程组中，系数矩阵 A 的逆矩阵 $C=A^{-1}$ 中对角线上的元素。

变量 x_i 所对应的偏回归平方和 P_i 的自由度为 1，因此，定义统计量：

$$F_i = \frac{P_i}{S^2} \tag{8-57}$$

式中，S^2 为残余方差。当某一 x_i 变量所对应的 $F_i \geq F_a(1, n-m-1)$ 时，则在显著性水平 α 下，该变量 x_i 在回归方程中的作用显著，反之不显著。

即使检验变量 x_i 在回归方程中的作用不显著，也不能轻易将该变量在回归方程中删除。删除的原则如下：

① 如果只检验到一个偏回归平方和最小的变量的作用不显著，则将该变量从原回归平方和中删除。然后，重新建立不包括这个自变量在内的新的回归方程，新的回归系数仍用最小二乘法求得。由于各个变量之间的相关性，新方程中各个变量所对应的偏回归系数与原方程中的不同。建立新方程后，再用 F 检验法进行检验。

② 如果同时存在几个不显著的自变量，不能将它们同时从方程中除掉，而只能一个一个逐步剔除。即先剔除 F_i 最小的一个变量，然后建立新的回归方程，再用 F 检验法检验后，剔除 F_i 最小的一个不显著的变量，直到余下的所有的变量都显著为止，这样才能保证回归方程的精度。

例 8-4 某试验共进行了 49 次，考察三个自变量 x_1、x_2 和 x_3 对因变量 y 的影响，得到的结果如表 8-7 所示，根据相关的专业知识已知它们之间的关系可用三元线性回归来进行处理，试求出回归方程，进行相关检验。

解 ① 相关统计量计算。

已知 $n=49$，根据表 8-7 中的数据可以算出以下统计量的值：

$$\sum_{j=1}^{n} x_{1j} = 259$$

表 8-7 试验结果一览表

序号	y	x_1	x_2	x_3	序号	y	x_1	x_2	x_3
1	4.3302	2	18	50	26	2.7066	9	6	39
2	3.6485	7	9	40	27	5.6314	12	5	51
3	4.4830	5	14	46	28	5.8152	6	13	41
4	5.5468	12	3	43	29	5.1302	12	7	47
5	5.4970	1	20	64	30	5.3910	0	24	61
6	3.1125	3	12	40	31	4.4583	5	12	37
7	5.1182	3	17	64	32	4.6569	4	15	49
8	3.8759	6	5	39	33	4.5212	0	20	45
9	4.6700	7	8	37	34	4.8650	6	16	42
10	4.9536	0	23	55	35	5.3566	4	17	48
11	5.0060	3	16	60	36	4.6098	10	4	48
12	5.2701	0	18	49	37	2.3815	4	14	36
13	5.3772	8	4	50	38	3.8746	5	13	36
14	5.4849	6	14	51	39	4.5919	9	8	51
15	4.5960	0	21	51	40	5.1588	6	13	54
16	5.6645	3	14	51	41	5.4372	5	8	100
17	6.0795	7	12	56	42	3.9960	5	11	44
18	3.2194	16	0	48	43	4.3970	8	6	63
19	5.8075	6	16	45	44	4.0622	2	13	55
20	4.7306	0	15	52	45	2.2905	7	8	50
21	4.6805	9	0	40	46	4.7115	4	10	45
22	3.1272	4	6	32	47	4.5310	10	5	40
23	2.6104	0	17	47	48	5.3637	3	17	64
24	3.7174	9	0	44	49	6.0771	4	15	72
25	3.8946	2	16	39					

$$\overline{x}_1 = \frac{1}{n}\sum_{j=1}^{n} x_{1j} = 5.286$$

$$\sum_{j=1}^{n} x_{2j} = 578$$

$$\overline{x}_2 = \frac{1}{n}\sum_{j=1}^{n} x_{2j} = 11.796$$

$$\sum_{j=1}^{n} x_{3j} = 2411$$

$$\bar{x}_3 = \frac{1}{n}\sum_{j=1}^{n} x_{3j} = 49.204$$

$$\sum_{j=1}^{n} y_j = 224.5169$$

$$\bar{y} = \frac{1}{n}\sum_{j=1}^{n} y_j = 4.582$$

$$L_{11} = \sum_{j=1}^{n}(x_{1j} - \bar{x}_1)^2 = \sum_{j=1}^{n} x_{1j}^2 - \frac{1}{n}\Big(\sum_{j=1}^{n} x_{1j}\Big)^2 = 662.000$$

$$L_{22} = \sum_{j=1}^{n}(x_{2j} - \bar{x}_2)^2 = \sum_{j=1}^{n} x_{2j}^2 - \frac{1}{n}\Big(\sum_{j=1}^{n} x_{2j}\Big)^2 = 1793.959$$

$$L_{33} = \sum_{j=1}^{n}(x_{3j} - \bar{x}_3)^2 = \sum_{j=1}^{n} x_{3j}^2 - \frac{1}{n}\Big(\sum_{j=1}^{n} x_{3j}\Big)^2 = 662.000$$

$$L_{12} = L_{21} = \sum_{j=1}^{n}(x_{1j} - \bar{x}_1)(x_{2j} - \bar{x}_2) = \sum_{j=1}^{n} x_{1j}x_{2j} - \frac{1}{n}\sum_{j=1}^{n} x_{1j}\sum_{j=1}^{n} x_{2j} = -918.1428$$

$$L_{13} = L_{31} = \sum_{j=1}^{n}(x_{1j} - \bar{x}_1)(x_{3j} - \bar{x}_3) = \sum_{j=1}^{n} x_{1j}x_{3j} - \frac{1}{n}\sum_{j=1}^{n} x_{1j}\sum_{j=1}^{n} x_{3j} = -388.8571$$

$$L_{23} = L_{32} = \sum_{j=1}^{n}(x_{2j} - \bar{x}_2)(x_{3j} - \bar{x}_3) = \sum_{j=1}^{n} x_{2j}x_{3j} - \frac{1}{n}\sum_{j=1}^{n} x_{2j}\sum_{j=1}^{n} x_{3j} = 776.0408$$

$$L_{1y} = \sum_{j=1}^{n}(x_{1j} - \bar{x}_1)(y_j - \bar{y}) = \sum_{j=1}^{n} x_{1j}y_j - \frac{1}{n}\sum_{j=1}^{n} x_{1j}\sum_{j=1}^{n} y_j = -67.432986$$

$$L_{2y} = \sum_{j=1}^{n}(x_{2j} - \bar{x}_2)(y_j - \bar{y}) = \sum_{j=1}^{n} x_{2j}y_j - \frac{1}{n}\sum_{j=1}^{n} x_{2j}\sum_{j=1}^{n} y_j = 69.13047$$

$$L_{3y} = \sum_{j=1}^{n}(x_{3j} - \bar{x}_3)(y_j - \bar{y}) = \sum_{j=1}^{n} x_{3j}y_j - \frac{1}{n}\sum_{j=1}^{n} x_{3j}\sum_{j=1}^{n} y_j = 245.5713$$

$$L_{yy} = \sum_{j=1}^{n}(y_j - \bar{y})^2 = \sum_{j=1}^{n} y_j^2 - \frac{1}{n}\Big(\sum_{j=1}^{n} y_j\Big)^2 = 44.905$$

② 建立方程组，求偏回归系数 b_1、b_2、b_3 与常数 a。

已知方程组为

$$\begin{cases} L_{11}b_1 + L_{12}b_2 + L_{13}b_3 = L_{1y} \\ L_{21}b_1 + L_{22}b_2 + L_{23}b_3 = L_{2y} \\ L_{31}b_1 + L_{32}b_2 + L_{33}b_3 = L_{3y} \end{cases}$$

将计算得到的统计量的值代入上式可得

$$\begin{cases} 662.000b_1 - 918.1428b_2 - 388.8571b_3 = -67.432986 \\ -918.1428b_1 + 1793.959b_2 + 776.0408b_3 = 69.13047 \\ -388.8571b_1 + 776.0408b_2 + 6247.959b_3 = 245.5713 \end{cases}$$

通过克莱姆法或消元法解上述方程组可得

$$\begin{cases} b_1 = 0.1606 \\ b_2 = 0.1076 \\ b_3 = 0.0359 \end{cases}$$

则

$$a = \bar{y} - b_1\bar{x}_1 - b_2\bar{x}_2 - b_3\bar{x}_3 = 0.697$$

则回归方程为

$$\hat{y} = 0.697 + 0.1606x_1 + 0.1076x_2 + 0.0359x_3$$

③ 显著性检验。

总偏差平方和及自由度：

$$S_T = L_{yy} = 44.905$$
$$f = n - 1 = 49 - 1 = 48$$

回归平方和及自由度：

$$S_R = \sum_{j=1}^{n}(\hat{y}_j - \bar{y})^2 = \sum_{i=1}^{m}b_i L_{iy} = 15.221$$
$$f = m = 3$$

残差平方和及自由度：

$$S_e = \sum_{j=1}^{n}(y_j - \hat{y}_j)^2 = L_{yy} - \sum_{i=1}^{m}b_i L_{iy} = 29.684$$
$$f = n - m - 1 = 45$$

最后将计算结果列成方差分析表(表8-8)。

表8-8 方差分析表

方差来源	偏差平方和	自由度	方差(均方)	F比	$F_{0.01}(3,45)$	显著性
回归	15.221	3	5.074	7.96	介于4.20与 4.31之间	**
残差	29.684	45	0.660			
总和	44.905	48				

由于$F > F_{0.01}(3,45)$，故回归方程高度显著。用复相关系数检验法可以得到同样的结论。

8.4 非线性回归

在许多实际问题中,变量之间的关系并不是线性的,这时就应该考虑采用非线性回归模型。在进行非线性回归分析时,必须着重解决两方面的问题:一是如何确定非线性函数的具体形式,与线性回归不同,非线性回归函数有多种多样的具体形式,需要根据所研究的实际问题的性质和试验数据的特点作出恰当的选择;二是如何估计函数中的参数,非线性回归分析最常用的方法仍然是最小二乘法,但需要根据函数的不同类型,作适当的处理。

8.4.1 一元非线性回归

对于一元非线性问题,可用回归曲线 $y=f(x)$ 来描述。在许多情形下,通过适当的线性变换,可将其转化为一元线性回归问题。具体做法如下:

① 根据试验数据,在直角坐标系中画出散点图;
② 根据散点图,推测 y 与 x 之间的函数关系;
③ 选择适当的变换,使之变成线性关系;
④ 用线性回归方法求出线性回归方程;
⑤ 返回到原来的函数关系,得到要求的回归方程;
⑥ 进行显著性检验。

如果凭借以往的经验和专业知识,预先知道变量之间存在一定形式的非线性关系,上述前两步可以省略;如果预先不清楚变量之间的函数类型,则可以依据试验数据的特点或散点图来选择对应的函数表达式。在选择函数形式时,应注意不同的非线性函数所具有的特点,这样才能建立比较准确的数学模型。下面简单介绍实际问题中常用的几种非线性函数的特点:

① 如果 y 随着 x 的增加而增加(或减少),最初增加(或减少)很快,以后逐渐放慢并趋于稳定,则可以选用双曲线函数来拟合;
② 对数函数的特点是,随着 x 的增大,x 的单位变动对因变量 y 的影响效果不断递减;
③ 指数函数的特点是,随着 x 的渐增,因变量 y 愈来愈急剧增大;
④ S 形曲线函数(表达式见表 8-9)具有如下特点:y 是 x 的非减函数,开始时随着 x 的增加,y 的增长速度也逐渐加快,但当 y 达到一定水平时,其增长速度又逐渐放慢,最后无论 x 如何增加,y 只会趋近于 c,并且永远不会超过 c。

需要指出的是,在一定的试验范围内,可能用不同的函数拟合试验数据,都可以得到显著性较好的回归方程,这时应该选择其中数学形式较简单的一种。一般说来,数学形式越简单,其可操作性就越强,过于复杂的函数形式在实际的定量分析中,并没有太大的价值。

一些常用的非线性函数的线性化变换列于表 8-9 中。

表 8-9　线性变换表

函数类型	函数关系式	线性变换($Y=A+BX$)				备注
		Y	X	A	B	
双曲线函数	$\dfrac{1}{y}=a+\dfrac{b}{x}$	$\dfrac{1}{y}$	$\dfrac{1}{x}$	a	b	
双曲线函数	$y=a+\dfrac{b}{x}$	y	$\dfrac{1}{x}$	a	b	
对数函数	$y=a+b\lg x$	y	$\lg x$	a	b	
对数函数	$y=a+b\ln x$	y	$\ln x$	a	b	
指数函数	$y=ab^x$	$\lg y$	x	$\lg a$	$\lg b$	$\lg y=\lg a+x\lg b$
指数函数	$y=ab^{bx}$	$\ln y$	x	$\ln a$	b	$\ln y=\ln a+bx$
指数函数	$y=ae^{\frac{b}{x}}$	$\ln y$	$\dfrac{1}{x}$	$\ln a$	b	$\ln y=\ln a+\dfrac{b}{x}$
幂函数	$y=ax^b$	$\lg y$	$\lg x$	$\lg a$	b	$\lg y=\lg a+b\lg x$
幂函数	$y=a+bx^n$	y	x^n	a	b	
S形曲线函数	$y=\dfrac{c}{a+be^{-x}}$	$\dfrac{1}{y}$	e^{-x}	$\dfrac{a}{c}$	$\dfrac{b}{c}$	$\dfrac{1}{y}=\dfrac{a}{c}+\dfrac{be^{-x}}{c}$

例 8-5　气体的流量与压力之间的关系一般由经验公式 $M=cp^b$ 表示,式中 M 是压强为 p 时每分钟流过流量计的空气物质的量,c、b 为常数。现进行一批试验,得到如表 8-10 所示的一组数据。试由这组数据定出常数 c、b,建立 M 和 p 之间的经验关系式,并检验其显著性($\alpha=0.05$)。

表 8-10　例 8-5 试验数据

p(atm)	2.01	1.78	1.75	1.73	1.68	1.62	1.40	1.36	0.93	0.53
M(mol/min)	0.763	0.715	0.710	0.695	0.698	0.673	0.630	0.612	0.498	0.371

解　① 回归方程的建立。

经验公式不是线性方程,如果对其两边同时取对数,可得
$$\lg M = \lg c + b\lg p$$

如果令 $y=\lg M, x=\lg p, a=\lg c$，则上述经验公式可以变换成一元线性方程：
$$y = a + bx$$

已知试验次数 $n=10$，根据上述变换，对试验数据进行整理计算，如表 8-11 所示。

表 8-11　例 8-5 数据计算表

序号	p_i	M_i	x_i lgp_i	y_i lgM_i	x_i^2	y_i^2	$x_i y_i$
1	2.01	0.763	0.3032	−0.1175	0.0919	0.0138	−0.0356
2	1.78	0.715	0.2504	−0.1457	0.0627	0.0212	−0.0365
3	1.75	0.710	0.2430	−0.1487	0.0591	0.0221	−0.0361
4	1.73	0.695	0.2380	−0.1580	0.0567	0.0250	−0.0376
5	1.68	0.698	0.2253	−0.1561	0.0508	0.0244	−0.0352
6	1.62	0.673	0.2095	−0.1720	0.0439	0.0296	−0.0360
7	1.40	0.630	0.1461	−0.2007	0.0214	0.0403	−0.0293
8	1.36	0.612	0.1335	−0.2132	0.0178	0.0455	−0.0285
9	0.93	0.498	−0.0315	−0.3028	0.0010	0.0917	0.0095
10	0.53	0.371	−0.2757	−0.4306	0.0760	0.1854	0.1187
$\sum_{i=1}^{10}$	14.79	6.365	1.4420	−2.0454	0.4812	0.4989	−0.1466
$\frac{1}{10}\sum_{i=1}^{10}$	1.479	0.6365	0.1442	−0.2045			

计算统计量 L_{xx}、L_{xy}、L_{yy}：

$$L_{xx} = \sum_{i=1}^{n} x_i^2 - n(\bar{x})^2 = 0.4812 - 10 \times 0.1442^2 = 0.2733$$

$$L_{xy} = \sum_{i=1}^{n} x_i y_i - n\bar{x}\bar{y} = -0.1466 - 10 \times 0.1442 \times (-0.2045) = 0.1483$$

$$L_{yy} = \sum_{i=1}^{n} y_i^2 - n(\bar{y})^2 = 0.4989 - 10 \times (-0.2045)^2 = 0.0807$$

求回归系数：

$$b = \frac{L_{xy}}{L_{xx}} = \frac{0.1483}{0.2733} = 0.5426$$

$$a = \bar{y} - b\bar{x} = -0.2045 - 0.5426 \times 0.1442 = -0.2827$$

x 与 y 之间的线性方程为

$$y = 0.5426x - 0.2827$$
$$c = 10^a = 10^{-0.2827} = 0.5216$$

气体的流量 M 与压强 p 之间的经验公式可表示为

$$M = 0.5216p^{0.5426}$$

② 回归方程显著性检验。

a) 相关系数检验：

$$\gamma = \frac{L_{xy}}{\sqrt{L_{xx}L_{yy}}} = \frac{0.1483}{\sqrt{0.2733 \times 0.0807}} = 0.9986$$

根据 $\alpha=0.05$，$n=10$ 查相关系数临界值表，得 $\gamma_{0.05,n-2} = \gamma_{0.05,8} = 0.632$。由于 $\gamma = 0.9986 > \gamma_{0.05,8} = 0.632$，故所得到的经验公式有意义。

b) F 检验：

$$S_T = L_{yy} = 0.0807$$
$$S_R = b \times L_{xy} = 0.5426 \times 0.1483 = 0.0805$$
$$S_e = S_T - S_R = 0.0807 - 0.0805 = 0.0002$$

列出方差分析表，如表 8-12 所示。

表 8-12　方差分析表

方差来源	偏差平方和	自由度	方差	F 比	$F_{0.01}(1,8)$	显著性
回归	0.0805	1	0.0805	3220	11.3	**
残差	0.0002	8	0.000025			
总和	0.0807	9				

所求得的经验公式高度显著。

8.4.2　一元多项式回归

不是所有的一元非线性函数都能转换成一元线性方程，但任何复杂的一元连续函数都可用高阶多项式近似表示，因此对于那些较难直线化的一元函数，或事先不能确定出函数的类型时，可采用多项式函数来拟合。多项式函数的一般形式为

$$\hat{y} = a + b_1 x + b_2 x^2 + \cdots + b_m x^m \tag{8-58}$$

虽然任意曲线都可以近似地用多项式表示，增加多项式的阶数在一般情况下可以减小回归误差，提高精度，但回归计算过程中舍入误差的积累也越大，且可能使试验点外的回归曲线振荡，导致预测精度下降，甚至得不到合理的结果，故一般取 $m=3\sim4$。

若令 $x_1=x, x_2=x^2, \cdots, x_m=x^m$,则多项式(8-58)可以转化为多元线性方程:
$$\hat{y}=a+b_1x_1+b_2x_2+\cdots+b_mx_m \qquad (8-59)$$
这样就可以用多元线性回归分析求出系数 a、$b_i(i=1,2,\cdots,m)$。

例 8-6 设有一组试验数据如表 8-13 所示,要求用二次多项式来拟合这组数据($\alpha=0.05$)。

表 8-13 例 8-6 试验数据

x_i	1	3	4	5	6	7	8	9	10
y_i	2	7	8	10	11	12	10	9	8

解 先在直角坐标系中根据这 9 组数据标出 9 个点,如图 8-4 所示,这些点近似于抛物线分布,故可设该多项式方程为
$$\hat{y}=a+b_1x+b_2x^2$$

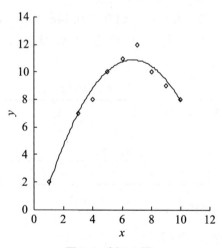

图 8-4 例 8-6 图

如果设 $x_1=x, x_2=x^2$,则上述多项式可以变为 $\hat{y}=a+b_1x_1+b_2x_2$ 的多元线性方程形式。由 $x_{1i}=x, x_{2i}=x_i^2$ 可求出 $x_{1i}, x_{2i}(i=1,2,\cdots,9)$,见表 8-14。

表 8-14 例 8-6 计算数据

x_{1i}	1	3	4	5	6	7	8	9	10
x_{2i}	1	9	16	25	36	49	64	81	100
y_i	2	7	8	10	11	12	10	9	8

① 相关统计量计算。

已知 $n=9$,根据表 8-14 中的数据可以算出以下统计量的值:

$$\sum_{j=1}^{n} x_{1j} = 53$$

$$\bar{x}_1 = \frac{1}{n}\sum_{j=1}^{n} x_{1j} = 5.9$$

$$\sum_{j=1}^{n} x_{2j} = 381$$

$$\bar{x}_2 = \frac{1}{n}\sum_{j=1}^{n} x_{2j} = 42.3$$

$$\sum_{j=1}^{n} y_j = 77$$

$$\bar{y} = \frac{1}{n}\sum_{j=1}^{n} y_j = 8.56$$

$$L_{11} = \sum_{j=1}^{n}(x_{1j}-\bar{x}_1)^2 = \sum_{j=1}^{n} x_{1j}^2 - \frac{1}{n}\Big(\sum_{j=1}^{n} x_{1j}\Big)^2 = 381 - \frac{1}{9}\times 53^2 = 68.89$$

$$L_{22} = \sum_{j=1}^{n}(x_{2j}-\bar{x}_2)^2 = \sum_{j=1}^{n} x_{2j}^2 - \frac{1}{n}\Big(\sum_{j=1}^{n} x_{2j}\Big)^2 = 25317 - \frac{1}{9}\times 381^2 = 9188$$

$$L_{12} = L_{21} = \sum_{j=1}^{n}(x_{1j}-\bar{x}_1)(x_{2j}-\bar{x}_2) = \sum_{j=1}^{n} x_{1j}x_{2j} - \frac{1}{n}\sum_{j=1}^{n} x_{1j}\sum_{j=1}^{n} x_{2j}$$

$$= 3017 - \frac{1}{9}\times 53 \times 381 = 773.33$$

$$L_{1y} = \sum_{j=1}^{n}(x_{1j}-\bar{x}_1)(y_j-\bar{y}) = \sum_{j=1}^{n} x_{1j}y_j - \frac{1}{n}\sum_{j=1}^{n} x_{1j}\sum_{j=1}^{n} y_j$$

$$= 496 - \frac{1}{9}\times 53 \times 77 = 42.56$$

$$L_{2y} = \sum_{j=1}^{n}(x_{2j}-\bar{x}_2)(y_j-\bar{y}) = \sum_{j=1}^{n} x_{2j}y_j - \frac{1}{n}\sum_{j=1}^{n} x_{2j}\sum_{j=1}^{n} y_j$$

$$= 3596 - \frac{1}{9}\times 381 \times 77 = 336.33$$

$$L_{yy} = \sum_{j=1}^{n}(y_j-\bar{y})^2 = \sum_{j=1}^{n} y_j^2 - \frac{1}{n}\Big(\sum_{j=1}^{n} y_j\Big)^2 = 727 - \frac{1}{9}\times 77^2 = 68.22$$

② 建立方程组,求偏回归系数 b_1、b_2 与常数 a。

已知方程组为

$$\begin{cases} L_{11}b_1 + L_{12}b_2 = L_{1y} \\ L_{21}b_1 + L_{22}b_2 = L_{2y} \end{cases}$$

将计算得到的统计量的值代入上式可得

$$\begin{cases} 68.89b_1 + 773.33b_2 = 42.56 \\ 773.33b_1 + 9188b_2 = 336.33 \end{cases}$$

通过克莱姆法或消元法解上述方程组可得

$$\begin{cases} b_1 = 3.750 \\ b_2 = -0.279 \end{cases}$$

则

$$a = \bar{y} - b_1\bar{x}_1 - b_2\bar{x}_2 = -1.716$$

则回归方程为

$$\hat{y} = -1.716 + 3.750x_1 - 0.279x_2$$

③ 显著性检验。

总偏差平方和及自由度：

$$S_T = L_{yy} = 68.22$$

$$f = n - 1 = 9 - 1 = 8$$

回归平方和及自由度：

$$S_R = \sum_{j=1}^{n}(\hat{y}_j - \bar{y})^2 = \sum_{i=1}^{m} b_i L_{iy} = 65.76$$

$$f = m = 2$$

残差平方和及自由度：

$$S_e = \sum_{j=1}^{n}(y_j - \hat{y}_j)^2 = L_{yy} - \sum_{i=1}^{m} b_i L_{iy} = 2.46$$

$$f = n - m - 1 = 6$$

最后将计算结果列成方差分析表(表 8-15)。

表 8-15 方差分析表

方差来源	偏差平方和	自由度	方差(均方)	F 比	$F_{0.01}(6,3)$	显著性
回归	65.76	2	32.88	80.20	6.37	**
残差	2.46	6	0.41			
总和	68.22	8				

由于 $F>F_{0.01}(6,3)$，故回归方程高度显著。用复相关系数检验法可以得到同样的结论。

因此所求的二次多项式为
$$y = -1.716 + 3.750x_1 - 0.279x_2$$

8.4.3 多元非线性回归

如果试验指标 y 与多个试验因素 $x_j(j=1,2,\cdots,n)$ 之间存在非线性关系，例如 y 与 m 个因素 $x_1,x_2,\cdots,x_m$ 的二次回归模型为

$$\hat{y} = a + \sum_{j=1}^{n} b_j x_j + \sum_{j=1}^{n} b_{jj} x_j^2 + \sum_{j<k} b_{jk} x_j x_k \quad (j>k, k=1,2,\cdots,m-1) \tag{8-60}$$

也可以利用类似的方法，将其转换成线性回归模型，然后再按线性回归的方法进行处理。一般说来，在科学技术领域内，用式(8-60)二次多项式来逼近已足够精确。

例 8-7 在某化合物的合成试验中，产品的收率(y)与原料配比(x_1)和反应时间(x_2)两个因素之间的函数关系近似满足二次回归模型：$y = a + b_2 x_2 + b_{22} x_2^2 + b_{12} x_1 x_2$，现进行一批试验，得到如表 8-16 所示的一组数据，试通过回归分析确定系数 a、b_2、b_{22}、b_{12} ($\alpha=0.05$)。

表 8-16　例 8-7 数据

试验号	配比(x_1)	反应时间(x_2)	收率(y)
1	1.0	1.5	0.330
2	1.4	3.0	0.335
3	1.8	1.0	0.294
4	2.2	2.5	0.476
5	2.6	0.5	0.209
6	3.0	2.0	0.451
7	3.4	3.5	0.482

解 ① 回归方程的建立。

设 $X_1 = x_2, X_2 = x_2^2, X_3 = x_1 x_2, B_1 = b_2, B_2 = b_{22}, B_3 = b_{12}$，则上述二次回归模型可转换成如下的线性形式：
$$y = a + B_1 X_1 + B_2 X_2 + B_3 X_3$$

对表 8-16 原始数据进行转换，得表 8-17。

表 8-17　表 8-16 转换计算表

i	y	x_1	x_2	X_1	X_2	X_3
1	0.330	1.0	1.5	1.5	2.25	1.5
2	0.335	1.4	3.0	3.0	9.00	4.2
3	0.294	1.8	1.0	1.0	1.00	1.8
4	0.476	2.2	2.5	2.5	6.25	5.5
5	0.209	2.6	0.5	0.5	0.25	1.3
6	0.451	3.0	2.0	2.0	4.00	6.0
7	0.482	3.4	3.5	3.5	12.25	11.9

② 相关统计量计算。

已知 $n=7$，根据表 8-17 中的数据可以算出以下统计量的值：

$$\sum_{j=1}^{n} X_{1j} = 14.00$$

$$\overline{X}_1 = \frac{1}{n}\sum_{j=1}^{n} X_{1j} = 7.00$$

$$\sum_{j=1}^{n} X_{2j} = 35.00$$

$$\overline{X}_2 = \frac{1}{n}\sum_{j=1}^{n} X_{2j} = 5.00$$

$$\sum_{j=1}^{n} X_{3j} = 32.20$$

$$\overline{X}_3 = \frac{1}{n}\sum_{j=1}^{n} X_{3j} = 4.60$$

$$\sum_{j=1}^{n} y_j = 2.577$$

$$\overline{y} = \frac{1}{n}\sum_{j=1}^{n} y_j = 0.368$$

$$L_{11} = \sum_{j=1}^{n}(X_{1j}-\overline{X}_1)^2 = \sum_{j=1}^{n} X_{1j}^2 - \frac{1}{n}\Big(\sum_{j=1}^{n} X_{1j}\Big)^2 = 7.00$$

$$L_{22} = \sum_{j=1}^{n}(X_{2j}-\overline{X}_2)^2 = \sum_{j=1}^{n}X_{2j}^2 - \frac{1}{n}\Big(\sum_{j=1}^{n}X_{2j}\Big)^2 = 117.25$$

$$L_{33} = \sum_{j=1}^{n}(X_{3j}-\overline{X}_3)^2 = \sum_{j=1}^{n}X_{3j}^2 - \frac{1}{n}\Big(\sum_{j=1}^{n}X_{3j}\Big)^2 = 84.56$$

$$L_{12} = L_{21} = \sum_{j=1}^{n}(X_{1j}-\overline{X}_1)(X_{2j}-\overline{X}_2) = \sum_{j=1}^{n}X_{1j}X_{2j} - \frac{1}{n}\sum_{j=1}^{n}X_{1j}\sum_{j=1}^{n}X_{2j} = 28.00$$

$$L_{13} = L_{31} = \sum_{j=1}^{n}(X_{1j}-\overline{X}_1)(X_{3j}-\overline{X}_3) = \sum_{j=1}^{n}X_{1j}X_{3j} - \frac{1}{n}\sum_{j=1}^{n}X_{1j}\sum_{j=1}^{n}X_{3j} = 20.30$$

$$L_{23} = L_{32} = \sum_{j=1}^{n}(X_{2j}-\overline{X}_2)(X_{3j}-\overline{X}_3) = \sum_{j=1}^{n}X_{2j}X_{3j} - \frac{1}{n}\sum_{j=1}^{n}X_{2j}\sum_{j=1}^{n}X_{3j} = 86.45$$

$$L_{1y} = \sum_{j=1}^{n}(X_{1j}-\overline{X}_1)(y_j-\overline{y}) = \sum_{j=1}^{n}X_{1j}y_j - \frac{1}{n}\sum_{j=1}^{n}X_{1j}\sum_{j=1}^{n}y_j = 0.524$$

$$L_{2y} = \sum_{j=1}^{n}(X_{2j}-\overline{X}_2)(y_j-\overline{y}) = \sum_{j=1}^{n}X_{2j}y_j - \frac{1}{n}\sum_{j=1}^{n}X_{2j}\sum_{j=1}^{n}y_j = 1.903$$

$$L_{3y} = \sum_{j=1}^{n}(X_{3j}-\overline{X}_3)(y_j-\overline{y}) = \sum_{j=1}^{n}X_{3j}y_j - \frac{1}{n}\sum_{j=1}^{n}X_{3j}\sum_{j=1}^{n}y_j = 1.909$$

$$L_{yy} = \sum_{j=1}^{n}(y_j-\overline{y})^2 = \sum_{j=1}^{n}y_j^2 - \frac{1}{n}\Big(\sum_{j=1}^{n}y_j\Big)^2 = 0.0648$$

③ 建立方程组，求偏回归系数 B_1、B_2、B_3 与常数 a。

已知方程组为

$$\begin{cases} L_{11}B_1 + L_{12}B_2 + L_{13}B_3 = L_{1y} \\ L_{21}B_1 + L_{22}B_2 + L_{23}B_3 = L_{2y} \\ L_{31}B_1 + L_{32}B_2 + L_{33}B_3 = L_{3y} \end{cases}$$

将计算得到的统计量的值代入上式可得

$$\begin{cases} 7.00B_1 + 28.00B_2 + 20.30B_3 = 0.524 \\ 28.00B_1 + 117.25B_2 + 86.45B_3 = 1.903 \\ 20.30B_1 + 86.45B_2 + 84.56B_3 = 1.909 \end{cases}$$

通过克莱姆法或消元法解上述方程组可得

$$\begin{cases} B_1 = 0.2522 \\ B_2 = -0.0650 \\ B_3 = 0.0285 \end{cases}$$

则

$$a = \bar{y} - B_1\overline{X}_1 - B_2\overline{X}_2 - B_3\overline{X}_3 = 0.0577$$

则回归方程为

$$\hat{y} = 0.0577 + 0.2522X_1 - 0.0650X_2 + 0.0285X_3$$

④ 显著性检验。

总偏差平方和及自由度：

$$S_T = L_{yy} = 0.0648$$
$$f = n - 1 = 7 - 1 = 6$$

回归平方和及自由度：

$$S_R = \sum_{j=1}^{n}(\hat{y}_j - \bar{y})^2 = \sum_{i=1}^{m}B_iL_{iy} = 0.0627$$
$$f = m = 3$$

残差平方和及自由度：

$$S_e = \sum_{j=1}^{n}(y_j - \hat{y}_j)^2 = L_{yy} - \sum_{i=1}^{m}b_iL_{iy} = 0.0021$$
$$f = n - m - 1 = 3$$

最后将计算结果列成方差分析表（表 8-18）。

表 8-18　方差分析表

方差来源	偏差平方和	自由度	方差（均方）	F 比	$F_{0.05}(3,3)$	显著性
回归	0.0627	3	0.0209	29.762	9.28	**
残差	0.0021	3	0.0007			
总和	0.0648	6				

由于 $F > F_{0.05}(3,3)$，故回归方程高度显著。用复相关系数检验法可以得到同样的结论。所以所建立的线性方程与试验数据拟合得较好。

因此，试验指标 y 与因素之间的近似函数关系式为

$$y = 0.0577 + 0.2522x_2 - 0.0650x_2^2 + 0.0285x_1x_2$$

通过以上的例题可以看出，回归分析的计算量比较大，为解决这一问题，本书第 10 章将介绍如何利用 Excel 进行回归分析。

第 9 章 均匀试验设计

均匀设计是中国数学家方开泰和王元于1978年首先提出来的,它是一种只考虑试验点在试验范围内均匀散布的一种试验设计方法。与正交试验设计类似,均匀设计也是通过一套精心设计的均匀表来安排试验的。由于均匀设计只考虑试验点的"均匀散布",而不考虑"整齐可比",因而可以大大减少试验次数,这是它与正交设计的最大不同之处。例如,在因素数为5,各因素水平数为31的试验中,若采用正交设计来安排试验,则至少要做 $31^2=961$ 次试验,这将令人望而生畏,难以实施;但是若采用均匀设计,则只需做31次试验。可见,均匀设计在试验因素变化范围较大,需要取较多水平时,可以极大地减少试验次数。

经过20多年的发展和推广,均匀设计法已广泛应用于化工、医药、生物、食品、军事工程、电子、社会经济等诸多领域,并取得了显著的经济和社会效益。

9.1 均匀设计表

9.1.1 等水平均匀设计表

均匀设计表,简称均匀表,是均匀设计的基础。与正交表类似,每一个均匀设计表都有一个代号,等水平均匀设计表可用 $U_n(r^l)$ 或 $U_n^*(r^l)$ 表示,其中,U 为均匀表代号;n 为均匀表横行数(需要做的试验次数);r 为因素水平数,与 n 相等;l 为均匀表纵列数。代号 U 右上角加"*"和不加"*"代表两种不同的均匀设计表,通常加"*"的均匀设计表有更好的均匀性,应优先选用,表9-1,表9-3分别为均匀表 $U_7(7^4)$ 与 $U_7^*(7^4)$,可以看出, $U_7(7^4)$ 和 $U_7^*(7^4)$ 都有7行4列,每个因素都有7个水平,但在选用时应首选 $U_7^*(7^4)$。表9-2,表9-4分别为这两个均匀表的使用表。附录4中给出了常用的均匀设计表。

每个均匀设计表都附有一个使用表,根据使用表可将因素安排在适当的列中。例如,表9-2是 $U_7(7^4)$ 的使用表,由该表可知,两个因素时,应选用1、3两列来安排试验;当有三个因素时,应选用1、2、3三列……最后一列 D 表示均匀度的偏差,偏差值越小,表示均匀分散性越好。如果有两个因素,若选用 $U_7(7^4)$ 的1、3列,其偏差 $D=0.2389$,若选用 $U_7^*(7^4)$ 的1、3列,其偏差 $D=0.1582$,后者较小,可见当

U_n 和 U_n^* 表都能满足试验设计时,应优先选用 U_n^* 表。

表 9-1　$U_7(7^4)$

试验号	列号			
	1	2	3	4
1	1	2	3	6
2	2	4	6	5
3	3	6	2	4
4	4	1	5	3
5	5	3	1	2
6	6	5	4	1
7	7	7	7	7

表 9-2　$U_7(7^4)$ 的使用表

因素数	列号				D
2	1	3			0.2398
3	1	2	3		0.3721
4	1	2	3	4	0.4760

表 9-3　$U_7^*(7^4)$

试验号	列号			
	1	2	3	4
1	1	3	5	7
2	2	6	2	6
3	3	1	7	5
4	4	4	4	4
5	5	7	1	3
6	6	2	6	2
7	7	5	3	1

表 9-4　$U_7^*(7^4)$ 的使用表

因素数	列号			D
2	1	3		0.1582
3	2	3	4	0.2132

由表 9-1 和表 9-3 所示的均匀表可以看出,等水平均匀表具有以下特点:

① 每列不同数字都只出现一次,也就是说,每个因素在每个水平仅做一次试验。

② 任意两个因素的试验点点在平面的格子点上,每行每列有且仅有一个试验点。图 9-1 是均匀表 $U_6^*(6^4)$(表 9-5)的第 1 列和第 3 列各水平组合在平面格子点上的分布图,可见,每行每列只有一个试验点。

表 9-5　$U_6^*(6^4)$

试验号	列号			
	1	2	3	4
1	1	2	3	6
2	2	4	6	5
3	3	6	2	4
4	4	1	5	3
5	5	3	1	2
6	6	5	4	1

特点①和②反映了试验安排的"均衡性",即对各因素的每个水平是一视同仁的。

③ 均匀设计表任两列组成的试验方案一般不等价。例如,用 $U_6^*(6^4)$ 的 1、3 列和 1、4 列分别画格子图,得图 9-1 和图 9-2。我们看到,在图 9-1 中,试验点散布比较均匀,而图 9-2 中的点散布并不均匀。根据 $U^*6(6^4)$ 的使用表(表 9-6),当因素为 2 时,应将它们排在 1、3 列,而不是 1、4 列,可见图 9-1 和图 9-2 也说明了根据使用表安排的试验均匀性更好,均匀设计表的这一性质和正交表是不同的。

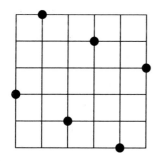

图 9-1　$U_6^*(6^4)$ 1、3 列试验点分布

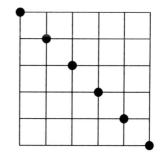

图 9-2　$U_6^*(6^4)$ 1、4 列试验点分布

表 9-6 $U_6^*(6^4)$ 的使用表

因素数	列号				D
2	1	3			0.1875
3	1	2	3		0.2656
4	1	2	3	4	0.2990

④ 等水平均匀表的试验次数与水平数是一致的,所以当因素的水平数增加时,试验数按水平数的增加量在增加,即试验次数的增加具有"连续性",例如,当水平数从 6 水平增加到 7 水平时,试验数 n 也从 6 增加到 7。而对于正交设计,当水平数增加时,试验数按水平数的平方的比例在增加,即试验次数的增加有"跳跃性",例如,当水平数从 6 增加到 7 时,最少试验数从 36 增加到 49。所以,在正交试验中增加水平数,将使试验工作量有较大的增加,但对应的均匀设计的试验量却增加得较少,由于这个特点,使均匀设计有更大的灵活性。

9.1.2 混合水平均匀设计表

均匀设计表适用于因素水平数较多的试验,但在具体的试验中,往往很难保证不同因素的水平数相等,这样直接利用等水平的均匀表来安排试验就有一定的困难,下面介绍采用拟水平法将等水平均匀表转化成混合水平均匀表的方法。

如果某试验中,有 A、B、C 三个因素,其中因素 A、B 有三水平,因素 C 有二水平,分别记作 A_1、A_2、A_3、B_1、B_2、B_3 和 C_1、C_2。显然,这个试验可以用混合正交表 $L_{18}(2^1 \times 3^7)$ 来安排,需要做 18 次试验,这等价于全面试验;若用正交试验的拟水平法,则可选用正交表 $L_9(3^4)$。直接运用均匀设计是有困难的,这就要运用拟水平法。

若选用均匀设计表 $U_6^*(6^4)$,根据使用表,将 A 和 B 放在前两列,C 放在第 3 列,并将前两列的水平进行合并:$\{1,2\} \rightarrow 1$,$\{3,4\} \rightarrow 2$,$\{5,6\} \rightarrow 3$。同时,将第 3 列的水平合并为二水平:$\{1,2,3\} \rightarrow 1$,$\{4,5,6\} \rightarrow 2$,于是得如表 9-7 所示的设计表。这是一个混合水平的设计表 $U_6(3^2 \times 2^1)$。这个表有很好的均衡性,例如,A 列和 C 列,B 列和 C 列的二因素设计正好组成它们的全面试验方案,A 列和 B 列的二因素设计中没有重复试验。

又例如要安排一个二因素(A,B)五水平和一因素(C)二水平的试验,这项试验若用正交设计,可用 L_{50} 表,但试验次数太多;若用均匀设计来安排,可用混合水平均匀表 $U_{10}(5^2 \times 2^1)$,只需要进行 10 次试验。$U_{10}(5^2 \times 2^1)$ 可由 $U_{10}^*(10^8)$ 生成,由于表 $U_{10}^*(10^8)$ 有 8 列,希望从中选择三列,要求由该三列生成的混合水平表

$U_{10}(5^2×2^1)$ 有好的均衡性,于是选用 1、2、5 三列,对 1、2 列采用水平合并:{1,2}→1,{3,4}→2,…,{9,10}→5;对第 5 列采用水平合并:{1,2,3,4,5}→1,{6,7,8,9,10}→2,于是得如表 9-8 所示的方案,它有较好的均衡性。

表 9-7　拟水平设计 $U_6(3^2×2^1)$

试验号	列号		
	1	2	3
1	(1)1	(2)1	(3)1
2	(2)1	(4)2	(6)2
3	(3)2	(6)3	(2)1
4	(4)2	(1)1	(5)2
5	(5)3	(3)2	(1)1
6	(6)3	(5)3	(4)2

注:表中括号内的数字表示原始均匀表的水平编号,下同。

表 9-8　拟水平设计 $U_{10}(5^2×2^1)$

试验号	A	B	C
1	(1)1	(2)1	(5)1
2	(2)1	(4)2	(10)2
3	(3)2	(6)3	(4)1
4	(4)2	(8)4	(9)2
5	(5)3	(10)5	(3)1
6	(6)3	(1)1	(8)2
7	(7)4	(3)2	(2)1
8	(8)4	(5)3	(7)2
9	(9)5	(7)4	(1)1
10	(10)5	(9)5	(6)2

若参照使用表,选用 $U_{10}^*(5^2×2^1)$ 的 1、5、6 三列,用同样的拟水平法,便可得到如表 9-9 所示的 $U_{10}(5^2×2^1)$ 表。这个方案中,A、C 两列的组合水平中,有两个 (2,2),但没有(2,1),有两个(4,1),但没有(4,2),因此该表均衡性不好。

可见,对同一个等水平均匀表进行拟水平设计,可以得到不同的混合均匀表,这些表的均衡性也不相同,而且参照使用表得到的混合均匀表不一定都有较好的均衡性。本书附录中给出了一批用拟水平法生成的混合水平均匀设计表,可以直接参考选用。

表 9-9　拟水平设计 $U_{10}(5^2 \times 2^1)$

试验号	A	B	C
1	(1)1	(5)3	(7)2
2	(2)1	(10)5	(3)1
3	(3)2	(4)2	(10)2
4	(4)2	(9)5	(6)2
5	(5)3	(3)2	(2)1
6	(6)3	(8)4	(9)2
7	(7)4	(2)1	(5)1
8	(8)4	(7)4	(1)1
9	(9)5	(1)1	(8)2
10	(10)5	(6)3	(4)1

在混合水平均匀表的任一列上，不同水平出现次数是相同的，但出现次数≥1，所以试验次数与各因素的水平数一般不一致，这与等水平的均匀表不同。

9.2　均匀设计基本步骤

用均匀设计表来安排试验与正交试验设计的步骤相似，但也有一些不同之处。一般步骤如下。

① 明确试验目的，确定试验指标。如果试验要考察多个指标，还要将各指标进行综合分析。

② 选因素。根据实际经验和专业知识，挑选出对试验指标影响较大的因素。

③ 确定因素的水平。结合试验条件和以往的实践经验，先确定各因素的取值范围，然后在这个范围内取适当的水平。由于 U_n 奇数表的最后一行，各因素的最大水平号相遇，如果各因素的水平序号与水平实际数值的大小顺序一致，则会出现所有因素的高水平或低水平相遇的情形，如果是化学反应，则可能出现因反应太剧烈而无法控制的现象，或者反应太慢，得不到试验结果。为了避免这些情况，可以随机排列因素的水平序号，另外使用 U_n^* 均匀表也可以避免上述情况。

④ 选择均匀设计表。这是均匀设计很关键的一步，一般根据试验的因素数和水平数来选择，并首选 U_n^* 表。由于均匀设计试验结果多采用多元回归分析法，在

选表时还应注意均匀表的试验次数与回归分析的关系。

⑤ 进行表头设计。根据试验的因素数和该均匀表对应的使用表,将各因素安排在均匀表相应的列中,如果是混合水平的均匀表,则可省去表头设计这一步。需要指出的是,均匀表中的空列,既不能安排交互作用,也不能用来估计试验误差,所以在分析试验结果时不用列出。

⑥ 明确试验方案,进行试验。试验方案的确定与正交试验设计类似。

⑦ 试验结果统计分析。由于均匀表没有整齐可比性,试验结果不能用方差分析法,可采用直观分析法和回归分析方法。

a) 直观分析法:如果试验目的只是为了寻找一个可行的试验方案或确定适宜的试验范围,就可以采用此法,直接对所得到的几个试验结果进行比较,从中挑出试验指标最好的试验点。由于均匀设计的试验点分布均匀,用上述方法找到的试验点一般距离最佳试验点处不会很远,所以该法是一种非常有效的方法。

b) 回归分析法:均匀设计的回归分析一般为多元回归分析,计算量很大,一般需借助相关的计算机软件进行分析计算。

9.3 均匀设计的应用

例 9-1 在淀粉接枝丙烯制备高吸水性树脂的试验中,为了提高树脂吸盐水的能力,考察了丙烯酸用量(x_1)、引发剂用量(x_2)、丙烯酸中和度(x_3)和甲醛用量(x_4)四个因素,每个因素取 9 个水平,如表 9-10 所示。

表 9-10　因素水平表

水平	丙烯酸用量 x_1(mL)	引发剂用量 x_2(%)	丙烯酸中和度 x_3(mL)	甲醛用量 x_4(mL)
1	12.0	0.3	48.0	0.20
2	14.5	0.4	53.5	0.35
3	17.0	0.5	59.0	0.50
4	19.5	0.6	64.5	0.65
5	22.0	0.7	70.0	0.80
6	24.5	0.8	75.5	0.95
7	27.0	0.9	81.0	1.10
8	29.5	1.0	86.5	1.25
9	32.0	1.1	92.0	1.40

解 根据因素和水平,可以选取均匀设计表 $U^*_9(9^4)$ 或 $U_9(9^5)$。由它们的使用表可以发现,均匀表 $U^*_9(9^4)$ 最多只能安排 3 个因素,所以选用 $U_9(9^5)$ 表来安排试验。根据 $U_9(9^5)$ 的使用表,将 A、B、C、D 分别放在 $U_9(9^5)$ 表的 1、2、3、5 列,其试验方案列于表 9-11。

表 9-11 试验方案和试验结果

序号	丙烯酸用量 x_1(mL)	引发剂用量 x_2(%)	丙烯酸中和度 x_3(mL)	甲醛用量 x_4(mL)	吸盐水倍率 y
1	1(12.0)	2(0.4)	4(64.5)	8(1.25)	34
2	2(14.5)	4(0.6)	8(86.5)	7(1.10)	42
3	3(17.0)	6(0.8)	3(59.0)	6(0.95)	40
4	4(19.5)	8(1.0)	7(81.0)	5(0.80)	45
5	5(22.0)	1(0.3)	2(53.5)	4(0.65)	55
6	6(24.5)	3(0.5)	6(75.5)	3(0.50)	59
7	7(27.0)	5(0.7)	1(48.0)	2(0.35)	60
8	8(29.5)	7(0.9)	5(70.0)	1(0.20)	61
9	9(32.0)	9(1.1)	9(92.0)	9(1.40)	63

注:表中括号内的数字表示因素水平值,它们与括号外的水平编号相对应。

如果采用直观分析法,由表 9-11 可以看出 9 号试验所得产品的吸盐水能力最强,可以将 9 号试验对应的条件作为较优的工艺条件。

如果对上述试验结果进行回归分析,得到的回归方程为

$$y = 18.585 + 1.644x_1 - 11.667x_2 + 0.101x_3 - 3.333x_4$$

这是一个四元线性回归方程,为检验其可信性,对该回归方程进行方差分析,其方差分析表如表 9-12 所示。

表 9-12 方差分析表

方差来源	偏差平方和	自由度	方差	F 比	$F_{0.01}(4,4)$	显著性
回归	919	4	229.75	70.69	15.98	**
残差	13	4	3.25			
总和	932	8				

由方差分析知,所求得的回归方程非常显著,该回归方程是可信的。

由回归方程可知：x_1、x_3 的系数为正，表明试验指标随因素 x_1、x_3 的增加而增加；x_2、x_4 的系数为负值，则表示试验指标随因素 x_2、x_4 的增加而减少。所以，在确定优方案时，因素 x_1、x_3 的取值应偏上限，即丙烯酸用量取 32 mL，丙烯酸中和度取 92%；同理，因素 x_2、x_4 的取值应偏下限，即引发剂用量取 0.3%，甲醛用量取 0.20 mL。将以上各值代入上述回归方程，得到 $y=76.3$，这一结果好于表 9-11 中的 9 个试验结果，但是否可行，还应进行验证试验。

为了判断各因素的主次顺序，需对各偏回归系数标准化。四个标准化偏回归系数分别为 $b_{x1}'=1.043, b_{x2}'=0.296, b_{x3}'=0.141, b_{x4}'=0.127$，可见因素主次顺序为：$x_1>x_2>x_3>x_4$，即丙烯酸用量＞引发剂用量＞丙烯酸中和度＞甲醛用量。

为了得到更好的结果，可以对上述工艺条件作进一步考察。由于试验指标随因素 x_1、x_3 的增加而增加，随因素 x_2、x_4 的增加而减少，所以可将因素 x_1、x_3 的取值再增大一些，将因素 x_2、x_4 的取值再减小一些，也许可以得到更优的试验方案。

第 10 章 Excel 在数据处理中的应用

10.1 概 述

Microsoft 公司的 Office 系列 Excel 电子表格处理软件,不仅能处理日常工作中的各种表格,同时还可利用 Excel 内部提供的大量函数及工具进行数据处理与分析。本章主要介绍如何利用 Excel 函数及工具进行方差分析及回归分析。

10.1.1 公式输入方法

在函数中经常要引用单元格中的数据作为参数,如引用列 D 和行 3 单元格,则引用为 D3;若引用列 D 中行 2 到行 5 共四个连续单元格,则引用为 D2:D5。

在 Excel 中,公式以前导符"="开头,以下介绍在某一单元格中输入公式的几种方法。

① 直接在该单元格中输入以"="开头的公式。如求 A1 到 A4 共 4 个单元格中数据的平均值,并将结果放入 A5 单元格中:先选定 A5 单元格,再从键盘输入"=AVERAGE(A1:A4)",按回车键即可;或者在输入"=AVERAGE("后,用鼠标选定 A1 到 A4 单元格,再输入")",按回车键即可。

② 使用"插入函数"命令。

如上例,先选定 A5 单元格,再单击工具条上的 按钮,弹出"插入函数"对话框,如图 10-1 所示。

在"或选择类别(C):"下拉列表框中选择"统计",在"选择函数(N):"列表框中选择"AVERAGE"平均值函数,单击"确定"按钮,弹出"函数参数"对话框,如图 10-2 所示。

在"Number1"项内输入"A1:A4",即表示对 A1 到 A4 单元格中的数据进行平均值计算,单击"确定"按钮即可。或者在图 10-2 中单击 ,用鼠标选定 A1 到 A4 单元格,按回车键结束鼠标选定,再单击"确定"按钮完成平均值的计算。

③ 从已有公式的单元格复制公式。接上例,再在 B5 单元格中求 B1 到 B4 的平均值。先选定 A5 单元格,单击工具条上的复制按钮 (或按〈Ctrl〉+C 键),再选定 B5 单元格,单击工具条上粘贴按钮 (或按〈Ctrl〉+V 键,或在 B5 单元格上

第 10 章　Excel 在数据处理中的应用

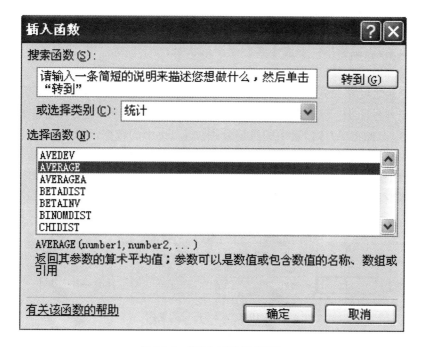

图 10-1　"插入函数"对话框

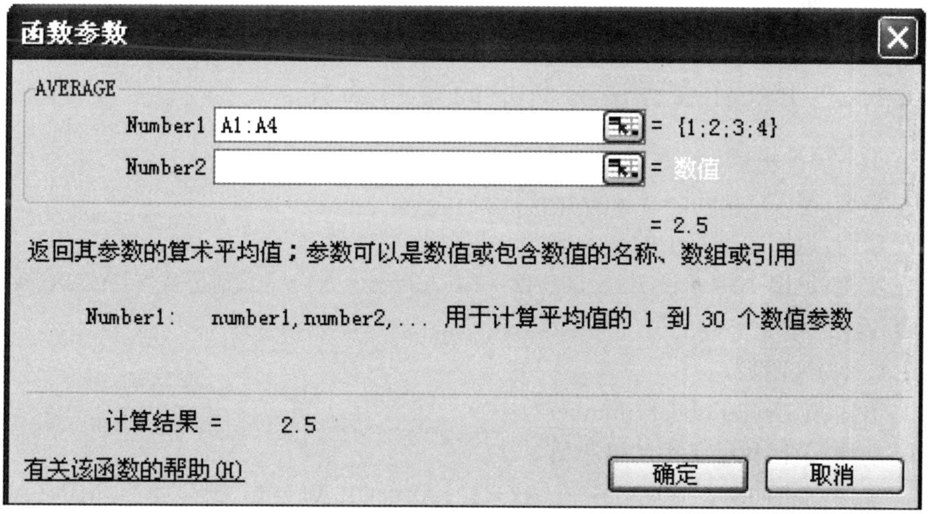

图 10-2　"函数参数"对话框

单击鼠标右键,在弹出菜单中选择"粘贴"或"选择性粘贴"),则在 B5 单元格中的公式自动变成"=AVERAGE(B1:B4)"。或者选定 A5 单元格,将鼠标移到 A5 单元格的右下角,当鼠标指针变成小实心十字形状时,按下鼠标左键,沿行拖动到 B5 单元格上松开鼠标按键,即完成平均值的计算。

在复制单元格公式时,有时希望公式中某单元格或某些单元格固定不变,则可在行号或列号前加"$"符号来冻结该单元格(或通过按〈F4〉键让 Excel 自动添加"$"符号)。如将 A1 到 E1 中的数据分别加上 F1 中的数据,结果分别放到 A2 到 E2 中:在 A2 单元格中输入公式"=A1+$F$1",并按下回车键,再选定 A2 单元格,将鼠标移到 A2 单元格的右下角,当鼠标指针变成小实心十字形状时,按下鼠标左键,沿行拖动到 E2 单元格上松开鼠标按键,即完成计算,结果如图 10-3 所示。

	A	B	C	D	E	F
1	10	20	30	40	50	100
2	110	120	130	140	150	200

图 10-3 "$"符号的使用

④ 对已有公式进行编辑。直接在编辑栏 =A1+$F$1 中修改即可。如需将该编辑栏中 A1 改为 A1:C1,用鼠标选定编辑栏中 A1,再选定 A1:C1 区域,按回车键结束,则编辑栏变为 =A1:C1+$F$1 。

10.1.2 Excel 在方差分析中的常用函数

① MAX 函数。

语法:MAX(number1,number2,…)

功能:返回数据集中的最大值。

实例:见图 10-4。设 A1=50、A2=10、A3=60、A4=40,则公式"=MAX(A1:A4)"返回 60。

② MIN 函数。

语法:MIN(number1,number2,…)

功能:返回数据集中的最小值。

实例:见图 10-4。设 A1=50、A2=10、A3=60、A4=40,则公式"=MIN(A1:A4)"返回 10。

③ SUM 函数。

语法:SUM(number1,number2,…)

功能:返回某一单元格区域中所有数据之和。

实例:见图 10-4。设 A1=50、A2=10、A3=60、A4=40,则公式"=SUM(A1:A4)"返回 160。

	A	B	C
1		公式	结果
2	50	=MAX(A2:A5)	60
3	10	=MIN(A2:A5)	10
4	60	=SUM(A2:A5)	160
5	40	=AVERAGE(A2:A5)	40

图 10-4 MAX、MIN、SUM、AVERAGE 函数的使用

④ AVERAGE 函数。

语法:AVERAGE(number1,number2,…)

功能:返回某一单元格区域中所有数据的平均值。

实例:见图 10-4。

⑤ ROUND 函数。

语法:ROUND(Number,num_digits)

功能:将数值 Number 按 num_digits 指定的位数进行四舍五入。

实例:见图 10-5。

	A	B	C
1		公式	结果
2	3.14159	=ROUND(A1*A2^2,2)	314.16
3	10		

图 10-5 ROUND 函数的使用

⑥ COUNTIF 函数。

语法:COUNTIF(range,criteria)

功能:按照 criteria 设置的筛选条件,统计 range 范围内符合条件的单元格个数。

实例:见图 10-6。公式"=COUNTIF(A1:E5, "=2")"表示统计 A1:E5 区域范围内值等于 2 的单元格个数。

⑦ SUMIF 函数。

C3 | f_x =COUNTIF(A2:A8,"=2")

	A	B	C
1		公式	结果
2	1	=COUNTIF(A2:A8,"=1")	3
3	2	=COUNTIF(A2:A8,"=2")	4
4	2		
5	1		
6	1		
7	2		
8	2		

图 10-6　COUNTIF 函数的使用

语法:SUMIF(range,criteria,sum_range)

功能:按照 criteria 设置的筛选条件,筛选 range 范围内符合条件的单元格,对 sum_range 范围内的单元格进行求和。

实例:见图 10-7。B2:B50 中存放的是员工的年龄,C2:C50 中存放的是相应员工的工资,则公式"=SUMIF(B2:B50,　">=35",C2:C50)"即为计算所有年龄大于等于 35 岁的员工的工资总额。

D3 | f_x =SUMIF(A2:A8,"=2",B2:B8)

	A	B	C	D
1			公式	结果
2	1	10	=SUMIF(A2:A8,"=1",B2:B8)	100
3	2	20	=SUMIF(A2:A8,"=2",B2:B8)	180
4	2	30		
5	1	40		
6	1	50		
7	2	60		
8	2	70		

图 10-7　SUMIF 函数的使用

⑧ DEVSQ 函数。

语法:DEVSQ(number1,number2,…)

功能:返回数据点和平均值的偏差平方和。

实例:见图 10-8。公式"=DEVSQ(A1:C5)"为求 A1:C5 范围内数据的偏差平方和。

⑨ FINV 函数。

C2　▼　fx　=DEVSQ(A2:A4)

	A	B	C
1		公式	结果
2	8	=DEVSQ(A2:A4)	8
3	10	$=\sum_{i=1}^{3}(x_i-\bar{x})^2=(A2-\bar{x})^2+(A3-\bar{x})^2+(A4-\bar{x})^2$	
4	12		

图 10-8　DEVSQ 函数的使用

语法:FINV(probability,degrees_freedom1,degrees_freedom2)

功能:返回 F 分布的临界值。其中 probability 是累积 F 分布的概率值,degrees_freedom1 是分子自由度,degrees_freedom2 是分母自由度。

实例:见图 10-9。公式中符号"&"表示将左边的字符串与右边的函数结果连接在一起,形成一个新的字符串。公式"= FINV(0.01,5,45)"返回 3.45441621307149。

C2　▼　fx　="F0.01(5,45)=" & FINV(0.01,A2,A3)

	A	B	C
1		公式	结果
2	5	="F0.01(5,45)=" & FINV(0.01,A2,A3)	F0.01(5,45)=3.45441621307149
3	45		

图 10-9　FINV 函数的使用

⑩ COUNTA 函数。

语法:COUNTA(value1,value2,…)

功能:返回单元格区域中非空单元格的数目。利用该函数可以计算自由度。

实例:见图 10-10。设单元格 A1:A4 中均有试验数据,则公式"=COUNTA(A1:A4)"返回 4。

C2　▼　fx　=COUNTA(A2:A4)

	A	B	C
1		公式	结果
2	8	=COUNTA(A2:A4)	3
3	10		
4	12		

图 10-10　COUNTA 函数的使用

10.2 Excel 函数在方差分析中的应用

在 Excel 中可以通过工具进行单因素、重复双因素、无重复双因素方差分析，本节介绍在方差分析中如何利用 Excel 函数求解方差分析结果表。

例 10-1 单因素试验方差分析。具体题目见例 3-1。

解 ① 打开 Excel，将表 3-7 中试验结果 x_{ij} 复制到 Sheet1 中，并添加“平均值”一列，如图 10-11 所示。

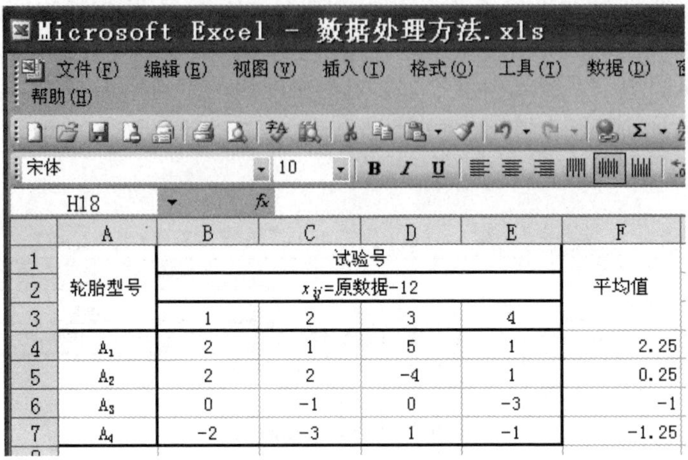

	A	B	C	D	E	F
1	轮胎型号	试验号				平均值
2		x_{ij}=原数据-12				
3		1	2	3	4	
4	A_1	2	1	5	1	2.25
5	A_2	2	2	-4	1	0.25
6	A_3	0	-1	0	-3	-1
7	A_4	-2	-3	1	-1	-1.25

图 10-11 例 3-1 试验结果

② 计算出各水平平均值。

在 F4 单元格中输入公式“=AVERAGE(B4:E4)”，计算出 A_1 水平的平均值。再将该公式复制到 F5:F7 中，得到 A_2 到 A_4 水平的平均值。

③ 在 A10 到 G13 中输入方差分析计算结果表。如图 10-12 所示。

	A	B	C	D	E	F	G
9	方差分析结果						
10	方差来源	偏差平方和	自由度	均方	F比	临界值	显著性
11	因素A						
12	误差E						
13	总和T						

图 10-12 方差分析表

④ 计算偏差平方和。

在 B11 中输入公式"=COUNTA(B3:E3)*DEVSQ(F4:F7)",即为求因素 A 的偏差平方和 $S_A = \sum_{i=1}^{4}\sum_{j=1}^{4}(\overline{x_i}-\overline{x})^2$ 重复试验次数 * $\sum_{i=1}^{4}(\overline{x_i}-\overline{x})^2$。式中"COUNTA(B3:E3)"为每个水平重复试验次数(4 次),"DEVSQ(F4:F7)"为求 $\sum_{i=1}^{4}(\overline{x_i}-\overline{x})^2$。

在 B13 中输入公式"=DEVSQ(B4:E7)",即计算总偏差平方和 $S_T = \sum_{i=1}^{4}\sum_{j=1}^{4}(x_{ij}-\overline{x})^2$。

在 B12 中输入公式"=B13-B11",即试验误差平方和等于总偏差平方和减去因素误差平方和。

⑤ 计算自由度。

在 C11 中输入公式"=COUNTA(A4:A7)-1",即因素 A 自由度等于水平数减 1。在 C13 中输入公式"=COUNTA(B4:E7)-1",即总自由度等于总的试验次数减 1。在 C12 中输入公式"C13-C11",即误差自由度等于总自由度减去因素自由度。

⑥ 计算平均偏差平方和。

在 D11 中输入公式"=B11/C11",即为因素平均偏差平方和。在 D12 中输入公式"=B12/C12",即为试验误差平均平方和。

⑦ 求 F 比。

在 E11 中输入公式"=D11/D12",即为所求 F 比。

⑧ 计算临界值。

在 F11 中输入公式"="F0.1(3,12)=" & ROUND(FINV(0.1,C11,C12),2)",式中"ROUND(FINV(0.1,C11,C12),2)"为显著性水平为 0.1 时的 F 临界值,并只保留两位小数。将此单元格复制到 F12 和 F13 单元格中,将 F12 单元格中公式修改为"="F0.05(3,12)=" & ROUND(FINV(0.05,C11,C12),2)",即为显著性水平为 0.05 时的 F 临界值;将 F13 单元格中公式修改为"="F0.01(3,12)=" & ROUND(FINV(0.01,C11,C12),2)",即为显著性水平为 0.01 时的 F 临界值。

第④到第⑧步中输入的公式如图 10-13 所示。最后得到结果如图 10-14 所示。

例 10-2 双因素无重复试验方差分析。具体题目见例 3-3。

解 ① 打开 Excel,将表 3-12 中试验结果数据 x_{ij} 内容复制到 Sheet1 中,并计算因素 A、B 平均值，输入如图 10-15 所示表。

	A	B	C	D	E	F	G
9	方差分析结果						
10	方差来源	偏差平方和	自由度	均方	F比	临界值	显著性
11	因素A	=COUNTA(B3:E3)*DEVSQ(F4:F7)	=COUNTA(A4:A7)-1	=B11/C11	=D11/D12	="F0.1(3,12)=" & ROUND(FINV(0.1,C11,C12),2)	
12	误差e	=B13-B11	=C13-C11	=B12/C12		="F0.05(3,12)=" & ROUND(FINV(0.1,C11,C12),2)	
13	总和T	=DEVSQ(B4:E7)	=COUNTA(B4:E7)-1			="F0.01(3,12)=" & ROUND(FINV(0.1,C11,C12),2)	

图 10-13　方差分析计算方法

	A	B	C	D	E	F	G
1	轮胎型号		试验号			平均值	
2		x_{ij}=原数据-12					
3		1	2	3	4		
4	A_1	2	1	5	1	2.25	
5	A_2	2	2	-4	1	0.25	
6	A_3	0	-1	0	-3	-1	
7	A_4	-2	-3	1	-1	-1.25	
8							
9	方差分析计算结果						
10	方差来源	偏差平方和	自由度	均方	F比	临界值	显著性
11	因素A	30.6875	3	10.23	2.44	F0.1(3,12)=2.61	
12	误差e	50.25	12	4.19		F0.05(3,12)=3.49	
13	总和T	80.94	15			F0.01(3,12)=5.95	

图 10-14　方差分析结果表

	A	B	C	D	E
1	淬火温度		试验号		$\overline{A_i}$
2		x_{ij}=原数据-66			
3	等温温度	B_1	B_2	B_3	
4	A_1	-2	0	2	
5	A_2	0	2	1	
6	A_3	-1	1	2	
7	$\overline{B_j}$				

图 10-15　例 3-3 试验结果

② 计算出 $\overline{A}_i$ 和 $\overline{B}_j$。

在 E4 单元格中输入公式"=AVERAGE(B4:D4)"，计算出 A_1 的平均值，将该公式复制到 E5:E6，计算出 $\overline{A}_i$；在 B7 单元格中输入公式"=AVERAGE(B4：B6)"，计算出 B_1 的平均值，将该公式复制到 C7:D7，计算出 $\overline{B}_j$。得到如图 10-16 所

示结果。

	A	B	C	D	E
1	淬火温度	试验号			$\overline{A_i}$
2		x_{ij}=原数据-66			
3	等温温度	B_1	B_2	B_3	
4	A_1	-2	0	2	0
5	A_2	0	2	1	1
6	A_3	-1	1	2	0.6666667
7	$\overline{B_i}$	-1	1	1.6666667	

图 10-16　平均值计算结果

③ 在 A10 到 G14 中输入方差分析计算结果表。如图 10-17 所示。

	A	B	C	D	E	F	G
9	方差分析计算结果						
10	方差来源	偏差平方和	自由度	均方	F比	临界值	显著性
11	因素A						
12	因素B						
13	误差e						
14	总和T						

图 10-17　方差分析表

④ 计算偏差平方和。

在 B11 内输入公式"=COUNTA(B3:D3)＊DEVSQ(E4:E6)",即为计算因素 A 偏差平方和 $S_A = \sum\limits_{i=1}^{3}\sum\limits_{j=1}^{3}(\overline{x_i}-\overline{x})^2 = A_i$ 重复试验次数 ＊ $\sum\limits_{i=1}^{3}(\overline{x_i}-\overline{x})^2$。式中"COUNTA(B3:D3)"为 A_i 水平重复试验次数(3 次),"DEVSQ(E4:E6)"为求 $\sum\limits_{i=1}^{3}(x_i-\overline{x})^2$。

在 B12 内输入公式"=COUNTA(A4:A6)＊DEVSQ(B7:D7)",计算出因素 B 的偏差平方和。

在 B14 内输入公式"=DEVSQ(B4:D6)",计算出总偏差平方和。

在 B13 内输入公式"=B14－B11－B12",计算出试验误差平方和。

⑤ 计算自由度。

在 C11 中输入公式"=COUNTA(A4:A6)－1",计算出因素 A 的自由度。在 C12 中输入公式"=COUNTA(B3:D3)－1",计算出因素 B 的自由度。在 C13 中输入公式"=COUNTA(B4:D6)－1",计算出总自由度。在 C12 中输入公式"C13

—C11—C12",计算出误差自由度。

⑥ 计算平均偏差平方和。

在 D11 中输入公式"＝B11/C11",计算出因素 A 平均偏差平方和。将该公式复制到 D12 和 D13 单元格中,计算出因素 B 平均偏差平方和及试验误差平均平方和。

⑦ 求 F 比。

在 E11 中输入公式"＝D11/\$D\$13",计算出因素 A 的 F 比,公式中"\$D\$13"表示复制该公式时,D13 单元格固定不变。

复制 E11 公式到 E12 单元格中,E12 单元格公式则为"＝D12/\$D\$13",计算出因素 B 的 F 比。

⑧ 计算临界值。

在 F12 中输入公式"＝"F0.05(2,4)＝" & ROUND(FINV(0.05,C11,\$C\$13),2)",计算出显著性水平为 0.05 时的因素 A 及因素 B 的 F 临界值,并只保留两位小数。

第④到第⑧步中输入的公式如图 10-18 所示。

	A	B	C	D	E	F	G
9	方差分析计算方法						
10	方差来源	偏差平方和	自由度	均方	F比	临界值	显著性
11	因素A	=COUNTA(B3:D3)*DEVSQ(E4:E6)	=COUNTA(A4:A6)-1	=B11/C11	=D11/\$D\$13		
12	因素B	=COUNTA(A4:A6)*DEVSQ(B7:D7)	=COUNTA(B3:D3)-1	=B12/C12	=D12/\$D\$13	="F0.05(2,4)=" & ROUND(FINV(0.05,\$C\$11,\$C\$13),2)	
13	误差e	=B14-B11-B12	=C14-C11-C12	=B13/C13			
14	总和T	=DEVSQ(B4:D6)	=COUNTA(B4:D6)-1				

图 10-18　方差分析计算方法

最后得到结果如图 10-19 所示。

	A	B	C	D	E	F	G
1	淬火温度		试验号				
2		x_{ij}=原数据-66			$\bar{A}_i$		
3	等温温度	B_1	B_2	B_3			
4	A_1	-2	0	2	0		
5	A_2	0	2	1	1		
6	A_3	-1	1	2	0.6666667		
7	$\bar{B}_j$	-1	1	1.6666667			
8							
9	方差分析计算结果						
10	方差来源	偏差平方和	自由度	均方	F比	临界值	显著性
11	因素A	1.555555556	2	0.78	1.00		
12	因素B	11.55555556	2	5.78	7.43	F0.05(2,4)=6.94	*
13	误差e	3.11	4	0.78			
14	总和T	16.22	8				

图 10-19　方差分析计算结果

例 10-3 双因素有重复试验方差分析。具体题目见例 3-4。

解 ① 打开 Excel,将表 3-18 中试验结果数据 x_{ijk} 内容复制到 Sheet1 中,并计算因素 A、B 平均值,输入如图 10-20 所示表。

	A	B	C	D	E	F	G	H	I	J	K	L	M	N
1	温度/℃	B_1				B_2				B_3				$\overline{A}_i$
2	材料	-10				-18				-27				
3	A_1(1)	130	155	74	180	34	40	80	50	20	70	82	58	
4	A_2(2)	150	188	159	126	136	122	106	115	22	70	58	45	
5	A_3(3)	138	110	168	160	174	120	150	139	96	104	82	60	
6	$\overline{B}_j$													

图 10-20 例 3-4 试验结果

② 计算出 $\overline{A}_i$ 和 $\overline{B}_j$。

在 N3 单元格中输入公式"=AVERAGE(B3:M3)",计算出 A_1 的平均值,将该公式复制到 N4:N5,计算出 $\overline{A}_i$,即 $\overline{x}_i$;在 B6 单元格中输入公式"=AVERAGE(B3:E5)",计算出 B_1 的平均值,将该公式复制到 F6、J6,计算出 $\overline{B}_j$,即 $\overline{x}_j$。得到如图 10-21 所示结果。

	A	B	C	D	E	F	G	H	I	J	K	L	M	N
1	温度/℃	B_1				B_2				B_3				$\overline{A}_i$
2	材料	-10				-18				-27				
3	A_1(1)	130	155	74	180	34	40	80	50	20	70	82	58	81.08
4	A_2(2)	150	188	159	126	136	122	106	115	22	70	58	45	108.08
5	A_3(3)	138	110	168	160	174	120	150	139	96	104	82	60	125.08
6	$\overline{B}_j$	144.83				105.50				63.92				

图 10-21 平均值计算结果

③ 在 P1 到 V6 中输入方差分析计算结果表。如图 10-22 所示。

	P	Q	R	S	T	U	V
1	方差来源	偏差平方和	自由度	方差	F比	临界值	显著性
2	因素A						
3	因素B						
4	A×B						
5	误差e						
6	总和T						

图 10-22 方差分析表

④ 计算偏差平方和。

在 Q2 内输入公式"$=3*4*\text{DEVSQ}(N3:N5)$",即为计算因素 A 偏差平方和 $S_A = m\sum_{i=1}^{m}(\overline{x_i}-\overline{x})^2$。式中"DEVSQ(E4:E6)"为求 $\sum_{i=1}^{m}(\overline{x_i}-\overline{x})^2$。

在 Q3 内输入公式"$=3*4*\text{DEVSQ}(B6:M6)$",计算出因素 B 的偏差平方和。

在 Q5 内输入公式"$=\text{SUM}(\text{DEVSQ}(B3:E3)+\text{DEVSQ}(B4:E4)+\text{DEVSQ}(B5:E5)+\text{DEVSQ}(F3:I3)+\text{DEVSQ}(F4:I4)+\text{DEVSQ}(F5:I5)+\text{DEVSQ}(J3:M3)+\text{DEVSQ}(J4:M4)+\text{DEVSQ}(J5:M5))$",计算出试验误差平方和。

在 Q6 内输入公式"$=\text{DEVSQ}(B3:M5)$",计算出总偏差平方和。

在 Q4 内输入公式"$=Q6-Q2-Q3-Q5$",计算出交互作用 A×B 的偏差平方和。

⑤ 计算自由度。

在 R2 中输入公式"$=\text{COUNTA}(A3:A5)-1$",计算出因素 A 的自由度。

在 R3 中输入公式"$=\text{COUNTA}(B1:M1)-1$",计算出因素 B 的自由度。

在 R4 中输入公式"$=R2*R3$",计算出交互作用 A×B 的自由度。

在 R6 中输入公式"$=\text{COUNTA}(B3:M5)-1$",计算出总自由度。

在 R5 中输入公式"$=R6-R2-R3-R4$",计算出误差自由度。

⑥ 计算平均偏差平方和。

在 S2 中输入公式"$=Q2/R2$",计算出因素 A 平均偏差平方和。将该公式复制到 S3:S5 单元格中,计算出因素 B、交互作用 A×B 的平均偏差平方和及试验误差平均平方和。

⑦ 求 F 比。

在 T2 中输入公式"$=S2/\$S\$5$",计算出因素 A 的 F 比。公式中"$\$S\$5$"表示复制该公式时,S5 单元格固定不变。

复制 T2 公式到 T3:T4 单元格中,T3 单元格公式则为"$=S3/\$S\$5$",计算出因素 B 的 F 比;T4 单元格公式则为"$=S4/\$S\$5$",计算出交互作用 A×B 的 F 比。

⑧ 计算临界值。

在 U3 中输入公式"$=\text{"F0.01(2,27)="} \& \text{ROUND}(\text{FINV}(0.01,R2,\$R\$5),2)$",计算出显著性水平为 0.01 时的因素 A 及因素 B 的 F 临界值,并只保留两位小数。

在 U4 中输入公式"$=\text{"F0.01(4,27)="} \& \text{ROUND}(\text{FINV}(0.01,R4,\$R}$

第10章 Excel在数据处理中的应用

$5),2)"，计算出显著性水平为 0.01 时的交互作用 A×B 的 F 临界值，并只保留两位小数。

第④到第⑧步中输入的公式如图 10-23 所示。

	P	Q	R	S	T	U	V
1	方差来源	偏差平方和	自由度	方差	F比	临界值	显著性
2	因素A	=12*DEVSQ(K3:M5)	=COUNTA(A3:A5)-1	=Q2/R2	=S2/$S$5		**
3	因素B	=3*4*DEVSQ(B6:M6)	=COUNTA(B1:M1)-1	=Q3/R3	=S3/$S$5	="F0.01(2,27) " & ROUND(FINV(0.01,R2,$R$5),2)	**
4	A×B	=Q6-Q2-Q3-Q5	=R2*R3	=Q4/R4	=S4/$S$5	="F0.01(4,27) " & ROUND(FINV(0.01,R4,$R$5),2)	**
5	误差e	=SUM(DEVSQ(B3:E3)+DEVSQ(B4:I4)+DEVSQ(B5:I5)+DEVSQ(F3:I3)+DEVSQ(F4:I4)+DEVSQ(F5:I5)+DEVSQ(J3:M3)+DEVSQ(J4:M4)+DEVSQ(J5:M5))	=R6-R2-R3-R4	=Q5/R5			
6	总和T	=DEVSQ(B3:M5)	=COUNTA(B3:M5)-1				

图 10-23 方差分析计算方法

最后得到结果如图 10-24 所示。

	P	Q	R	S	T	U	V
1	方差来源	偏差平方和	自由度	方差	F比	临界值	显著性
2	因素A	11816.00	2	5908.00	8.88		**
3	因素B	39295.17	2	19647.58	29.53	F0.01(2,27)=5.49	**
4	A×B	11191.83	4	2797.96	4.20	F0.01(4,27)=4.11	**
5	误差e	17965.75	27	665.40			
6	总和T	80268.75	35				

图 10-24 方差分析计算结果

例 10-4 两水平含有交互作用的正交试验设计及方差分析。具体题目见例 6-2。

① 设计表头，并输入原始数据。打开 Excel，将表 6-9 内容复制到 Sheet1 中，并删除其原表中 B13:H18 内的计算值，得如图 10-25 所示表。

	A	B	C	D	E	F	G	H	I
1	因素	A	B	A×B	C	空列	B×C	空列	SO_2摩尔分数×100
2	列号								
3	试验号	1	2	3	4	5	6	7	
4									
5	1	1(5)	1(40)	1	1(甲)	1	1	1	15
6	2	1	1	1	2(乙)	2	2	2	25
7	3	1	2(20)	2	1	1	2	2	3
8	4	1	2	2	2	2	1	1	9
9	5	2(10)	1	2	1	2	1	2	16
10	6	2	1	2	2	1	2	1	19
11	7	2	2	1	1	2	2	1	8
12	8	2	2	1	2	1	1	2	
13	K_{1j}								
14	K_{2j}								
15	k_{1j}								
16	k_{2j}								
17	极差								
18	S_j								

图 10-25 试验方案与试验结果

② 计算出 K_{1j}、K_{2j}、k_{1j}、k_{2j}、R、S_j。

在 B13 单元格中输入公式"=SUMIF(B5:B12,"=1",\$I\$5:\$I\$12)",计算 A 因素 1 水平的试验结果和,将该公式复制到 C13:H13,计算出 K_1;将 B13 单元格中公式复制到 B14 中,并修改为"=SUMIF(B5:B12,"=2",\$I\$5:\$I\$12)",计算 A 因素 2 水平的试验结果和,将该公式复制到 C14:H14,计算出 K_2。

在 B15 单元格中输入公式"=B13/COUNTIF(B5:B12,"=1")",计算 A 因素 1 水平的试验结果平均值,将该公式复制到 C15:H15,计算出 k_1;将 B15 单元格中公式复制到 B16 中,并修改为"=B14/COUNTIF(B5:B12,"=2")",计算 A 因素 2 水平的试验结果平均值,将该公式复制到 C16:H16,计算出 k_2。

计算极差:在 B17 单元格中输入公式"=MAX(B13:B14)−MIN(B13:B14)",计算出因素 A 的极差,将该公式复制到 C17:H17,计算出 R。

计算偏差平方和:在 B18 单元格中输入公式"=4*DEVSQ(B15:B16)",计算出因素 A 的偏差平方和,公式中"4"表示每水平重复 4 次。将该公式复制到 C18:H18,计算出 S_i。得到图 10-26 所示结果。

因素列号\试验号	A	B	A×B	C	空列	B×C	空列	SO_2摩尔分数×100
	1	2	3	4	5	6	7	
1	1	1	1	1	1	1	1	15
2	1	1	1	2	2	2	2	25
3	1	2	2	1	1	2	2	3
4	1	2	2	2	2	1	1	7
5	2	1	2	1	2	1	2	9
6	2	1	2	2	1	2	1	16
7	2	2	1	1	2	2	1	19
8	2	2	1	2	1	1	2	8
K_{1j}	45	65	67	46	42	34	52	
K_{2j}	52	32	30	51	55	63	45	
k_{1j}	11.25	16.25	16.75	11.5	10.5	8.5	13	
k_{2j}	13	8	7.5	12.75	13.75	15.75	11.25	
极差	7	33	37	5	13	29	7	
S_i	6.125	136.125	171.125	3.125	21.125	105.125	6.125	

图 10-26 试验方案与计算分析

③ 在 A22 到 H28 中输入方差分析计算结果表。如图 10-27 所示。

④ 在方差分析表中填入上表中计算出的偏差平方和 S_i,并计算出试验误差平方和及总偏差平方和。

在 B22 内输入公式"=B18",在 B23 内输入公式"=C18",在 B24 内输入公式"=D18",在 B25 内输入公式"=E18",在 B26 内输入公式"=G18",在 B27 内输入公式"=F18+H18",在 B28 内输入公式"=DEVSQ(I5:I12)"。

第 10 章　Excel 在数据处理中的应用

	A	B	C	D	E	F	G	H
20	方差分析表							
21	方差来源	偏差平方和	自由度	均方	统计量	临界值		显著性
22	A							
23	B							
24	A×B							
25	C							
26	B×C							
27	误差							
28	总和							

图 10-27　方差分析表

⑤ 计算自由度。

在 C22 中输入公式"＝COUNTA(A13:A14)－1",计算出因素 A 的自由度。

在 C23 中输入公式"＝COUNTA(A13:A14)－1",计算出因素 B 的自由度。

在 C24 中输入公式"＝C22＊C23",计算出交互作用 A×B 的自由度。

在 C25 中输入公式"＝COUNTA(A13:A14)－1",计算出因素 C 的自由度。

在 C26 中输入公式"＝C23＊C25",计算出交互作用 B×C 的自由度。

在 C28 中输入公式"＝COUNTA(A5:A12)－1",计算出总自由度。

在 C27 中输入公式"＝C28－SUM(C22:C26)",计算出误差自由度。

⑥ 计算平均偏差平方和。

在 D22 中输入公式"＝B22/C22",计算出因素 A 平均偏差平方和。将该公式复制到 D23:D27 单元格中,计算出各均方。

⑦ 求 F 比。

在 E22 中输入公式"＝D22/＄D＄27",计算出因素 A 的 F 比。复制 E22 公式到 E23:E26 单元格中,计算出各因素的 F 比。

至此,可将因素 A、C 归入误差,因而在第 28 行前插入一行。在 A28 单元格中输入"e′(A C e)",在 B28 中输入"＝B22＋B25＋B27",复制 B28 到 C28 中,复制 D27 到 D28 中,计算出新误差的偏差平方和、自由度、平均偏差平方和。

⑧ 计算临界值。

在 F25 中输入公式"＝"F0.05(1,4)＝" ＆ ROUND(FINV(0.05,C22,C28),2)",计算出显著性水平为 0.05 时的 F 临界值,并只保留两位小数。在 F26 中输入公式"＝"F0.01(1,4)＝" ＆ ROUND(FINV(0.01,C22,C28),2)",计算出显著性水平为 0.01 时的 F 临界值,并只保留两位小数。

第④到第⑧步中输入的公式如图 10-28 所示。

最后得到结果如图 10-29 所示。

	A	B	C	D	E	F	G	H
20	方差分析表							
21	方差来源	偏差平方和	自由度	均方	统计量	临界值		显著性
22	A	=B18	=COUNTA(A13:A14)-1	=B22/C22				
23	B	=C18	=COUNTA(A13:A14)-1	=B23/C23	=D23/$D$28			
24	A×B	=D18	=C22*C23	=B24/C24	=D24/$D$28			
25	C	=E18	=COUNTA(A13:A14)-1	=B25/C25		="F0.05(1,4)=" & ROUND(FINV(0.05,C22,C28),2)		
26	B×C	=G18	=C23*C25	=B26/C26	=D26/$D$28	="F0.01(1,4)=" & ROUND(FINV(0.01,C22,C28),2)		
27	误差	=F18+H18	=C29-SUM(C22:C26)	=B27/C27				
28	e'(A C e)	=B22+B25+B27	=C22+C25+C27	=B28/C28				
29	总和	=DEVSQ(I5:I12)	=COUNTA(A5:A12)-1					

图 10-28 方差分析计算方法

	A	B	C	D	E	F	G	H	I
1	因素	A	B	A×B	C	空列	B×C	空列	SO_2摩尔分数×100
2	列								
3	试验号	1	2	3	4	5	6	7	
4									
5	1	1	1	1	1	1	1	1	15
6	2	1	1	1	2	2	2	2	25
7	3	1	2	2	1	1	2	2	3
8	4	1	2	2	2	2	1	1	9
9	5	2	1	2	1	2	1	2	9
10	6	2	1	2	2	1	2	1	16
11	7	2	2	1	1	2	2	1	19
12	8	2	2	1	2	1	1	2	8
13	K_{1j}	45	65	67	46	42	34	52	
14	K_{2j}	52	32	30	51	55	63	45	
15	k_{1j}	11.25	16.25	16.75	11.5	10.5	8.5	13	
16	k_{2j}	13	8	7.5	12.75	13.75	15.75	11.25	
17	极差	7	33	37	5	13	29	7	
18	S_j	6.125	136.125	171.125	3.125	21.125	105.125	6.125	
19									
20	方差分析表								
21	方差来源	偏差平方和	自由度	均方	统计量	临界值		显著性	
22	A	6.125	1	6.125					
23	B	136.125	1	136.125	14.91780822			*	
24	A×B	171.125	1	171.125	18.75342466			*	
25	C	3.125	1	3.125		F0.05(1,4)=7.71			
26	B×C	105.125	1	105.125	11.52054795	F0.01(1,4)=21.2		*	
27	误差	27.25	2	13.625					
28	e'(A C e)	36.5	4	9.125					
29	总和	448.875	7						

图 10-29 方差分析计算结果

10.3 Excel 分析工具在方差分析中的应用

在 Excel 中可以利用"分析工具库"中的方差分析工具来进行试验的方差分

析。Excel【工具】菜单中若没有【数据分析】子菜单,可通过如下方法在【工具】菜单中添加:选择【工具】菜单中的【加载宏】,在弹出的"加载宏"对话框中(如图 10-30),选择"分析工具库",再单击"确定"即可。

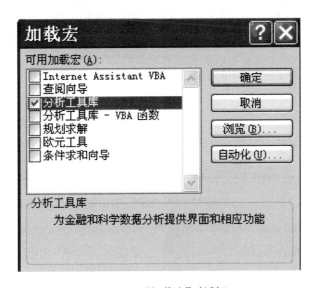

图 10-30 "加载宏"对话框

例 10-5 对例 3-2 中试验数据,试用 Excel 的"单因素方差分析"工具来判断工艺条件对收率的影响是否显著?

解 ① 将例 3-2 中试验结果数据复制到 Excel 中,如图 10-31 所示。图中的数据是按行组织的。

	A	B	C	D	E
1	工艺	试验号			
2		x_{ij}=原数据-57			
3		1	2	3	4
4	A_1	11	7	20	2
5	A_2	-15	2	-21	-2
6	A_3	-4	5	6	5
7	A_4	-7	-4	-16	-17
8	A_5	13	-14	-10	11
9	A_6	10	6	-1	13

图 10-31 试验结果

② 选择【工具】菜单中的【数据分析】子菜单，弹出"数据分析"对话框，如图 10-32 所示。

图 10-32　"数据分析"对话框

在弹出的"数据分析"对话框中选择"方差分析：单因素方差分析"工具，则弹出单因素方差分析对话框，如图 10-33 所示。

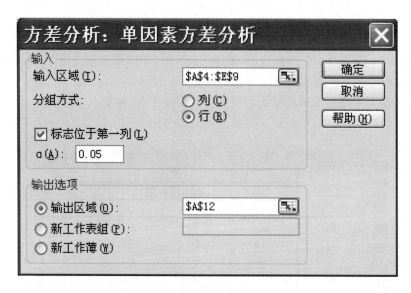

图 10-33　单因素方差分析对话框

③ 按图 10-33 所示填写对话框。
输入区域：在此输入待分析数据区域的单元格引用。

分组方式：根据输入区域中的数据是按行还是按列排列，选择"行"或"列"。在本例中，数据是按行排列的。

在"输入区域"中，如果第一列中包含标志项，则选中"标志位于第一列"复选框；如果"输入区域"中的第一行中包含标志项，则选中"标志位于第一行"复选框；如果"输入区域"中没有标志项，则不选，Excel将在输出表中生成适宜的数据标志。本例的输入区域中包含了工艺标志列。

$\alpha(A)$：输入计算 F 检验临界值的置信度，或称显著性水平。

输出区域：Excel 方差分析结果输出区域左上角单元格引用。本例中所选的输出区域为当前工作表的 A12 单元格，输出方差分析结果见图 10-34 所示。

新工作表组：若选此项，可在当前工作簿中插入新工作表，并由新工作表的 A1 单元格开始输出方差分析结果。如果需要给新工作表命名，则可在右侧的编辑框中键入名称。

新工作簿：若选此项，可创建一新工作簿，并在新工作簿的新工作表中输出方差分析结果。

④ 按要求填完单因素方差分析对话框之后，单击"确定"按钮，即可得到方差分析结果，如图 10-34 所示。

	A	B	C	D	E	F	G
12	方差分析：单因素方差分析						
13							
14	SUMMARY						
15	组	观测数	求和	平均	方差		
16	A1	4	40	10	58		
17	A2	4	-36	-9	116.66667		
18	A3	4	12	3	22		
19	A4	4	-44	-11	42		
20	A5	4	0	0	195.33333		
21	A6	4	28	7	36.666667		
22							
23							
24	方差分析						
25	差异源	SS	df	MS	F	P-value	F crit
26	组间	1440	5	288	3.67139	0.01824	2.77285
27	组内	1412	18	78.44444			
28							
29	总计	2852	23				
30							

图 10-34　单因素方差分析结果

由图 10-34，所得到的方差分析表与例 3-2 是一致的，其中 F-crit 是显著性水平为 0.05 时的 F 临界值，也就是从 F 分布表中查到的 $F_{0.05}(5,18)=2.77$，所以当 F

>F-crit 时,因素(工艺条件)对试验指标(收率)有显著影响。P-value 表示的是 6 个组内平均值相等的假设成立的概率为 0.01824%,显然,P-value 越小,说明因素对试验指标的影响就越显著。

例 10-6　对例 3-3 中试验数据,如图 10-35 所示,试用 Excel 的"无重复双因素方差分析"工具来判断等温温度及淬火温度对铣刀硬度是否有显著的影响。

解　① 将例 3-3 中试验结果数据复制到 Excel 中,如图 10-35 所示。

	A	B	C	D
1	淬火温度	试验号		
2		x_{ij} = 原数据 − 66		
3	等温温度	B_1	B_2	B_3
4	A_1	-2	0	2
5	A_2	0	2	1
6	A_3	-1	1	2

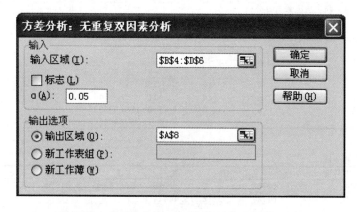

图 10-35　例 3-3 试验结果

② 选择【工具】菜单中的【数据分析】子菜单,在弹出的"数据分析"对话框中选择"方差分析:无重复双因素分析"工具,则弹出"方差分析:无重复双因素分析"对话框,如图 10-36 所示。

图 10-36　"方差分析:无重复双因素分析"对话框

③ 按图 10-36 所示填写对话框。

输入区域:在此输入待分析数据区域的单元格引用。本例中选择 B4:D6。

α(A):输入计算 F 检验临界值的置信度,或称显著性水平。

输出区域:Excel 方差分析结果输出区域左上角单元格引用。本例中所选的输出区域为当前工作表的 A8 单元格。

④ 按要求填完"方差分析:无重复双因素分析"对话框之后,单击"确定"按钮,即可得到方差分析结果,如图 10-37 所示。

	SUMMARY	观测数	求和	平均	方差		
9	行 1	3	0	0	4		
10	行 2	3	3	1	1		
11	行 3	3	2	0.666666667	2.333333333		
12							
13	列 1	3	-3	-1	1		
14	列 2	3	3	1	1		
15	列 3	3	5	1.666666667	0.333333333		
16							
17							
18	方差分析						
19	差异源	SS	df	MS	F	P-value	F crit
20	行	1.555555556	2	0.777777778	1	0.444444444	6.94427191
21	列	11.55555556	2	5.777777778	7.428571429	0.044995409	6.94427191
22	误差	3.111111111	4	0.777777778			
23							
24	总计	16.22222222	8				

图 10-37 "方差分析:无重复双因素分析"分析结果

由图 10-37,所得到的方差分析表与例 3-3 是一致的,用表中 F 值与 F-crit 值比较,可知因素 A 没有显著性影响,因素 B 有显著性影响。

例 10-7 对例 3-4 中试验数据,试用 Excel 的"有重复双因素方差分析"工具来分析各因素及交互作用的显著性。

解 ① 将例 3-4 中试验结果数据在 Excel 中按图 10-38 所示格式进行组织,并且不能省略标志行和标志列。

② 选择【工具】菜单中的【数据分析】子菜单,在弹出的"数据分析"对话框中选择"方差分析:可重复双因素分析"工具,则弹出"方差分析:可重复双因素分析"对话框,如图 10-39 所示。

③ 按图 10-39 所示填写对话框。

输入区域:在此输入待分析数据区域的单元格引用。本例中选择 A4:D13,包括了标志行(第一行)和标志列(第一列)。

每一样本的行数:为每个组合水平重复次数。本例每个组合水平重复 4 次,输入 4。

α(A):输入计算 F 检验临界值的置信度,或称显著性水平。本例输入 0.01。

输出区域:Excel 方差分析结果输出区域左上角单元格引用。本例中所选的输

	A	B	C	D
1		B₁	B₂	B₃
2	A₁（1）	130	34	20
3		155	40	70
4		74	80	82
5		180	50	58
6	A₂（2）	150	136	22
7		188	122	70
8		159	106	58
9		126	115	45
10	A₃（3）	138	174	96
11		110	120	104
12		168	150	82
13		160	139	60

图 10-38　例 3-4 试验结果

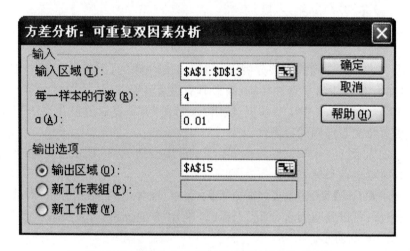

图 10-39　"方差分析:可重复双因素分析"对话框

出区域为当前工作表的 A15 单元格。

④ 按要求填完"方差分析:可重复双因素分析"对话框之后,单击"确定"按钮,即可得到方差分析结果,如图 10-40 所示。

由图 10-40,所得到的方差分析表与例 3-4 是一致的,用表中 F 值与 F-crit 值比较,可知因素 A、因素 B 及交互作用 A×B 均有高度显著性影响。

	A	B	C	D	E	F	G
15	方差分析:可重复双因素分析						
16							
17	SUMMARY	B1	B2	B3	总计		
18	A1（1）						
19	观测数	4	4	4	12		
20	求和	539	204	230	973		
21	平均	134.75	51	57.5	81.0833333		
22	方差	2056.91667	417.333333	721	2450.08333		
23							
24	A2（2）						
25	观测数	4	4	4	12		
26	求和	623	479	195	1297		
27	平均	155.75	119.75	48.75	108.083333		
28	方差	656.25	160.25	422.25	2493.7197		
29							
30	A3（3）						
31	观测数	4	4	4	12		
32	求和	576	583	342	1501		
33	平均	144	145.75	85.5	125.083333		
34	方差	674.666667	508.25	371.666667	1279.17424		
35							
36	总计						
37	观测数	12	12	12			
38	求和	1738	1266	767			
39	平均	144.833333	105.5	63.9166667			
40	方差	1004.51515	2039.18182	681.174242			
41							
42	方差分析						
43	差异源	SS	df	MS	F	P-value	F crit
44	样本	11816	2	5908	8.87889456	0.00108814	5.48811777
45	列	39295.1667	2	19647.5833	29.5275594	1.5993E-07	5.48811777
46	交互	11191.8333	4	2797.95833	4.20493856	0.00895332	4.10562211
47	内部	17965.75	27	665.398148			
48							
49	总计	80268.75	35				

图 10-40 "方差分析:可重复双因素分析"分析结果

10.4　Excel 在回归分析中的应用

Excel 中提供了多种回归分析手段,如分析工具库、规划求解、图表功能等。

10.4.1　图表法

例 10-8　对例 8-1 中试验数据,在 Excel 中求出线性回归方程。

解　① 将例 8-1 中试验结果数据复制到 Excel 中,如图 10-41 所示。

	A	B	C	D	E	F	G	H
1	x	0.2	0.21	0.25	0.3	0.35	0.4	0.5
2	y	0.015	0.02	0.05	0.08	0.105	0.13	0.2

图 10-41　例 8-1 试验数据

② 单击工具条中图表按钮 ,弹出如图 10-42 所示"图表向导"。

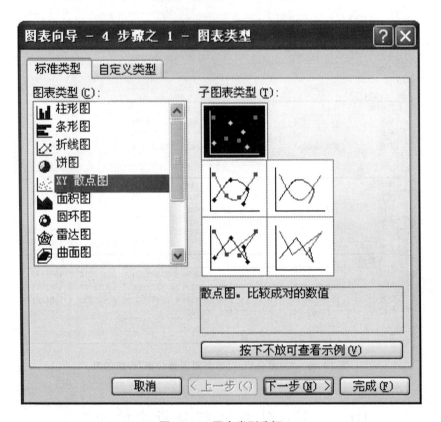

图 10-42　图表类型选择

在图 10-42 的"标准类型"中选择"XY 散点图",并选择第 1 种子图表类型。

单击"下一步",在"图表向导-4 步骤之 2-图表源数据"中选择数据区域 A1：H2,如图 10-43 所示。

单击"下一步",在"图表向导-4 步骤之 3-图表选项"中对标题、坐标轴、网格线、图例、数据标志进行相关设置,如图 10-44 所示。

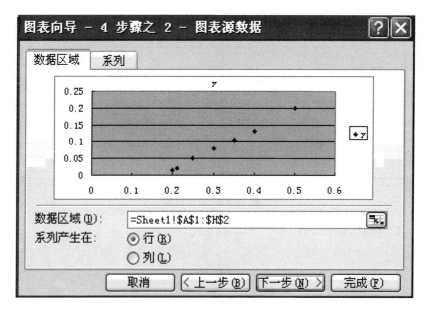

图 10-43　图表源数据

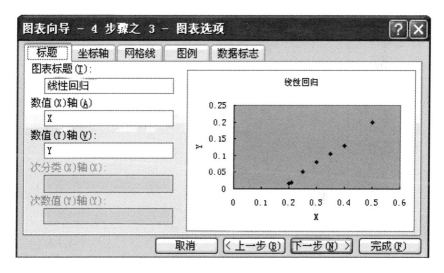

图 10-44　图表选项

单击"下一步",在"图表向导-4 步骤之 4-图表位置"中将产生的散点图作为对象插入当前工作表中,如图 10-45 所示。

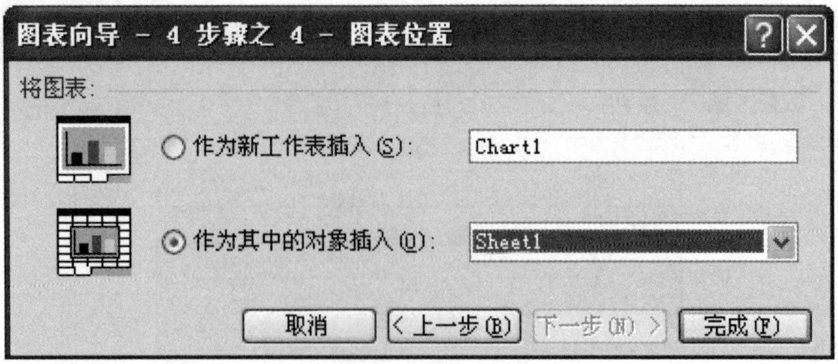

图 10-45 图表位置

单击"完成",得到如图 10-46 所示散点图。

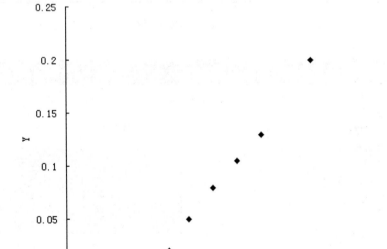

图 10-46 散点图

③ 选中该图,选择【图表】菜单中的【添加趋势线(R)...】,在"类型"选项卡中选择"线性(L)",如图 10-47 所示。

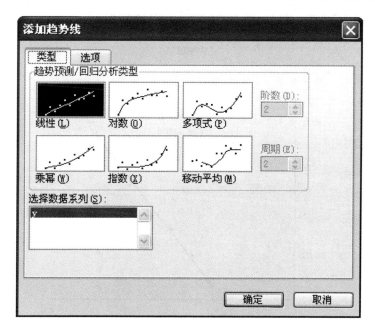

图 10-47　选择趋势线类型

在"选项"选项卡中,选择"显示公式(E)"及"显示 R 平方值(R)",如图 10-48 所示。

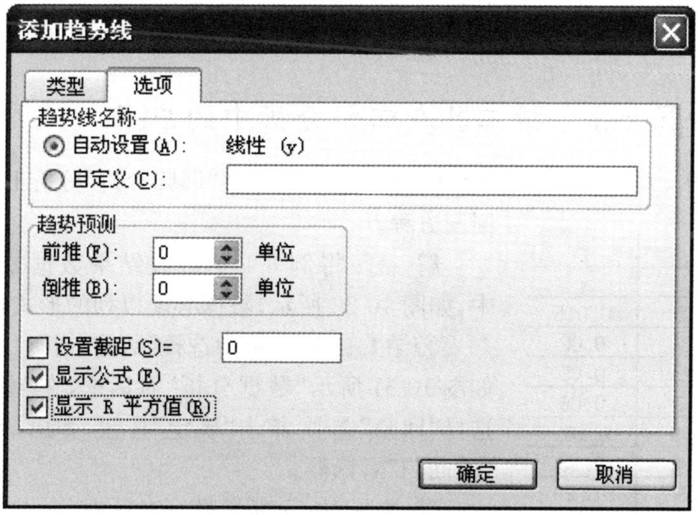

图 10-48　设置趋势线选项

单击"确定"按钮,得到如图 10-49 所示的回归直线。

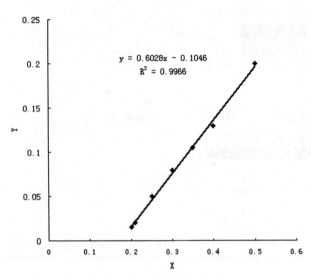

图 10-49 一元线性回归分析结果

由图 10-49 可知,回归直线方程为
$$y = 0.6028x - 0.1046$$
与例 8-1 求得结果一致。图中 $R^2 = 0.9966$,即相关系数为 0.9983,与例 8-3 分析结果一致。

10.4.2 Excel 分析工具在回归分析中的应用

例 10-9 对例 8-1 中试验数据,在 Excel 中利用"回归分析"分析工具求出线性回归方程。

解 ① 将例 8-1 中试验结果数据复制到 Excel 中,如图 10-50 所示,数据必须以列的形式给出。

② 在【工具】菜单中选择【数据分析(D)...】,弹出如图 10-51 所示"数据分析"对话框,在"分析工具"中选择"回归"选项,单击"确定"按钮,弹出如图 10-52 所示"回归"对话框。

③ 按图 10-52 所示填写对话框。

Y 及 X 值输入区域:在此输入待分析数据区域的

	A	B
1	x	y
2	0.2	0.015
3	0.21	0.02
4	0.25	0.05
5	0.3	0.08
6	0.35	0.105
7	0.4	0.13
8	0.5	0.2

图 10-50 例 8-1 试验数据

单元格引用。

标志：如果选择数据区域时选择了第一行，则选中此复选框。

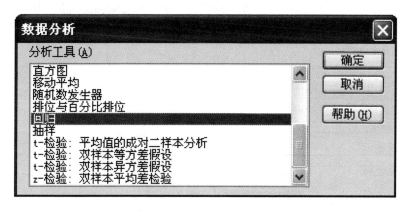

图 10-51 "数据分析"对话框

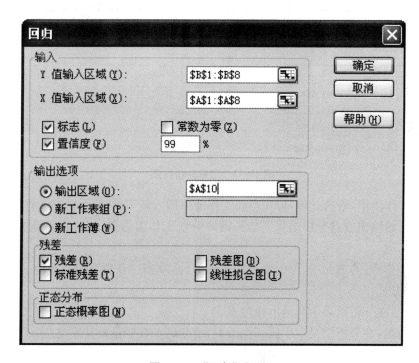

图 10-52 "回归"对话框

常数为零：选中此项表示强制回归线通过原点。

置信度：选中此项，可修改置信度信息，默认置信度为95%。

输出区域：Excel方差分析结果输出区域左上角单元格引用。本例中所选的输出区域为当前工作表的A10单元格，输出回归分析结果如图10-53所示。

	A	B	C	D	E	F	G	H	I
10	SUMMARY OUTPUT								
11									
12	回归统计								
13	Multiple	0.998291							
14	R Square	0.996585							
15	Adjusted	0.995901							
16	标准误差	0.004216							
17	观测值	7							
18									
19	方差分析								
20		df	SS	MS	F	Significance F			
21	回归分析	1	0.025933	0.025933	1458.916	2.31763E-07			
22	残差	5	8.89E-05	1.78E-05					
23	总计	6	0.026021						
24									
25		Coefficient	标准误差	t Stat	P-value	Lower 95%	Upper 95%	下限 99.0%	上限 99.0%
26	Intercept	-0.10459	0.005231	-19.9946	5.78E-06	-0.1180394	-0.09115	-0.12568	-0.08350039
27	x	0.602782	0.015781	38.19576	2.32E-07	0.562214867	0.64335	0.539149	0.666415054
28									
29									
30									
31	RESIDUAL OUTPUT								
32									
33	观测值	预测 y	残差						
34	1	0.015964	-0.00096						
35	2	0.021992	-0.00199						
36	3	0.046103	0.003897						
37	4	0.076242	0.003758						
38	5	0.106381	-0.00138						
39	6	0.13652	-0.00652						
40	7	0.196798	0.003202						

图10-53　回归分析结果

新工作表组：若选此项，可在当前工作簿中插入新工作表，并由新工作表的A1单元格开始输出方差分析结果。如果需要给新工作表命名，则可在右侧的编辑框中键入名称。

新工作簿：若选此项，可创建一新工作簿，并在新工作簿的新工作表中输出方差分析结果。

残差：在分析结果中会给出残差表。

残差图：在分析结果中生成一张图表，绘制每个自变量及其残差。

标准残差：在残差表中给出标准残差。

线性拟合图：为预测值和观察值生成一个图表。

正态概率图：在分析结果中绘制出正态概率图。

④ 按要求填完"回归"对话框之后，单击"确定"按钮，得到如图 10-53 所示结果。

由图 10-53，截距(intercept)为 −0.1046，斜率为 0.6028，所得回归方程与例 8-1 结果一致。方差分析结果与例 8-2 结果一致。图 10-53 中还给出了残差表。

附录 1 F 分布表

$\alpha = 0.10$

f_1 \ f_2	1	2	3	4	5	6	7	8	9	10	12	15	20	24	30	40	60	120	1000
1	39.86	49.50	53.59	55.83	57.24	58.20	58.91	59.44	59.86	60.19	60.71	61.22	61.74	62.00	62.26	62.53	62.79	63.06	63.30
2	8.53	9.00	9.15	9.24	9.29	9.33	9.35	9.37	9.38	9.39	9.41	9.42	9.44	9.45	9.46	9.47	9.47	9.48	9.49
3	5.54	5.46	5.39	5.34	5.31	5.28	5.27	5.25	5.24	5.23	5.22	5.20	5.18	5.18	5.17	5.16	5.15	5.14	5.13
4	4.54	4.32	4.19	4.11	4.05	4.01	3.98	3.95	3.94	3.92	3.90	3.87	3.84	3.83	3.82	3.80	3.79	3.78	3.76
5	4.06	3.78	3.62	3.52	3.45	3.40	3.37	3.34	3.32	3.30	3.27	3.24	3.21	3.19	3.17	3.16	3.14	3.12	3.11
6	3.78	3.46	3.29	3.18	3.11	3.05	3.01	2.98	2.96	2.94	2.90	2.87	2.84	2.82	2.80	2.78	2.76	2.74	2.72
7	3.59	3.26	3.07	2.96	2.88	2.83	2.78	2.75	2.72	2.70	2.67	2.63	2.59	2.58	2.56	2.54	2.51	2.49	2.47
8	3.46	3.11	2.92	2.81	2.73	2.67	2.62	2.59	2.56	2.54	2.50	2.46	2.42	2.40	2.38	2.36	2.34	2.32	2.30
9	3.36	3.01	2.81	2.69	2.61	2.55	2.51	2.47	2.44	2.42	2.38	2.34	2.30	2.28	2.25	2.23	2.21	2.18	2.16
10	3.29	2.92	2.73	2.61	2.52	2.46	2.41	2.38	2.35	2.32	2.28	2.24	2.20	2.18	2.16	2.13	2.11	2.08	2.06
11	3.23	2.86	2.66	2.54	2.45	2.39	2.34	2.30	2.27	2.25	2.21	2.17	2.12	2.10	2.08	2.05	2.03	2.00	1.98
12	3.18	2.81	2.61	2.48	2.39	2.33	2.28	2.24	2.21	2.19	2.15	2.10	2.06	2.04	2.01	1.99	1.96	1.93	1.91
13	3.14	2.76	2.56	2.43	2.35	2.28	2.23	2.20	2.16	2.14	2.10	2.05	2.01	1.98	1.96	1.93	1.90	1.88	1.85
14	3.10	2.73	2.52	2.39	2.31	2.24	2.19	2.15	2.12	2.10	2.05	2.01	1.96	1.94	1.91	1.89	1.86	1.83	1.80
15	3.07	2.70	2.49	2.36	2.27	2.21	2.16	2.12	2.09	2.06	2.02	1.97	1.92	1.90	1.87	1.85	1.82	1.79	1.76

附录1 F 分布表

n_2																			
16	3.05	2.67	2.46	2.33	2.24	2.18	2.13	2.09	2.06	2.03	1.99	1.94	1.89	1.87	1.84	1.81	1.78	1.75	1.72
17	3.03	2.64	2.44	2.31	2.22	2.15	2.10	2.06	2.03	2.00	1.96	1.91	1.86	1.84	1.81	1.78	1.75	1.72	1.69
18	3.01	2.62	2.42	2.29	2.20	2.13	2.08	2.04	2.00	1.98	1.93	1.89	1.84	1.81	1.78	1.75	1.72	1.69	1.66
19	2.99	2.61	2.40	2.27	2.18	2.11	2.06	2.02	1.98	1.96	1.91	1.86	1.81	1.79	1.76	1.73	1.70	1.67	1.64
20	2.97	2.59	2.38	2.25	2.16	2.09	2.04	2.00	1.96	1.94	1.89	1.84	1.79	1.77	1.74	1.71	1.68	1.64	1.61
21	2.96	2.57	2.36	2.23	2.14	2.08	2.02	1.98	1.95	1.92	1.87	1.83	1.78	1.75	1.72	1.69	1.66	1.62	1.59
22	2.95	2.56	2.35	2.22	2.13	2.06	2.01	1.97	1.93	1.90	1.86	1.81	1.76	1.73	1.70	1.67	1.64	1.60	1.57
23	2.94	2.55	2.34	2.21	2.11	2.05	1.99	1.95	1.92	1.89	1.84	1.80	1.74	1.72	1.69	1.66	1.62	1.59	1.55
24	2.93	2.54	2.33	2.19	2.10	2.04	1.98	1.94	1.91	1.88	1.83	1.78	1.73	1.70	1.67	1.64	1.61	1.57	1.54
25	2.92	2.53	2.32	2.18	2.09	2.02	1.97	1.93	1.89	1.87	1.82	1.77	1.72	1.69	1.66	1.63	1.59	1.56	1.52
26	2.91	2.52	2.31	2.17	2.08	2.01	1.96	1.92	1.88	1.86	1.81	1.76	1.71	1.68	1.65	1.61	1.58	1.54	1.51
27	2.90	2.51	2.30	2.17	2.07	2.00	1.95	1.91	1.87	1.85	1.80	1.75	1.70	1.67	1.64	1.60	1.57	1.53	1.50
28	2.89	2.50	2.29	2.16	2.06	2.00	1.94	1.90	1.87	1.84	1.79	1.74	1.69	1.66	1.63	1.59	1.56	1.52	1.48
29	2.89	2.50	2.28	2.15	2.06	1.99	1.93	1.89	1.86	1.83	1.78	1.73	1.68	1.65	1.62	1.58	1.55	1.51	1.47
30	2.88	2.49	2.28	2.14	2.05	1.98	1.93	1.88	1.85	1.82	1.77	1.72	1.67	1.64	1.61	1.57	1.54	1.50	1.46
40	2.84	2.44	2.23	2.09	2.00	1.93	1.87	1.83	1.79	1.76	1.71	1.66	1.61	1.57	1.54	1.51	1.47	1.42	1.38
60	2.79	2.39	2.18	2.04	1.95	1.87	1.82	1.77	1.74	1.71	1.66	1.60	1.54	1.51	1.48	1.44	1.40	1.35	1.30
120	2.75	2.35	2.13	1.99	1.90	1.82	1.77	1.72	1.68	1.65	1.60	1.55	1.48	1.45	1.41	1.37	1.32	1.26	1.20
1000	2.71	2.31	2.09	1.95	1.85	1.78	1.72	1.68	1.64	1.61	1.55	1.49	1.43	1.39	1.35	1.30	1.25	1.18	1.08

$\alpha = 0.05$

f_1 \ f_2	1	2	3	4	5	6	7	8	9	10	12	15	20	24	30	40	60	120	1000
1	161.5	199.5	215.7	224.6	230.2	234.0	236.8	238.9	240.5	241.9	243.9	246.0	248.0	249.1	250.1	251.1	252.2	253.3	254.2
2	18.51	19.00	19.16	19.25	19.30	19.33	19.35	19.37	19.38	19.40	19.41	19.43	19.45	19.45	19.46	19.47	19.48	19.49	19.49
3	10.13	9.55	9.28	9.12	9.01	8.94	8.89	8.85	8.81	8.79	8.74	8.70	8.66	8.64	8.62	8.59	8.57	8.55	8.53
4	7.71	6.94	6.59	6.39	6.26	6.16	6.09	6.04	6.00	5.96	5.91	5.86	5.80	5.77	5.75	5.72	5.69	5.66	5.63
5	6.61	5.79	5.41	5.19	5.05	4.95	4.88	4.82	4.77	4.74	4.68	4.62	4.56	4.53	4.50	4.46	4.43	4.40	4.37
6	5.99	5.14	4.76	4.53	4.39	4.28	4.21	4.15	4.10	4.06	4.00	3.94	3.87	3.84	3.81	3.77	3.74	3.70	3.67
7	5.59	4.74	4.35	4.12	3.97	3.87	3.79	3.73	3.68	3.64	3.57	3.51	3.44	3.41	3.38	3.34	3.30	3.27	3.23
8	5.32	4.46	4.07	3.84	3.69	3.58	3.50	3.44	3.39	3.35	3.28	3.22	3.15	3.12	3.08	3.04	3.01	2.97	2.93
9	5.12	4.26	3.86	3.63	3.48	3.37	3.29	3.23	3.18	3.14	3.07	3.01	2.94	2.90	2.86	2.83	2.79	2.75	2.71
10	4.96	4.10	3.71	3.48	3.33	3.22	3.14	3.07	3.02	2.98	2.91	2.85	2.77	2.74	2.70	2.66	2.62	2.58	2.54
11	4.84	3.98	3.59	3.36	3.20	3.09	3.01	2.95	2.90	2.85	2.79	2.72	2.65	2.61	2.57	2.53	2.49	2.45	2.41
12	4.75	3.89	3.49	3.26	3.11	3.00	2.91	2.85	2.80	2.75	2.69	2.62	2.54	2.51	2.47	2.43	2.38	2.34	2.30
13	4.67	3.81	3.41	3.18	3.03	2.92	2.83	2.77	2.71	2.67	2.60	2.53	2.46	2.42	2.38	2.34	2.30	2.25	2.21
14	4.60	3.74	3.34	3.11	2.96	2.85	2.76	2.70	2.65	2.60	2.53	2.46	2.39	2.35	2.31	2.27	2.22	2.18	2.14
15	4.54	3.68	3.29	3.06	2.90	2.79	2.71	2.64	2.59	2.54	2.48	2.40	2.33	2.29	2.25	2.20	2.16	2.11	2.07
16	4.49	3.63	3.24	3.01	2.85	2.74	2.66	2.59	2.54	2.49	2.42	2.35	2.28	2.24	2.19	2.15	2.11	2.06	2.02

附录1 F 分布表

df	1	2	3	4	5	6	7	8	9	10	12	15	20	24	30	40	60	120	∞
17	4.45	3.59	3.20	2.96	2.81	2.70	2.61	2.55	2.49	2.45	2.38	2.31	2.23	2.19	2.15	2.10	2.06	2.01	1.97
18	4.41	3.55	3.16	2.93	2.77	2.66	2.58	2.51	2.46	2.41	2.34	2.27	2.19	2.15	2.11	2.06	2.02	1.97	1.92
19	4.38	3.52	3.13	2.90	2.74	2.63	2.54	2.48	2.42	2.38	2.31	2.23	2.16	2.11	2.07	2.03	1.98	1.93	1.88
20	4.35	3.49	3.10	2.87	2.71	2.60	2.51	2.45	2.39	2.35	2.28	2.20	2.12	2.08	2.04	1.99	1.95	1.90	1.85
21	4.32	3.47	3.07	2.84	2.68	2.57	2.49	2.42	2.37	2.32	2.25	2.18	2.10	2.05	2.01	1.96	1.92	1.87	1.82
22	4.30	3.44	3.05	2.82	2.66	2.55	2.46	2.40	2.34	2.30	2.23	2.15	2.07	2.03	1.98	1.94	1.89	1.84	1.79
23	4.28	3.42	3.03	2.80	2.64	2.53	2.44	2.37	2.32	2.27	2.20	2.13	2.05	2.01	1.96	1.91	1.86	1.81	1.76
24	4.26	3.40	3.01	2.78	2.62	2.51	2.42	2.36	2.30	2.25	2.18	2.11	2.03	1.98	1.94	1.89	1.84	1.79	1.74
25	4.24	3.39	2.99	2.76	2.60	2.49	2.40	2.34	2.28	2.24	2.16	2.09	2.01	1.96	1.92	1.87	1.82	1.77	1.72
26	4.23	3.37	2.98	2.74	2.59	2.47	2.39	2.32	2.27	2.22	2.15	2.07	1.99	1.95	1.90	1.85	1.80	1.75	1.70
27	4.21	3.35	2.96	2.73	2.57	2.46	2.37	2.31	2.25	2.20	2.13	2.06	1.97	1.93	1.88	1.84	1.79	1.73	1.68
28	4.20	3.34	2.95	2.71	2.56	2.45	2.36	2.29	2.24	2.19	2.12	2.04	1.96	1.91	1.87	1.82	1.77	1.71	1.66
29	4.18	3.33	2.93	2.70	2.55	2.43	2.35	2.28	2.22	2.18	2.10	2.03	1.94	1.90	1.85	1.81	1.75	1.70	1.65
30	4.17	3.32	2.92	2.69	2.53	2.42	2.33	2.27	2.21	2.16	2.09	2.01	1.93	1.89	1.84	1.79	1.74	1.68	1.63
40	4.08	3.23	2.84	2.61	2.45	2.34	2.25	2.18	2.12	2.08	2.00	1.92	1.84	1.79	1.74	1.69	1.64	1.58	1.52
60	4.00	3.15	2.76	2.53	2.37	2.25	2.17	2.10	2.04	1.99	1.92	1.84	1.75	1.70	1.65	1.59	1.53	1.47	1.40
120	3.92	3.07	2.68	2.45	2.29	2.18	2.09	2.02	1.96	1.91	1.83	1.75	1.66	1.61	1.55	1.50	1.43	1.35	1.27
1000	3.85	3.00	2.61	2.38	2.22	2.11	2.02	1.95	1.89	1.84	1.76	1.68	1.58	1.53	1.47	1.41	1.33	1.24	1.11

257

$\alpha = 0.01$

f_2 \ f_1	1	2	3	4	5	6	7	8	9	10	12	15	20	24	30	40	60	120	1000
1	4052.2	4999.5	5403.4	5624.6	5763.7	5859.0	5928.4	5981.1	6022.5	6055.8	6106.3	6157.3	6208.7	6234.6	6260.6	6286.8	6313.0	6339.4	6362.7
2	98.503	99.000	99.166	99.249	99.299	99.333	99.356	99.374	99.388	99.399	99.416	99.433	99.449	99.458	99.466	99.474	99.482	99.491	99.498
3	34.116	30.817	29.457	28.710	28.237	27.911	27.672	27.489	27.345	27.229	27.052	26.872	26.690	26.598	26.505	26.411	26.316	26.221	26.137
4	21.198	18.000	16.694	15.977	15.522	15.207	14.976	14.799	14.659	14.546	14.374	14.198	14.020	13.929	13.838	13.745	13.652	13.558	13.475
5	16.258	13.274	12.060	11.392	10.967	10.672	10.456	10.289	10.158	10.051	9.888	9.722	9.553	9.466	9.379	9.291	9.202	9.112	9.031
6	13.745	10.925	9.780	9.148	8.746	8.466	8.260	8.102	7.976	7.874	7.718	7.559	7.396	7.313	7.229	7.143	7.057	6.969	6.891
7	12.246	9.547	8.451	7.847	7.460	7.191	6.993	6.840	6.719	6.620	6.469	6.314	6.155	6.074	5.992	5.908	5.824	5.737	5.660
8	11.259	8.649	7.591	7.006	6.632	6.371	6.178	6.029	5.911	5.814	5.667	5.515	5.359	5.279	5.198	5.116	5.032	4.946	4.869
9	10.561	8.022	6.992	6.422	6.057	5.802	5.613	5.467	5.351	5.257	5.111	4.962	4.808	4.729	4.649	4.557	4.483	4.398	4.321
10	10.044	7.559	6.552	5.994	5.636	5.386	5.200	5.057	4.942	4.849	4.706	4.558	4.405	4.327	4.247	4.165	4.082	3.996	3.920
11	9.646	7.206	6.217	5.668	5.316	5.069	4.886	4.744	4.632	4.539	4.397	4.251	4.099	4.021	3.941	3.860	3.776	3.690	3.613
12	9.330	6.927	5.953	5.412	5.064	4.821	4.640	4.499	4.388	4.296	4.155	4.010	3.858	3.780	3.701	3.619	3.535	3.449	3.372
13	9.074	6.701	5.739	5.205	4.862	4.620	4.441	4.302	4.191	4.100	3.960	3.815	3.665	3.587	3.507	3.425	3.341	3.255	3.176
14	8.862	6.515	5.564	5.035	4.695	4.456	4.278	4.140	4.030	3.939	3.800	3.656	3.505	3.427	3.348	3.266	3.181	3.094	3.015
15	8.683	6.359	5.417	4.893	4.556	4.318	4.142	4.004	3.895	3.805	3.666	3.522	3.372	3.294	3.214	3.132	3.047	2.959	2.880
16	8.531	6.226	5.292	4.773	4.437	4.202	4.026	3.890	3.780	3.691	3.553	3.409	3.259	3.181	3.101	3.018	2.933	2.845	2.764

附录1　F 分布表

17	8.400	6.112	5.185	4.669	4.336	4.102	3.927	3.791	3.682	3.593	3.455	3.312	3.162	3.084	3.003	2.920	2.835	2.746	2.664
18	8.285	6.013	5.092	4.579	4.248	4.015	3.841	3.705	3.597	3.508	3.371	3.227	3.077	2.999	2.919	2.835	2.749	2.660	2.577
19	8.185	5.926	5.010	4.500	4.171	3.939	3.765	3.631	3.523	3.434	3.297	3.153	3.003	2.925	2.844	2.761	2.674	2.584	2.501
20	8.096	5.849	4.938	4.431	4.103	3.871	3.699	3.564	3.457	3.368	3.231	3.088	2.938	2.859	2.778	2.695	2.608	2.517	2.433
21	8.017	5.780	4.874	4.369	4.042	3.812	3.640	3.506	3.398	3.310	3.173	3.030	2.880	2.801	2.720	2.636	2.548	2.457	2.372
22	7.945	5.719	4.817	4.313	3.988	3.758	3.587	3.453	3.346	3.258	3.121	2.978	2.827	2.749	2.667	2.583	2.495	2.403	2.317
23	7.881	5.664	4.765	4.264	3.939	3.710	3.539	3.406	3.299	3.211	3.074	2.931	2.781	2.702	2.620	2.535	2.447	2.354	2.268
24	7.823	5.614	4.718	4.218	3.895	3.667	3.496	3.363	3.256	3.168	3.032	2.889	2.738	2.659	2.577	2.492	2.403	2.310	2.223
25	7.770	5.568	4.675	4.177	3.855	3.627	3.457	3.324	3.217	3.129	2.993	2.850	2.699	2.620	2.538	2.453	2.364	2.270	2.182
26	7.721	5.526	4.637	4.140	3.818	3.591	3.421	3.288	3.182	3.094	2.958	2.815	2.664	2.585	2.503	2.417	2.327	2.233	2.144
27	7.677	5.488	4.601	4.106	3.785	3.558	3.388	3.256	3.149	3.062	2.926	2.783	2.632	2.552	2.470	2.384	2.294	2.198	2.109
28	7.636	5.453	4.568	4.074	3.754	3.528	3.358	3.226	3.120	3.032	2.896	2.753	2.602	2.522	2.440	2.354	2.263	2.167	2.077
29	7.598	5.420	4.538	4.045	3.725	3.499	3.330	3.198	3.092	3.005	2.868	2.726	2.574	2.495	2.412	2.325	2.234	2.138	2.047
30	7.562	5.390	4.510	4.018	3.699	3.473	3.304	3.173	3.067	2.979	2.843	2.700	2.549	2.469	2.386	2.299	2.208	2.111	2.019
40	7.314	5.179	4.313	3.828	3.514	3.291	3.124	2.993	2.888	2.801	2.665	2.522	2.369	2.288	2.203	2.114	2.019	1.917	1.819
60	7.077	4.977	4.126	3.649	3.339	3.119	2.953	2.823	2.718	2.632	2.496	2.352	2.198	2.115	2.028	1.936	1.836	1.726	1.617
120	6.851	4.787	3.949	3.480	3.174	2.956	2.792	2.663	2.559	2.472	2.336	2.192	2.035	1.950	1.860	1.763	1.656	1.533	1.401
1000	6.660	4.626	3.801	3.338	3.036	2.820	2.657	2.529	2.425	2.339	2.203	2.056	1.897	1.810	1.716	1.613	1.495	1.351	1.159

附录 2 常用正交表

(1) $L_4(2^3)$

列号 试验号	1	2	3
1	1	1	1
2	1	2	2
3	2	1	2
4	2	2	1

注：任意两列的交互作用列是另外一列。

(2) $L_8(2^7)$

列号 试验号	1	2	3	4	5	6	7
1	1	1	1	1	1	1	1
2	1	1	1	2	2	2	2
3	1	2	2	1	1	2	2
4	1	2	2	2	2	1	1
5	2	1	2	1	2	1	2
6	2	1	2	2	1	2	1
7	2	2	1	1	2	2	1
8	2	2	1	2	1	1	2

$L_8(2^7)$ 二列间的交互作用列

列号 试验号	1	2	3	4	5	6	7
(1)	(1)	3	2	5	4	7	6
(2)		(2)	1	6	7	4	5
(3)			(3)	7	6	5	4
(4)				(4)	1	2	3
(5)					(5)	3	2
(6)						(6)	1
(7)							(7)

$L_8(2^7)$ 表头设计

因素数 \ 列号	1	2	3	4	5	6	7
3	A	B	A×B	C	A×C	B×C	
4	A	B	A×B	C	A×C	B×C	D
			C×D		B×D	A×D	
5						D	
	A	B	A×B	C	A×C	A×E	E
	D×E	C×D	C×E	B×D	B×E	B×C	A×D

(3) $L_8(4\times 2^4)$

试验号 \ 列号	1	2	3	4	5
1	1	1	1	1	1
2	1	2	2	2	2
3	2	1	1	2	2
4	2	2	2	1	1
5	3	1	2	1	2
6	3	2	1	2	1
7	4	1	2	2	1
8	4	2	1	1	2

$L_8(4\times 2^4)$ 表头设计

因素数 \ 列号	1	2	3	4	5
2	A	B	$(A\times B)_1$	$(A\times B)_2$	$(A\times B)_3$
3	A	B	C		
4	A	B	C	D	
5	A	B	C	D	E

(4) $L_{12}(2^{11})$

试验号＼列号	1	2	3	4	5	6	7	8	9	10	11
1	1	1	1	1	1	1	1	1	1	1	1
2	1	1	1	1	1	2	2	2	2	2	2
3	1	1	2	2	2	1	1	1	2	2	2
4	1	2	1	2	2	1	2	2	1	1	2
5	1	2	2	1	2	2	1	2	1	2	1
6	1	2	2	2	1	2	2	1	2	1	1
7	2	1	2	2	1	1	2	2	1	2	1
8	2	1	2	1	2	2	2	1	1	1	2
9	2	1	1	2	2	2	1	2	2	1	1
10	2	2	2	1	1	1	1	2	2	1	2
11	2	2	1	2	1	2	1	1	1	2	2
12	2	2	1	1	2	1	2	1	2	2	1

(5) $L_{16}(2^{15})$

试验号＼列号	1	2	3	4	5	6	7	8	9	10	11	12	13	14	15
1	1	1	1	1	1	1	1	1	1	1	1	1	1	1	1
2	1	1	1	1	1	1	1	2	2	2	2	2	2	2	2
3	1	1	1	2	2	2	2	1	1	1	1	2	2	2	2
4	1	1	1	2	2	2	2	2	2	2	2	1	1	1	1
5	1	2	2	1	1	2	2	1	1	2	2	1	1	2	2
6	1	2	2	1	1	2	2	2	2	1	1	2	2	1	1
7	1	2	2	2	2	1	1	1	1	2	2	2	2	1	1
8	1	2	2	2	2	1	1	2	2	1	1	1	1	2	2
9	2	1	2	1	2	1	2	1	2	1	2	1	2	1	2
10	2	1	2	1	2	1	2	2	1	2	1	2	1	2	1
11	2	1	2	2	1	2	1	1	2	1	2	2	1	2	1
12	2	1	2	2	1	2	1	2	1	2	1	1	2	1	2
13	2	2	1	1	2	2	1	1	2	2	1	1	2	2	1
14	2	2	1	1	2	2	1	2	1	1	2	2	1	1	2
15	2	2	1	2	1	1	2	1	2	2	1	2	1	1	2
16	2	2	1	2	1	1	2	2	1	1	2	1	2	2	1

附录 2 常用正交表

$L_{16}(2^{15})$ 二列间的交互作用列

试验号 \ 列号	1	2	3	4	5	6	7	8	9	10	11	12	13	14	15
(1)	(1)	3	2	5	4	7	6	9	8	11	10	13	12	15	14
(2)		(2)	1	6	7	4	5	10	11	8	9	14	15	12	13
(3)			(3)	7	6	5	4	11	10	9	8	15	14	13	12
(4)				(4)	1	2	3	12	13	14	15	8	9	10	11
(5)					(5)	3	2	13	12	15	14	9	8	11	10
(6)						(6)	1	14	15	12	13	10	11	8	9
(7)							(7)	15	14	13	12	11	10	9	8
(8)								(8)	1	2	3	4	5	6	7
(9)									(9)	3	2	5	4	7	6
(10)										(10)	1	6	7	4	5
(11)											(11)	7	6	5	4
(12)												(12)	1	2	3
(13)													(13)	3	2
(14)														(14)	1

$L_{16}(2^{15})$ 表头设计

因素数 \ 列号	1	2	3	4	5	6	7	8	9	10	11	12	13	14	15
4	A	B	A×B	C	A×C	B×C		D	A×D	B×D		C×D			
5	A	B	A×B	C	A×C	B×C	D×E	D	A×D	B×D	C×E	C×D		A×E	E
6	A	B	A×B D×E	C	A×C E×F	B×C D×F		D	A×D B×E	B×D A×E	E	C×D B×F	F		C×E A×F
							C×F								
7	A	B	A×B D×E F×G	C	A×C D×F E×G	B×C E×F D×G		D	A×D B×E C×F	B×D A×E C×G	E	C×D A×F B×G	F	G	C×E B×F A×G
8	A	B	A×B D×E F×G C×H	C	A×C D×F E×G C×H	B×C E×F D×G A×H	H	D	A×D B×E C×F G×H	B×D A×E C×G F×H	E	C×D A×F B×G E×H	F	G	C×E B×F A×G D×H

(6) $L_{16}(4\times 4^{12})$

列号 试验号	1	2	3	4	5	6	7	8	9	10	11	12	13
1	1	1	1	1	1	1	1	1	1	1	1	1	1
2	1	1	1	1	1	2	2	2	2	2	2	2	2
3	1	2	2	2	2	1	1	1	1	2	2	2	2
4	1	2	2	2	2	2	2	2	2	1	1	1	1
5	2	1	1	2	2	1	1	2	2	1	1	2	2
6	2	1	1	2	2	2	2	1	1	2	2	1	1
7	2	2	2	1	1	1	1	2	2	2	2	1	1
8	2	2	2	1	1	2	2	1	1	1	1	2	2
9	3	1	2	1	2	1	2	1	2	1	2	1	2
10	3	1	2	1	2	2	1	2	1	2	1	2	1
11	3	2	1	2	1	1	2	1	2	2	1	2	1
12	3	2	1	2	1	2	1	2	1	1	2	1	2
13	4	1	2	2	1	1	2	2	1	1	2	2	1
14	4	1	2	2	1	2	1	1	2	2	1	1	2
15	4	2	1	1	2	1	2	2	1	2	1	1	2
16	4	2	1	1	2	2	1	1	2	1	2	2	1

$L_{16}(4\times 4^{12})$ 表头设计

列号 因素数	1	2	3	4	5	6	7	8	9	10	11	12	13
3	A	B	$(A\times B)_1$	$(A\times B)_2$	$(A\times B)_3$	C	$(A\times C)_1$	$(A\times C)_2$	$(A\times C)_3$	$B\times C$			
4	A	B	$(A\times B)_1$ $(A\times B)_2$ $C\times D$	$(A\times B)_3$	C	$(A\times C)_1$ $(A\times C)_2$ $B\times D$	$(A\times C)_3$	$B\times C$ $(A\times D)_1$	D	$(A\times D)_2$	$(A\times D)_3$		
5	A	B	$(A\times B)_1$ $(A\times B)_2$ $C\times D$	$C\times E$	$(A\times B)_3$ C	$(A\times C)_1$ $B\times D$	$(A\times C)_2$ $B\times D$	$B\times C$ $(A\times C)_3$ $(A\times E)_2$	D $(A\times D)_1$ $(A\times E)_2$	E $(A\times D)_2$	$(A\times E)_1$ $(A\times D)_3$		

(7) $L_{16}(4^3 \times 2^6)$

列号 试验号	1	2	3	4	5	6	7	8	9
1	1	1	1	1	1	1	1	1	1
2	1	2	2	1	1	2	2	2	2
3	1	3	3	2	2	1	1	2	2
4	1	4	4	2	2	2	2	1	1
5	2	1	2	2	2	1	2	1	1
6	2	2	1	2	2	2	1	2	2
7	2	3	4	1	1	1	2	2	2
8	2	4	3	1	1	2	1	1	1
9	3	1	3	1	2	1	2	1	2
10	3	2	4	1	2	2	1	2	1
11	3	3	1	2	1	1	2	2	1
12	3	4	2	2	1	2	1	1	2
13	4	1	4	2	1	1	1	1	2
14	4	2	3	2	1	2	2	2	1
15	4	3	2	1	2	1	1	2	1
16	4	4	1	1	2	2	2	1	2

(8) $L_{16}(4^4 \times 2^3)$

列号 试验号	1	2	3	4	5	6	7
1	1	1	1	1	1	1	1
2	1	2	2	2	1	2	2
3	1	3	3	3	2	1	2
4	1	4	4	4	2	2	1
5	2	1	2	3	2	2	1
6	2	2	1	4	2	1	2
7	2	3	4	1	1	2	2
8	2	4	3	2	1	1	1
9	3	1	3	4	1	2	2
10	3	2	4	3	1	1	1
11	3	3	1	2	2	2	1
12	3	4	2	1	2	1	2
13	4	1	4	2	2	1	2
14	4	2	3	1	2	2	1
15	4	3	2	4	1	1	1
16	4	4	1	3	1	2	2

(9) $L_9(3^4)$

列号\试验号	1	2	3	4
1	1	1	1	1
2	1	2	2	2
3	1	3	3	3
4	2	1	2	3
5	2	2	3	1
6	2	3	1	2
7	3	1	3	2
8	3	2	1	3
9	3	3	2	1

注:任意二列间的交互作用列为另外二列。

(10) $L_{27}(3^{13})$

列号\试验号	1	2	3	4	5	6	7	8	9	10	11	12	13
1	1	1	1	1	1	1	1	1	1	1	1	1	1
2	1	1	1	1	2	2	2	2	2	2	2	2	2
3	1	1	1	1	3	3	3	3	3	3	3	3	3
4	1	2	2	2	1	1	1	2	2	2	3	3	3
5	1	2	2	2	2	2	2	3	3	3	1	1	1
6	1	2	2	2	3	3	3	1	1	1	2	2	2
7	1	3	3	3	1	1	1	3	3	3	2	2	2
8	1	3	3	3	2	2	2	1	1	1	3	3	3
9	1	3	3	3	3	3	3	2	2	2	1	1	1
10	2	1	2	3	1	2	3	1	2	3	1	2	3
11	2	1	2	3	2	2	1	2	3	1	2	3	1
12	2	1	2	3	3	1	2	3	1	2	3	1	3
13	2	2	3	1	1	2	3	2	3	1	3	1	2
14	2	2	3	1	2	3	1	3	1	2	1	2	3
15	2	2	3	1	3	1	2	1	2	3	2	3	1
16	2	3	1	2	1	2	3	3	1	2	2	3	1
17	2	3	1	2	2	3	1	1	2	3	3	1	2
18	2	3	1	2	3	1	2	2	3	1	1	2	3
19	3	1	3	2	1	3	2	1	3	2	1	3	2
20	3	1	3	2	2	1	3	2	1	3	2	1	3
21	3	1	3	2	3	2	1	3	2	1	3	2	1
22	3	2	1	3	1	3	2	2	1	3	3	2	1
23	3	2	1	3	2	1	3	3	2	1	1	3	2
24	3	2	1	3	3	2	1	1	3	2	2	1	3
25	3	3	2	1	1	3	2	3	2	1	2	1	3
26	3	3	2	1	2	1	3	1	3	2	3	2	1
27	3	3	2	1	3	2	1	2	1	3	1	3	2

$L_{27}(3^{13})$ 二列间的交互作用列

试验号＼列号	1	2	3	4	5	6	7	8	9	10	11	12	13
(1)	(1)	3 4	2 4	2 3	6 7	5 7	5 6	9 10	8 10	8 9	12 13	11 13	11 12
(2)		(2)	1 4	1 3	8 11	9 12	10 13	5 11	6 12	7 13	5 8	6 9	7 10
(3)			(3)	1 2	9 13	10 11	8 12	7 12	5 13	6 11	6 10	7 8	5 9
(4)				(4)	10 12	8 13	9 11	6 13	7 11	5 12	7 9	5 10	6 8
(5)					(5)	1 7	1 6	2 11	3 13	4 12	2 8	4 10	3 9
(6)						(6)	1 5	4 13	2 12	3 11	3 10	2 9	4 8
(7)							(7)	3 12	4 11	2 13	4 9	3 8	2 10
(8)								(8)	1 10	1 9	2 5	3 7	4 6
(9)									(9)	1 8	4 7	2 6	3 5
(10)										(10)	3 6	4 5	2 7
(11)											(11)	1 13	1 12
(12)												(12)	1 11

$L_{27}(3^{13})$ 表头设计

试验号＼列号	1	2	3	4	5	6	7	8	9	10	11	12	13
3	A	B	(A×B)₁	(A×B)₂	C	(A×C)₁	(A×C)₂	(B×C)₁			(B×C)₂		
4	A	B	(A×B)₁ (C×D)₂	(A×B)₂	C	(A×C)₁ (B×D)₂	(A×C)₂	(B×C)₁ (A×D)₂	D	(A×D)₁	(B×C)₂	(B×D)₁	(C×D)₁

(11) $L_{16}(4^5)$

列号 试验号	1	2	3	4	5
1	1	1	1	1	1
2	1	2	2	2	2
3	1	3	3	3	3
4	1	4	4	4	4
5	2	1	2	3	4
6	2	2	1	4	3
7	2	3	4	1	2
8	2	4	3	2	1
9	3	1	3	4	2
10	3	2	4	3	1
11	3	3	1	2	4
12	3	4	2	1	3
13	4	1	4	2	3
14	4	2	3	1	4
15	4	3	2	4	1
16	4	4	1	3	2

(12) $L_{12}(3 \times 2^4)$

列号 试验号	1	2	3	4	5
1	1	1	1	1	1
2	1	1	1	2	2
3	1	2	2	1	2
4	1	2	2	2	1
5	2	1	2	1	1
6	2	1	2	2	2
7	2	2	1	2	2
8	2	2	1	2	2
9	3	1	2	1	2
10	3	1	1	2	1
11	3	2	1	1	2
12	3	2	2	2	1

(13) $L_{25}(5^6)$

列号 试验号	1	2	3	4	5	6
1	1	1	1	1	1	1
2	1	2	2	2	2	2
3	1	3	3	3	3	3
4	1	4	4	4	4	4
5	1	5	5	5	5	5
6	2	1	2	3	4	5
7	2	2	3	4	5	1
8	2	3	4	5	1	2
9	2	4	5	1	2	3
10	2	5	1	2	3	4
11	3	1	3	5	2	4
12	3	2	4	1	3	5
13	3	3	5	2	4	1
14	3	4	1	3	5	2
15	3	5	2	4	1	3
16	4	1	4	2	5	3
17	4	2	5	3	1	4
18	4	3	1	4	2	5
19	4	4	2	5	3	1
20	4	5	3	1	4	2
21	5	1	5	4	3	2
22	5	2	1	5	4	3
23	5	3	2	1	5	4
24	5	4	3	2	1	5
25	5	5	4	3	2	1

附录3　相关系数临界值表

自由度 $n-2$	$\gamma_{a,n-2}$			自由度 $n-2$	$\gamma_{a,n-2}$		
	$\alpha=0.01$	$\alpha=0.05$	$\alpha=0.10$		$\alpha=0.01$	$\alpha=0.05$	$\alpha=0.10$
1	0.9999	0.9969	0.9877	32	0.4357	0.3388	0.2869
2	0.9900	0.9500	0.9000	33	0.4296	0.3338	0.2826
3	0.9587	0.8783	0.8054	34	0.4238	0.3291	0.2785
4	0.9172	0.8114	0.7293	35	0.4182	0.3246	0.2746
5	0.8745	0.7545	0.6694	36	0.4128	0.3202	0.2709
6	0.8343	0.7067	0.6215	37	0.4076	0.3160	0.2673
7	0.7977	0.6664	0.5822	38	0.4026	0.3120	0.2638
8	0.7646	0.6319	0.5494	39	0.3978	0.3081	0.2605
9	0.7348	0.6021	0.5214	40	0.3932	0.3044	0.2573
10	0.7079	0.5760	0.4973	41	0.3887	0.3008	0.2542
11	0.6835	0.5529	0.4762	42	0.3843	0.2973	0.2512
12	0.6614	0.5324	0.4575	43	0.3801	0.2940	0.2483
13	0.6411	0.5140	0.4409	44	0.3761	0.2907	0.2455
14	0.6226	0.4973	0.4259	45	0.3721	0.2876	0.2429
15	0.6055	0.4821	0.4124	46	0.3683	0.2845	0.2403
16	0.5897	0.4683	0.4000	47	0.3646	0.2816	0.2377
17	0.5751	0.4555	0.3887	48	0.3610	0.2787	0.2353
18	0.5614	0.4438	0.3783	49	0.3575	0.2759	0.2329
19	0.5487	0.4329	0.3687	50	0.3542	0.2732	0.2306
20	0.5368	0.4227	0.3598	60	0.3248	0.2500	0.2108
21	0.5256	0.4132	0.3515	70	0.3017	0.2319	0.1954
22	0.5151	0.4044	0.3438	80	0.2830	0.2172	0.1829
23	0.5052	0.3961	0.3365	90	0.2673	0.2050	0.1726
24	0.4958	0.3882	0.3297	100	0.2540	0.1946	0.1638
25	0.4869	0.3809	0.3233	125	0.2278	0.1743	0.1466
26	0.4785	0.3739	0.3172	150	0.2083	0.1593	0.1339
27	0.4705	0.3673	0.3115	200	0.1809	0.1381	0.1161
28	0.4629	0.3610	0.3061	300	0.1480	0.1129	0.0948
29	0.4556	0.3550	0.3009	400	0.1283	0.0978	0.0822
30	0.4487	0.3494	0.2960	500	0.1149	0.0875	0.0735
31	0.4421	0.3440	0.2913	1000	0.0813	0.0619	0.0520

附录4 均匀设计表

$U_5(5^3)$

	1	2	3
1	1	2	4
2	2	4	3
3	3	1	2
4	4	3	1
5	5	5	5

$U_5(5^3)$ 使用表

因素数	列号			D
2	1	2		0.3100
3	1	2	3	0.4570

$U_6^*(6^4)$

	1	2	3	4
1	1	2	3	6
2	2	4	6	5
3	3	6	2	4
4	4	1	5	3
5	5	3	1	2
6	6	5	4	1

$U_6^*(6^4)$ 使用表

因素数	列号				D
2	1	3			0.1875
3	1	2	3		0.2656
4	1	2	3	4	0.2990

$U_7(7^4)$

	1	2	3	4
1	1	2	3	6
2	2	4	6	5
3	3	6	2	4
4	4	1	5	3
5	5	3	1	2
6	6	5	4	1
7	7	7	7	7

$U_7(7^4)$ 使用表

因素数	列号				D
2	1	3			0.2398
3	1	2	3		0.3721
4	1	2	3	4	0.4760

$U_7^*(7^4)$

	1	2	3	4
1	1	3	5	7
2	2	6	2	6
3	3	1	7	5
4	4	4	4	4
5	5	7	1	3
6	6	2	6	2
7	7	5	3	1

$U_7^*(7^4)$ 使用表

因素数	列号			D
2	1	3		0.1582
3	2	3	4	0.2132

$U_8^*(8^5)$

	1	2	3	4	5
1	1	2	4	7	8
2	2	4	8	5	7
3	3	6	3	3	6
4	4	8	7	1	5
5	5	1	2	8	4
6	6	3	6	6	3
7	7	5	1	4	2
8	8	7	5	2	1

$U_8^*(8^5)$ 使用表

因素数	列号				D
2	1	3			0.1445
3	1	3	4		0.2000
4	1	2	3	5	0.2709

$U_9(9^5)$

	1	2	3	4	5
1	1	2	4	7	8
2	2	4	8	5	7
3	3	6	3	3	6
4	4	8	7	1	5
5	5	1	2	8	4
6	6	3	6	6	3
7	7	5	1	4	2
8	8	7	5	2	1
9	9	9	9	9	9

$U_9(9^5)$ 使用表

因素数	列号				D
2	1	3			0.1944
3	1	3	4		0.3102
4	1	2	3	5	0.4066

附录4 均匀设计表

$U_9^*(9^4)$

	1	2	3	4
1	1	3	7	9
2	2	6	4	8
3	3	9	1	7
4	4	2	8	6
5	5	5	5	5
6	6	8	2	4
7	7	1	9	3
8	8	4	6	2
9	9	7	3	1

$U_9^*(9^4)$ 使用表

因素数	列号			D
2	1	3		0.1574
3	1	3	4	0.1980

$U_{10}^*(10^8)$

	1	2	3	4	5	6	7	8
1	1	2	3	4	5	7	9	10
2	2	4	6	8	10	3	7	9
3	3	6	9	1	4	10	5	8
4	4	8	1	5	9	6	3	7
5	5	10	4	9	3	2	1	6
6	6	1	7	2	8	9	10	5
7	7	3	10	6	2	5	8	4
8	8	5	2	10	7	1	6	3
9	9	7	5	3	1	8	4	2
10	10	9	8	7	6	4	2	1

$U_{10}^*(10^8)$ 使用表

因素数	列号						D
2	1	6					0.1125
3	1	5	6				0.1681
4	1	3	4	5			0.2236
5	1	2	4	5	7		0.2414
6	1	2	3	5	6	8	0.2994

$U_{11}(11^6)$

	1	2	3	4	5	6
1	1	2	3	5	7	10
2	2	4	6	10	3	9
3	3	6	9	4	10	8
4	4	8	1	9	6	7
5	5	10	4	3	2	6
6	6	1	7	8	9	5
7	7	3	10	2	5	4
8	8	5	2	7	1	3
9	9	7	5	1	8	2
10	10	9	8	6	4	1
11	11	11	11	11	11	11

$U_{11}(11^6)$ 使用表

因素数	列号						D
2	1	5					0.1632
3	1	4	5				0.2649
4	1	3	4	5			0.3528
5	1	2	3	4	5		0.4286
6	1	2	3	4	5	6	0.4942

$U_{11}^*(11^4)$

	1	2	3	4
1	1	5	7	11
2	2	10	2	10
3	3	3	9	9
4	4	8	4	8
5	5	1	11	7
6	6	6	6	6
7	7	11	1	5
8	8	4	8	4
9	9	9	3	3
10	10	2	10	2
11	11	7	5	1

$U_{11}^*(11^4)$ 使用表

因素数	列号			D
2	1	2		0.1136
3	2	3	4	0.2307

附录 4 均匀设计表

$U_{12}^*(12^{10})$

	1	2	3	4	5	6	7	8	9	10
1	1	2	3	4	5	6	8	9	10	12
2	2	4	6	8	10	12	3	5	7	11
3	3	6	9	12	2	5	11	1	4	10
4	4	8	12	3	7	11	6	10	1	9
5	5	10	2	7	12	4	1	6	11	8
6	6	12	5	11	4	10	9	2	8	7
7	7	1	8	2	9	3	4	11	5	6
8	8	3	11	6	1	9	12	7	2	5
9	9	5	1	10	6	2	7	3	12	4
10	10	7	4	1	11	8	2	12	9	3
11	11	9	7	5	3	1	10	8	6	2
12	12	11	10	9	8	7	5	4	3	1

$U_{12}^*(12^{10})$ 使用表

因素数	列号							D
2	1	5						0.1163
3	1	6	9					0.1838
4	1	6	7	9				0.2233
5	1	3	4	8	10			0.2272
6	1	2	6	7	8	9		0.2670
7	1	2	6	7	8	9	10	0.2768

$U_{13}^*(13^8)$

	1	2	3	4	5	6	7	8
1	1	2	5	6	8	9	10	12
2	2	4	10	12	3	5	7	11
3	3	6	2	5	11	1	4	10
4	4	8	7	11	6	10	1	9
5	5	10	12	4	1	6	11	8
6	6	12	4	10	9	2	8	7
7	7	1	9	3	4	11	5	6
8	8	3	1	9	12	7	2	5
9	9	5	6	2	7	3	12	4
10	10	7	11	8	2	12	9	3
11	11	9	3	1	10	8	6	2
12	12	11	8	7	5	4	3	1
13	13	13	13	13	13	13	13	13

$U_{13}^*(13^8)$ 使用表

因素数	列号							D
2	1	3						
3	1	4	7					
4	1	4	5	7				
5	1	4	5	6	7			
6	1	2	4	5	6	7		
7	1	2	4	5	6	7	8	

$U_{13}^*(13^4)$

	1	2	3	4
1	1	5	9	11
2	2	10	4	8
3	3	1	13	5
4	4	6	8	2
5	5	11	3	13
6	6	2	12	10
7	7	7	7	7
8	8	12	2	4
9	9	3	11	1
10	10	8	6	12
11	11	13	1	9
12	12	4	10	6
13	13	9	5	3

$U_{13}^*(13^4)$ 使用表

因素数	列号			D
2	1	3		
3	1	3	4	
4	1	2	3	4

$U_{14}^*(14^5)$

	1	2	3	4	5
1	1	4	11	11	13
2	2	8	7	7	11
3	3	12	3	3	9
4	4	1	14	14	7
5	5	5	10	10	5
6	6	9	6	6	3
7	7	13	2	2	1
8	8	2	11	13	14
9	9	6	3	9	12
10	10	10	10	5	10
11	11	14	2	1	8
12	12	3	9	12	6
13	13	7	1	8	4
14	14	11	8	4	2

$U_{14}^*(14^5)$ 使用表

因素数	列号				D
2	1	4			0.0957
3	1	2	3		0.1455
4	1	2	3	5	0.2091

附录4 均匀设计表

$U_{15}(15^5)$

	1	2	3	4	5
1	1	4	11	11	13
2	2	8	7	7	11
3	3	12	3	3	9
4	4	1	14	14	7
5	5	5	10	10	5
6	6	9	6	6	3
7	7	13	2	2	1
8	8	2	11	13	14
9	9	6	3	9	12
10	10	10	10	5	10
11	11	14	2	1	8
12	12	3	9	12	6
13	13	7	1	8	4
14	14	11	8	4	2
15	15	15	15	15	15

$U_{15}(15^5)$ 使用表

因素数	列号			D
2	1	4		0.1233
3	1	2	3	0.2043
4	1	2	3	5	0.2772

$U_{11}(11^6)$

	1	2	3	4	5	6	7
1	1	5	7	9	11	13	15
2	2	10	14	2	6	10	14
3	3	15	5	11	1	7	13
4	4	4	12	4	12	4	12
5	5	9	3	13	7	1	11
6	6	14	10	6	2	14	10
7	7	3	1	15	13	11	9
8	8	8	8	8	8	8	8
9	9	13	15	1	3	5	7
10	10	2	6	10	14	2	6
11	11	7	13	3	9	15	5
12	12	12	4	12	4	12	4
13	13	1	11	5	15	9	3
14	14	6	2	14	10	6	2
15	15	11	9	7	5	3	1

$U_{11}(11^6)$ 使用表

因素数	列号				D
2	1	3			0.0833
3	1	2	6		0.1361
4	1	2	4	6	0.1551
5	2	3	4	5	7	0.2272

参 考 文 献

[1] 吴贵生.试验设计与数据处理[M].北京:冶金工业出版社,1997.
[2] 郑少华,姜奉华.试验设计与数据处理[M].北京:中国建材工业出版社,2004.
[3] 李云雁,胡传荣.试验设计与数据处理[M].北京:化学工业出版社,2005.
[4] 刘炯天,樊民强.试验研究方法[M].江苏:中国矿业大学出版社,2006.
[5] 赵选民.试验设计方法[M].北京:科学出版社,2006.
[6] 方开泰.均匀设计与均匀设计表[M].北京:科学出版社,1994.
[7] 成岳.科学研究与工程试验设计方法[M].湖北:武汉理工大学出版社,2005.
[8] 陈魁.试验设计与分析[M].北京:清华大学出版社,1996.
[9] 周振英,刘炯天.选煤工艺试验研究方法[M].徐州:中国矿业大学出版社,1991.
[10] 陈兆能,邱泽麟,余经洪.试验设计与分析[M].上海:上海交通大学出版社,1991.
[11] 关颖男,施大德.试验设计方法入门[M].北京:冶金工业出版社,1985.
[12] 栾军.试验设计的技术与方法[M].上海:上海交通大学出版社,1987.
[13] 正交试验设计法[M].上海:上海科学技术出版社,1979.
[14] 何少华,文竹青,娄涛.试验设计与数据处理[M].长沙:国防科技大学出版社,2002.
[15] 盛骤.概率论与数理统计[M].北京:高等教育出版社,2001.
[16] 张荣曾.选煤实用数理统计[M].北京:煤炭工业出版社,1985.
[17] 张晋昕,段素荣,李河.多因素方差分析出现 $F<1$ 时对误差均方的调整[J].循证医学,2005(10):297~299.
[18] 石磊,王学仁,孙文爽.试验设计基础[M].重庆:重庆大学出版社,1997.
[19] 杨德.试验设计与分析[M].北京:中国农业出版社,2002.
[20] 牛长山,徐通模.试验设计与数据处理[M].陕西:西安交通大学出版社,1988.
[21] 栾军.现代试验设计优化方法[M].上海:上海交通大学出版社,1995.
[22] 茆诗松.回归分析及其试验设计[M].上海:华东师范大学出版社,1981.
[23] 苏均和.试验设计[M].上海:上海财经大学出版社,2005.
[24] 茆诗松,周纪芗,陈颖.试验设计[M].北京:中国统计出版社,2004.
[25] 张铁茂,丁建国.试验设计与数据处理[M].北京:兵器工业出版社,1990.
[26] 项可风,吴启光.试验设计与数据分析[M].上海:上海科学技术出版社,1989.